· 图解畜禽科学养殖技术丛书 ·

CAISE TUJIE
KEXUE YANGNIU JISHU

科学养牛技术

胡士林　主　编
马爱霞　副主编

化学工业出版社
· 北 京 ·

养牛业集约化、规模化已是大势所趋。从放牧到圈养，随着养殖数量增加、密度增大，养殖技术要求也越来越高，牛病的流行特点也不断发生变化。本书以图文并茂的方式详细介绍了牛舒适度建设与评估、牛的繁育、牛的营养需要、牛的饲料原料、牛的饲养管理、牛病防治等内容，结合教学科研的新技术、新成果，具有较强的实用性和可操作性，可供广大养牛户、生产技术人员使用，也可供兽医工作者以及相关专业的师生阅读参考。

图书在版编目（CIP）数据

彩色图解科学养牛技术/胡士林主编. —北京：
化学工业出版社，2018.6（2024.10重印）
（图解畜禽科学养殖技术丛书）
ISBN 978-7-122-31926-5

Ⅰ. ①彩…　Ⅱ. ①胡…　Ⅲ. ①养牛学-图解　Ⅳ.
①S823-64

中国版本图书馆CIP数据核字（2018）第073897号

责任编辑：漆艳萍　　文字编辑：赵爱萍
责任校对：吴　静　　装帧设计：韩　飞

出版发行：化学工业出版社（北京市东城区青年湖南街13号　邮政编码100011）
印　　装：北京缤索印刷有限公司
850mm×1168mm　1/32　印张9¼　字数207千字　2024年10月北京第1版第7次印刷

购书咨询：010-64518888　　售后服务：010-64518899
网　　址：http://www.cip.com.cn
凡购买本书，如有缺损质量问题，本社销售中心负责调换。

定　　价：69.80元

编写人员名单

主　　编　胡士林（山东畜牧兽医职业学院）

副 主 编　马爱霞（山东畜牧兽医职业学院）

编写人员　胡士林（山东畜牧兽医职业学院）

马爱霞（山东畜牧兽医职业学院）

王金君（山东畜牧兽医职业学院）

李艳慧（山东合力牧业有限公司）

张善芝（山东畜牧兽医职业学院）

程光民（山东畜牧兽医职业学院）

前 言

养牛业的独特优势是能大量利用作物秸秆，过腹还田，这不但会变废为宝创造巨大的经济效益，而且有良好的生态效益和社会效益。毫无疑问，为加快农业转方式调结构步伐而实施的“土地流转”“粮改饲”等政策，会助力养牛业步入农牧业结合、生态循环发展的种养业体系，养牛业将成为实现农业生态循环绿色发展的重要组成部分，并步入绿色可持续发展的快车道。据资料介绍，“十二五”期间，牛羊肉和牛奶消费量年均分别递增1.3%和2.9%，相信随着人们生活水平的提高，人们对牛羊肉和牛奶的消费需求必定呈加速增长态势。因此，可以说养牛业是畜牧业中的朝阳产业，发展空间巨大。

近年来，随着强农惠农政策的实施和畜牧业转型升级提质增效发展战略的实施，畜牧业生产方式也已悄然发生转变。规模化、标准化养殖已经成为畜牧业发展的必然，养牛业也不例外。据2016年7月发布的全国草食畜牧业发展规划（2016—2020年）农牧发［2016］12号介绍，至2020年奶牛存栏100头以上规模养殖数量要达到60%，比2015年提高14.8%。

规模化养牛不是简单的集中数量众多的牛只在一起饲喂，而是一种技术要求很高的科学养牛模式。从牛场建设到牛群的日常管理、饲料配制与加工、卫生防疫都有相应的技术要求或标准，必须严格遵守、认真执行，稍有差池就可能会造成巨大的经济损失。

本书以更好地服务“三农”，提升规模化养牛效益，促进规模化养牛逐步向规范化、标准化迈进为宗旨，在编写内容上注重展现现代养牛新理念、新技术，更注重技术的实用性和可操作性；在编写形式上，应用大量图片说话，力求通俗易懂。全书共六章，包括牛舒适度建设与评估（胡士林编写）、牛的繁育（王金君编写）、牛的营养需要（程光民编写）、牛的饲料原料（张善芝编写）、牛的饲养管理（李艳慧编写前五节，第六节由王金君编写）、牛病防治（马爱霞编写）。

感谢山东合力牧业有限公司的大力支持和冯恩波、傅传升给予的帮助，感谢16本一班张毅同学协助编辑本书视频资料。

鉴于笔者专业水平有限，疏漏与不足之处在所难免，敬请广大读者批评指正。

编　者

2018年3月

目 录

第一章 牛舒适度建设与评估

第二章 牛的繁育

第五章 牛的饲养管理

第六章　牛病防治

附录

第一章
牛舒适度建设与评估

第一节　牛的行为与福利要求

牛的行为是牛对外界刺激产生的反应或对周围环境做出反应的方式。舒适的环境和良好的管理是构成每头牛的独特行为的重要因素。在完全舍饲的规模化饲养牛群中，容易出现很多异常行为，诸如食欲缺乏、异嗜癖（图1-1）、固有运动（图1-2）、母性行为缺乏、易怒等。就奶牛而言，这些异常行为最显而易见的影响是产奶量下降，进一步发展还会影响牛体健康。

扫一扫，查看“牛异嗜癖——舔舐栏杆”视频

一、牛的行为模式

牛有以下九大类行为：①采食行为；②排泄行为；③寻找庇护行为；④探究行为；⑤性行为；⑥群居行为；⑦动机争胜行为；⑧仿效行为；⑨母性行为。

1. 采食行为

采食行为包括摄食和饮水，牛出生后第一个采食行为是吮

图1-1 舔舐栏杆
（胡士林 摄）

图1-2 前肢交叉站立
（胡士林 摄）

吸。牛的自然摄食（放牧）姿势需要低下头，用舌头卷住牧草，然后头用力向前送，用下切齿切断植被。牛没有上切齿，只有一个又厚又硬的齿垫。放牧时牛头不时地从两侧摆动，这一动作是由凸出的眼睛和小腿配合完成，使它们连续观察所处的整个周围环境，具有防卫功能。牛不喜欢蒙眼进食，所以在设计人工饲喂设施及其布局时应加以充分考虑。

反刍是偶蹄类草食动物的特性。就是把已咽下的食物从瘤胃、网胃中返回口腔与唾液混合经咀嚼再重新吞咽的过程。牛每天的摄食时间超过16小时，大约有8小时在反刍。

2. 排泄行为

牛排粪是随机的，经常边走边排粪，因此粪便呈散布状，也在卧地时排粪。牛喜欢在洁净的地方排粪。母牛排尿时站立，两后肢叉开。

3. 寻找庇护行为

所有动物都有寻找庇护行为，由此可以免受阳光、风、雨、雪、昆虫和捕食者的侵害。牛能在严峻的气候条件时寻找庇护处，如夏季中午炎热时会自动聚集到阴凉处或有水的地方，选择在凉爽的傍晚或清晨采食。

4. 探究行为

牛和其他动物一样都具有好奇心，可通过看、听、闻、尝和碰触来完成探究行为。如一陌生人用手拿一束草靠近牛栏，开始牛会瞪着眼观察，竖着耳朵，稍后会用鼻子闻和用舌舔舐那棵草，并试图吃掉它。此时，牛已对陌生人不感觉害怕了。当把牛放置在一个新圈舍中时，它会表现出这种探究行为。犊牛通常比成年牛更具有好奇心。

5. 性行为

性行为包括求爱和交配。母牛发情时表现烦躁不安而沿着围栏走并且哞叫、爬跨其他牛、接受其他牛的爬跨、外阴明显肿胀、频频排尿、高抬尾巴和分泌黏液，通常也称之为掉线。发情母牛可以分泌吸引公牛的物质（信息激素），公牛可以通过嗅觉来定位发情母牛。干奶期母牛和青年牛发情时乳房增大，而泌乳母牛经常会发生产奶量急剧下降的情况。

6. 群居行为

牛是喜欢群居的动物之一。当圈舍内有一大群牛时，牛群会趋向于分成大小不一的几个小群，通常小群由3 ～ 5头牛组成。

群中资历较深的母牛、有角的母牛或体重较大的母牛均有更高的社会等级。为便于管理牛群而进行的人工分群，会给牛带来短暂的不适应，这是牛群建立新的社会等级次序的过程，对牛群会产生一定的应激反应，对奶牛场生产造成混乱并导致减产。

当有充足的饲料和饮水以及宽敞的空间情况下，牛群的社会等级几乎没有什么重要性。若畜舍比较狭窄，进食、饮水空间有限的话，社会等级会变得更加重要。在这样的环境下，具有统治地位的个体将低等级个体挤出食槽和饮水器，导致弱者饲料摄入量、生长率和产量降低。因此，分群时应尽量将年龄、体重大小相近的牛组成一群。使用自动给料器和中央式水池时，必须要注意给牛群提供足够的空间并把设备放置在合适的位置。牛与牛之间的这种等级关系会延伸到牛与人的关系中，饲养员应尽可能少地刺激小犊牛，以便和犊牛建立良好的照料-依赖关系，像断尾、去角、阉割、打烙印和注射疫苗都会使得犊牛对饲养员产生恐惧，故能合在一起一次完成的操作应尽量一次完成。

7. 动机争胜行为

动机争胜行为主要包括打斗和追逐，通常在争夺群统治地位和占据采食与饮水有利位置时表现出来。公牛要比母牛更具有好斗性。在打斗中，公牛用前肢刨地，大声吼叫，接下来就会用头顶撞。母牛的攻击性比较程式化，群中资历较深的母牛和有角的母牛通常占据统治地位，争斗时首先逼近对方，摆出一副威胁的姿势，然后才是顶撞。高产母牛脾气好，管理较好的牛群拥有较多的温顺母牛。

8. 仿效行为

仿效行为就是相互模仿行为。例如，一头母牛开始朝着挤奶房走，其他的母牛就跟着走，由于群中的其他牛跟着走，第一头牛就会继续走下去。

9. 母性行为

母牛的护仔行为通常描述为母性行为，而寻求保护是幼龄动物的行为。

母牛在产犊时寻找尽量隔绝的地方，如果有可能，它们会藏起来。犊牛出生后母牛立即表现出护仔行为，并开始舔干新生犊牛（图1-3）。犊牛站稳后，开始寻找母牛的乳头并吸吮。新生犊牛的视力都不太好，但可以闻、碰触和尝试。

图1-3 母牛舔舐犊牛
（胡士林 摄）

母牛和犊牛之间的识别是通过闻（嗅觉）、看（视觉）和听（听觉）。母牛会在离开一段时间后嗅闻它的犊牛，犊牛也会识别出它的母亲的叫声。这种母牛和犊牛之间的联系非常强。若在出生后1小时左右的这个关键时段把犊牛从生它的母牛身边移走，过段时间再放回来，犊牛通常会遭到母牛的拒绝。

扫一扫，查看“母牛舔舐犊牛过程”视频

在规模化饲养条件下，犊牛出生后很快被人从其母牛身边移走，使得它们之间的母子纽带不久就会消失。

二、牛的福利要求

动物福利是基于对动物有感知、有痛苦、有恐惧、有情感需求的认识提出的。

英国农场动物福利协会（FAWC）提出农场动物应有的福利至少要保证享有“五大自由”。

（1）免于饥渴的自由　即要保证其获得新鲜饮水与食物以维持机体健康和充足精力。

（2）免于不适的自由　即要提供适当遮蔽恶劣环境和舒适休息的条件。

（3）免于伤害、疾病与痛苦的自由　可通过对疾病进行有效地预防、快速诊断和治疗来实现。

（4）表现正常自然行为的自由　据此应提供充足的空间、适当的设备以及合群饲养的同伴。

（5）免于恐惧与不良应激的自由　要改善饲养设施、环境条件和管理方式，避免对牛造成心理创伤。

当前，我们国家大力提倡的健康养殖是以保护动物健康、保护人类健康、生产安全营养的畜产品为目的，最终以无公害畜牧业的生产为结果。其理念与保护动物福利是一致的。保护动物福利可以提高养殖效益、提高畜产品的品质和养殖效益，保证食品安全。

福利评估的定性指标包括恐惧、胆怯、躁动、疼痛、鸣叫、喘息、冷静、好奇和玩乐等；定量指标包括生理生化指标（如心率、血浆皮质醇和儿茶酚胺的浓度、胆红素含量、配妊率、发病率）和生长速度。

奶牛养殖所采取的某些管理措施都包含改善奶牛福利的目的。去角会产生疼痛，但可减少顶撞造成的伤害；小牛一出生即与母牛分开，割断了母子之情，但可使母牛更容易并入泌乳牛群，犊牛也可减少接触病原的机会，降低死亡率。

第二节　牛场的圈舍与设备

一、圈舍布局与结构

规模化牛场的建筑和设备应以满足牛舒适、健康和高效生产的要求，又能降低维护费用、减少劳动力投入、降低垫料成本，同时便于粪污清理为原则。

在设计建造规模化养牛场时，应首先考虑粪污的处理方式。若采用种养结合循环农业模式，就要根据你拥有的土地面积所能承载处理的粪污量来确定你的养殖规模，进而决定牛场的建筑面积和布局。若采用加工有机肥或沼气方式来处理粪污，则需要增加建筑面积和加大投资额度。

1. 场址选择

选择场址要重点考虑以下几点。

（1）符合农业发展规划要求，符合环境保护要求，符合自身长远发展要求。

（2）要远离居民区500米以上且在下风头和水源的下头。可减少防疫的难度，可避免因为环境问题与周围居民产生纠纷。若自有饲料生产基地，可就近建设。

（3）水、电、交通要便利。水质要符合卫生指标要求，水量充足，易于取用和防护。电力要充足，若不能保证不出现拉闸限电现象，就要准备自发电设备，以备不时之需。交通远离主干道200米以上，但要有能保证拉饲料、运牛奶的大车出入无障碍的通道。过于靠近主干道，来往车辆频繁，噪声刺激大，粉尘污染大，防疫难度大，会影响生产效益。

（4）气候与地势的要求　奶牛最喜欢在温度为 −9.5 ～ 21℃、相对湿度50% ～ 75%的气候条件下生活。牛场的地势要高燥平坦一点，没有陡坡，平坦的地面可减少建设的难度，降低成本。地下水位要在2米以上。地形以开阔整体的正方形或长方形为好，尽量避免狭长形和多边形。

（5）牛场附近不应有肉联厂、皮革厂、造纸厂、农药厂、化工厂等企业，也不应建在噪声超过90分贝的工矿企业旁边。

2. 圈舍布局

一个比较完备的规模化牛场一般应划分出五个功能不同的区域：生活办公区、生产区、饲料储存和加工调配区、粪污处理区和隔离区。

生活办公区包括行政和技术人员的办公室、饲养人员的宿舍、职工食堂，应位于上风区和地势较高的地方。

生产区各类牛舍要合理布局。奶牛通常按照泌乳牛群、干奶牛群、产房、犊牛舍、育成前期牛舍、育成后期牛舍、青年牛舍顺序排列。肉牛按照育成牛、架子牛、育肥阶段等顺序排列。各牛舍之间应有适当的距离。道路要分净道和污道，净道用于往圈舍内送饲料等洁净物品，污道用于往圈舍外运送粪污等不洁净物品。奶牛挤奶厅都紧靠泌乳牛舍，各个泌乳牛舍中间应设有挤奶牛专用的一纵向通道。

饲料储存和加工调配区一般位于牛舍一侧，主要设有饲料库、干草棚、青贮池、饲料调配加工车间，距离牛舍应近一些，以便于饲料运送，减少劳动强度。

粪污处理区位于下风头，一般应距离生产区和饲料储存和加工区100米以上，并有隔离墙分隔，门口设消毒池。

隔离区主要是病牛隔离饲养舍，要远离生产区及饲料储存和加工调配区，有围墙与其他区域分隔，设专门进出通道，便于消毒和污物处理。

场区的供水和排水系统必须提前规划好。场区内应有足够的供水，水压和水温要满足生产要求，水质要符合GB 5749的规定。排水系统一般在各道路的两旁和运动场的周边，多采用斜坡式排水沟。

在进行场地规划时，还必须留出绿化地，包括防风林、隔离林行道绿化、遮阳绿化、绿地等。绿化植物具有吸收太阳辐射、降低环境温度、减少空气中尘埃和微生物、减弱噪声等保护环境的功能。路边绿化以乔木为主，运动场四周一般可选择枝叶开阔的树种，使得运动场有较多的树荫供牛休息。

3. 奶牛圈舍结构

（1）犊牛舍的选择　建设原则是既要满足犊牛需要，又要方便饲养员操作（图1-4 ～图1-9）。

图1-4　犊牛岛：搬动自由，拆卸安装灵活，便于清扫消毒（胡士林 摄）

图1-5　两个犊牛栏之间应有间隔，栏内铺设垫草（胡士林 摄）

图1-6　犊牛舍外遮阳棚（胡士林 摄）

图1-7　犊牛栏可单独放置（胡士林 摄）

图1-8 妊娠母牛舍
（胡士林 摄）

图1-9 冬季断奶犊牛舍装置保温隔膜（胡士林 摄）

犊牛从出生到断奶后1周，需要在围栏内或者犊牛房内单独喂养，这样可保证定量、定时、定温喂奶，减少腹泻发生，使得消化系统正常发育；可避免犊牛间互相舔舐所造成的皮肤损伤。每头犊牛的围栏面积至少要有2.5米^2，围栏内的温度最好保持在−7～24℃。犊牛对通风的要求比较高，否则很容易发生呼吸道疾病。

（2）成年母牛舍的选择 成年母牛舍现多为散栏式，即牛群除挤奶时间外均可在圈内自由活动，一般包括饲喂区、休息区、待挤区、挤奶区和运动区。牛群通常以组为单位进行饲养管理。牛群休息区可以设置卧床或不设置卧床。设有卧床的通常以沙子作为垫料。沙子做垫料具有开支较小，牛体比较干净的优点。不设置卧床的牛舍通常称之为大通铺，地面可以铺上垫草、木屑等垫料，但必须经常更换，垫料开支较大。也有不设牛床、不铺垫料的饲养方式，饲喂、休息和运动在同一个场地内，只需将地面定时耕翻即可，雨水较多的地区可能不太适合。散栏式饲养的优点是便于实行机械化、自动化操作，圈舍内设备设施简单，比较经济，母牛在圈舍内也会获得最大舒适感（图1-10～图1-18）。

养奶牛必须配备相应的挤奶厅（图1-19～图1-21）。待挤区是母牛等待挤奶的区域，是建设挤奶厅不可缺少的部分，目

图1-10 散栏式牛舍——卧床（胡士林 摄）

图1-11 散栏式牛舍——运动场（胡士林 摄）

图1-12 散栏式牛舍——饲喂通道（胡士林 摄）

图1-13 挤奶通道（胡士林 摄）

图1-14 卧床两端设置饮水槽，地面采用沟槽做防滑处理，上有风扇为夏季通风降温之用（胡士林 摄）

图1-15 走廊和饮水槽（胡士林 摄）

图1-16 旋转隔离门，人可从拱形门穿过（胡士林 摄）

图1-17 以色列的一种无卧床散栏式牛舍：地面为反复耕翻的土壤（胡士林 摄）

图1-18 以色列的一种无卧床散栏式牛舍地面：正在耕翻中，牛粪尿连同剩余的饲草等一同被翻埋于土壤中（胡士林 摄）

图1-19 挤奶厅待挤区：中央为待挤区，两侧为挤奶完毕的牛返回通道（胡士林 摄）

图1-20 待挤区：待挤奶牛进入挤奶厅的入口（胡士林 摄）

图1-21 挤奶厅（胡士林 摄）

图1-22 产房：卧床不设隔栏，地面铺设垫草，干净沙子也可；水槽设置隔栏，牛只能从采食区侧饮水，以防止弄湿垫料（胡士林 摄）

图1-23 一种繁殖母牛饲养栏：每两头牛居于一个方格单元内，可以作为产房（胡士林 摄）

图1-24 一种拴系式饲养哺乳母牛的牛舍：上料比较省力，左面墙壁装有保温隔膜，夏季可收起通风（胡士林 摄）

的是限制母牛直接进入挤奶厅。挤奶区呈漏斗状向挤奶厅收缩，地面要平整、防滑又便于清洗，每头牛应保证不少于1.3～1.4米^2，通风要保证顺畅，夏季在此等待的牛易发生热应激，可安装风扇加强通风降温。

（3）产房　较大规模的饲养场一般应设置产房，专用于饲养围产期奶牛（图1-22）。奶牛围产期一般是指产前半个月到产后半个月这一段时间。围产期奶牛机体抵抗力比较弱，是奶牛疾病易发期，所以产房要求冬暖夏凉，便于清洁和消毒，应有更好的舒适度。

4. 肉牛圈舍结构

饲养肉牛的牛舍通常都比较简单。育肥牛舍可因陋就简，就地取材，经济实用即可，但要符合兽医卫生要求，做到科学合理。繁殖母牛的牛舍要考虑母牛生产和犊牛哺乳方便（图1-23、图1-24）。育肥牛饲养方式有拴系式和散放式，以拴系式饲养方式居多（图1-25、图1-26）。

图1-25 一种拴系式饲养育肥牛舍：饲料可用车运进牛舍，但需人工投到食槽内（胡士林 摄）

图1-26 一种拴系式饲养育肥牛舍：投放饲料比较费力，食槽也是水槽（胡士林 摄）

二、必需设备

1. 犊牛饲养设备（图1-27～图1-30）

图1-27 犊牛转运担架：犊牛出生经母牛舔舐后即利用担架转运至犊牛饲养栏内饲养（胡士林 摄）

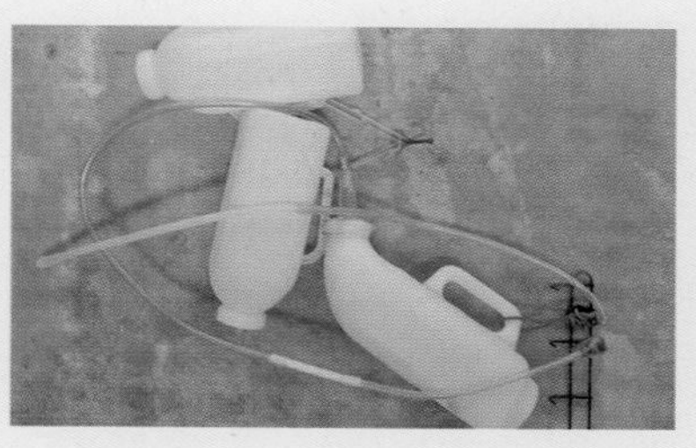

图1-28 简易犊牛初乳灌服器（胡士林 摄）

图1-29 犊牛喂奶桶：不锈钢材质，喂奶完毕刷干净倒置晾干（胡士林 摄）

图1-30 给犊牛补饲开食料和优质牧草，自由采食（胡士林 摄）

2. 上料设备（图1-31～图1-39）

扫一扫，查看“取用青贮饲料过程”视频

图1-31 上料机组，配合精饲料用的各种原料由此投入混料塔（胡士林 摄）

图1-32 成品饲料塔（胡士林 摄）

扫一扫，查看“全混合日粮运输车撒料过程”视频

图1-33 装载机：用于将粗饲料装到全混合日粮搅拌车上（胡士林 摄）

图1-34 青贮饲料取料机（胡士林 摄）

图1-35 全混合日粮搅拌车：全混合日粮的混匀、撒布均由此车一次性完成（胡士林 摄）

图1-36 青贮饲料取料机：把青贮饲料装入全混合日粮搅拌车内（胡士林 摄）

3. 饮水设备（图1-40，图1-41）

4. 挤奶设备（图1-42～图1-45）

5. 配种员和兽医所需设备（图1-46～图1-52）

6. 清粪设备（图1-53）

图1-37 全混合日粮搅拌车（胡士林 摄）

图1-38 青贮饲料池（胡士林 摄）

图1-39 全混合日粮搅拌车正在撒布全混合饲料（胡士林 摄）

图1-40 自动控温饮水槽：可自动上水，冬季可给水加温（胡士林 摄）

图1-41 安装在产房内的自动控温水槽（胡士林 摄）

扫一扫，查看
“奶牛出、进
挤奶厅过程”
视频

扫一扫，查看
“挤奶过程”
视频

图1-42 储奶罐：挤奶机挤出的奶经管道流入储奶罐，被迅速降温2～4℃（胡士林 摄）

图1-44 防逆流乳头药浴杯（胡士林 摄）

图1-46 配种室：盛装冻精的液氮罐及其主要设备（胡士林 摄）

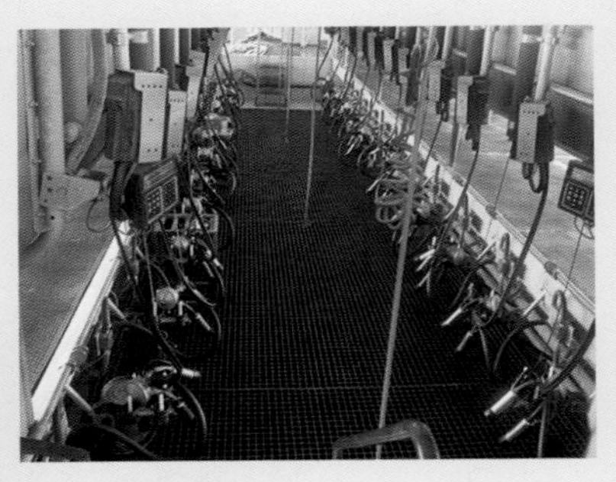

图1-43 挤奶厅，挤奶机（胡士林 摄）

图1-45 洗衣机：洗涤擦洗乳房专用毛巾，毛巾再高压蒸汽消毒（胡士林 摄）

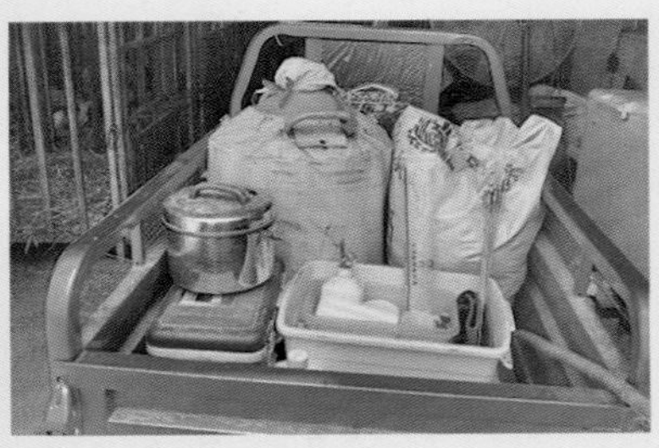

图1-47 配种员使用的工具车：载有液氮罐、输精枪、盛装解冻冷冻精液所用温水的保温瓶、保温桶、消毒剂、一次性使用的塑料长臂手套（胡士林 摄）

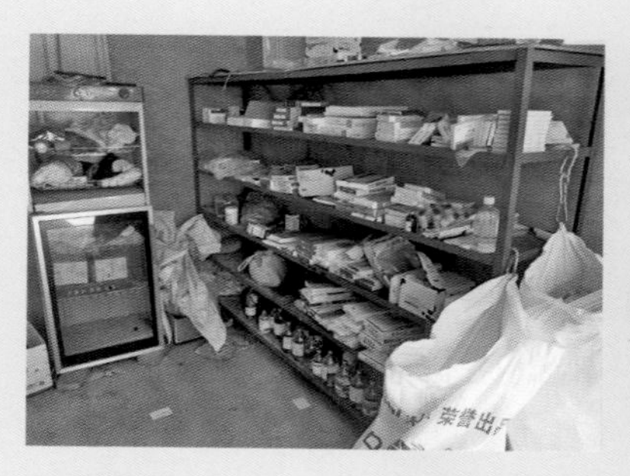

图1-48 兽医室：冰箱和常用药物储存架（胡士林 摄）

图1-49 手推消毒车（配高压喷枪）：可实施对牛舍和环境的消毒（胡士林 摄）

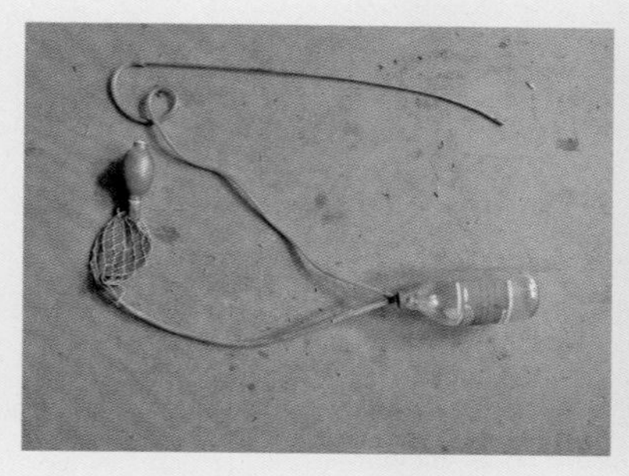

图1-50 子宫冲洗器（胡士林 摄）

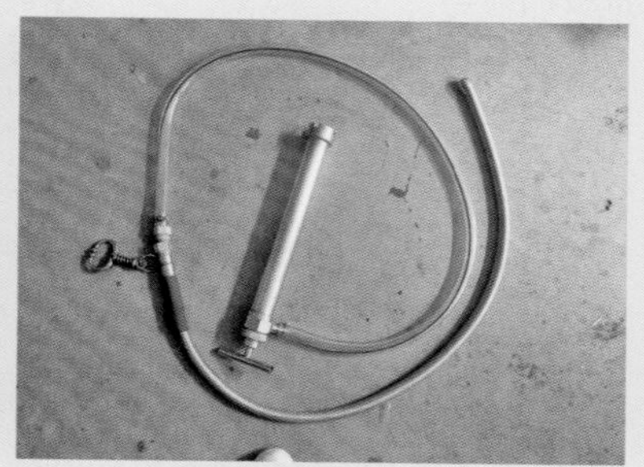

图1-51 瘤胃灌药器（胡士林 摄）

图1-52 倒卧牛提拉器（胡士林 摄）

图1-53 清粪车（胡士林 摄）

第三节　牛舒适性评估

奶牛舒适与否，关系到奶牛的采食量高低、生长速度快慢、产奶量多少、繁殖效率大小和牛群健康状态。牛场内影响牛舒适性的因素主要来自卧床、行走地面、饲槽、饮水器、颈夹、照明、挤奶机、防暑降温设施和防寒保暖设施。目前这些设施的设计制造都有专业公司负责，其舒适性可以通过对空气变化、圈舍尺寸、垫床的质量等的监测作出评估。作为养殖者，可通过直接观察养殖过程中奶牛躺卧、采食、饮水、反刍、泌乳及等待挤奶、向特定目标运动以及发情等的表现判断牛的舒适性。

一、躺卧

在理想条件下，奶牛每天躺卧时间可在14小时以上，躺卧时间减少2小时对奶牛的生产性能和经济效益的发挥就会产生显著影响。因此，观察牛躺卧时间和姿势可作为评判牛舍舒适度的重要指标之一。

扫一扫，查看“奶牛休息状态”视频

牛通常采取四种休息姿势，典型姿势是卧向一侧倾斜，前肢向身体内侧下部弯曲，一侧后肢向前伸展，而另一侧后肢向外伸展（图1-54）。其二是牛半侧躺，头与一前肢或两前肢伸出，图1-55所示姿势是此种伸展姿势的变化。其三是正身卧，靠前胸支撑，头抬高，一前肢或两前肢弯曲且压在胸部下方。其四是牛正身卧，两前肢弯曲压在胸部下，头部伸向后躯侧腹部，这是牛的一种短暂休息姿势。牛长久休息姿势是采取正身卧而两前肢伸展，脖颈向前伸展得更长。

卧床的理想垫料是沙子，具有松软和不利于细菌生长的特性，稻草、刨花、稻壳、碎报纸、沼渣也可用作垫料，各有优缺点。即使是沙子也需每日翻动以保持松软，需每日添加以保持垫料与牛床外沿高度一致。

图1-54 卧向一侧倾斜：前肢向身体内侧下部弯曲，一侧后肢向前伸展，而另一侧后肢向外伸展（胡士林 摄）

图1-55 牛半侧躺：头前伸，四肢伸展——死牛姿势（胡士林 摄）

翻动垫料时要注意使垫料形成前高后低的斜坡，因为牛喜欢斜卧并顺斜坡向上躺卧，不喜欢顺斜坡向下躺卧，否则会出现倒进卧床的现象。躺卧在卧床边缘或斜躺说明卧床跃起空间不足，是卧床太短或太窄。挡胸板过高也会妨碍牛采用长久休息姿势。垫料不足易造成牛内侧跗关节损伤。

理想的牛舍，牛群中有90%的奶牛在挤奶后能在卧床或运动场上躺卧休息2 ～ 3小时；母牛除采食和饮水外，应有85%以上的时间躺卧休息。

二、行走

牛能在牛舍内轻松自如地活动对其舒适性、蹄健康都是至关重要的。若牛对站立之处不放心，行走比较困难，会使采食量降低、产奶量降低、发情表现不显著，还会增加蹄病和关节疾病的发病率。在水泥地面开槽（图1-56）可以起到防滑站稳的作用，提高牛行走的舒适性。在地面铺设橡胶垫

图1-56 牛舍地面防滑槽：此槽间隔和槽宽度都是经过专门设计的，最有利于牛站稳防滑（胡士林 摄）

不仅防滑，而且硬度降低，行走的舒适性更高，但成本也高。

三、采食和饮水

颈枷和饲槽设计合理与否直接影响牛接近饲料和摄食饲料的便利性。

枷杠太紧会降低牛接触饲料的时间。低头摄食有利于唾液分泌，增加对瘤胃酸度的缓冲能力。饲槽过高时会造成饲料乱飞，也不利于消化。

水槽应安装在交叉通道上。挤奶后奶牛会立即奔向水源，水槽长度要保证所有退出挤奶厅的奶牛同时饮水。

四、防暑降温

荷斯坦奶牛耐寒不耐热，炎热夏季不仅会降低其舒适性，还会导致热应激或中暑。荷斯坦奶牛在气温超过21℃时即进入热应激状态，评估热应激程度通常采用温湿指数。

温湿指数（THI）$=t-0.55(1-f)(t-14.4)$

式中，t为环境温度，℃；f为相对湿度，%。

THI=22.2～26，轻度热应激；

THI=27～31，中度热应激；

THI=32～37，严重热应激；

THI≥38，可以导致牛死亡。

图1-57 处于热应激状态的牛：张口喘，流涎（胡士林 摄）

降低牛舍热应激的首要措施是完善牛舍设计；其次是增加通风和喷淋设施，以降低环境温度或加快牛体散热，从而提高舒适性（图1-57～图1-61）。

扫一扫，查看“牛场降温设施”视频

图1-58 来自高侧壁气流在奶牛产生热量的热浮力推动下上升并从屋脊的通气口排出（胡士林 摄）

图1-59 风扇和喷淋设施：喷淋可直接给牛增加散热，降低体温（胡士林 摄）

图1-60 以色列一牛场的通风和喷雾降温设施：喷雾可降低环境温度，右上角是可来回摆动的喷雾桶（胡士林 摄）

图1-61 奶牛集中区应增加风扇数量以加强通风（胡士林 摄）

第四节 牛场的粪污处理

一、牛舍和运动场清粪

牛舍内的粪便应尽快清除，清粪方式很多，有人工清粪、拖拉机清粪、刮板式清粪。运动场上的粪便可采用人工捡拾清粪；也有的牛场运动场不清粪，蓄积到一定程度后再实施一次性清理，清理出的粪便经发酵后晒干可作卧床垫料。

粪污沟见图1-62、图1-63。

图1-62 位于牛舍一端的粪污沟（胡士林 摄）

图1-63 粪污沟：清粪车将粪污搜刮推入位于牛舍一端的粪污沟（胡士林 摄）

二、粪污处理与利用

小型牛场的粪污可实行集中发酵后作为肥料还田。粪污还田是最经济、最环保的粪污处理方法，特别适合种养结合的奶牛饲养场。

扫一扫，查看“清粪车清粪过程”视频

较大型牛场可利用粪污生产沼气或生物有机肥（图1-64～图1-71）。无论是生产沼气还是制作有机肥都需较大的资金投入。

图1-64 某牛场粪污处理厂（胡士林 摄）

图1-65 粪污处理厂入口：粪污处理厂与奶牛饲养区要有围墙隔开，入口设消毒池（胡士林 摄）

图1-66 初级固液分离池（胡士林 摄）

图1-67 牛粪暂时堆放处（胡士林 摄）

图1-68 沼气发酵罐（胡士林 摄）

图1-69 发酵后固液分离处（胡士林 摄）

图1-70 沼液沉淀池（胡士林 摄）

图1-71 沼渣：正在晾晒，准备用作卧床垫料（胡士林 摄）

第二章

牛的繁育

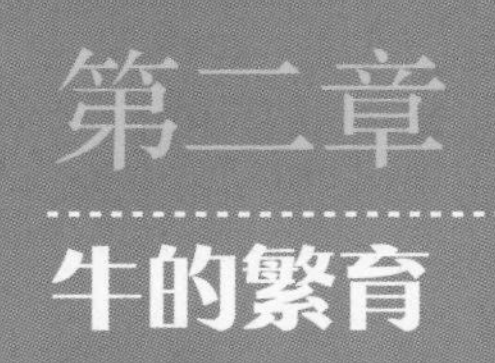

第一节　名优牛种

一、奶牛品种

世界上，专门化奶牛品种不多。就产奶水平而言，荷斯坦牛（即黑白花牛）是目前世界上最好的奶牛品种，数量最多、分布最广。而娟姗牛则以高乳脂率著称于世。

1. 荷斯坦牛

（1）原产地及分布　荷斯坦牛原产于荷兰（图2-1）。其风土驯化能力强，现在世界大多数国家均有饲养。经过各国长期的驯化及系统选

图2-1　某奶牛选美大赛冠军
(王金君 摄)

育，育成了各具特征的荷斯坦牛，并冠以该国的国名，如美国荷斯坦牛、加拿大荷斯坦牛、中国荷斯坦牛等。

（2）外貌特征　被毛细短，毛色大部分呈黑白斑块（少量为红白花），界线分明，额部有白星，腹下、四肢下部（腕关节、跗关节以下）及尾帚为白色。体格高大，结构匀称，皮薄骨细，皮下脂肪少，乳房发达，乳静脉明显。后躯较前躯发达，侧望呈楔形，具有典型的乳用型外貌（图2-2～图2-4）。成年公牛体重900～1200千克，体高145厘米，体长190厘米；成年母牛体重650～750千克，体高135厘米，体长170厘米；犊牛初生重40～50千克。

图2-2　头部狭长清秀（王金君　摄）

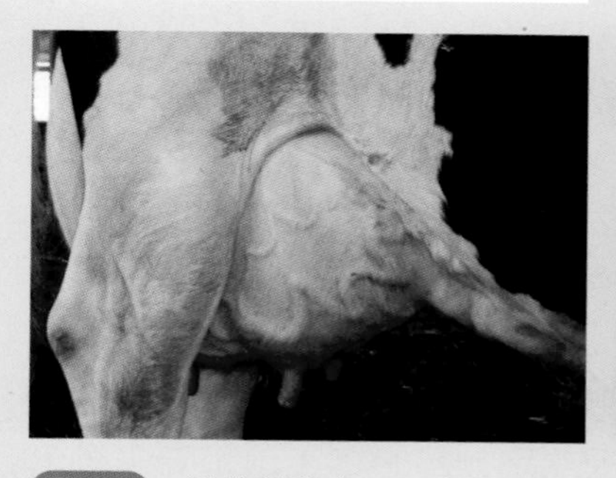

图2-3　浴盆型乳房（王金君　摄）

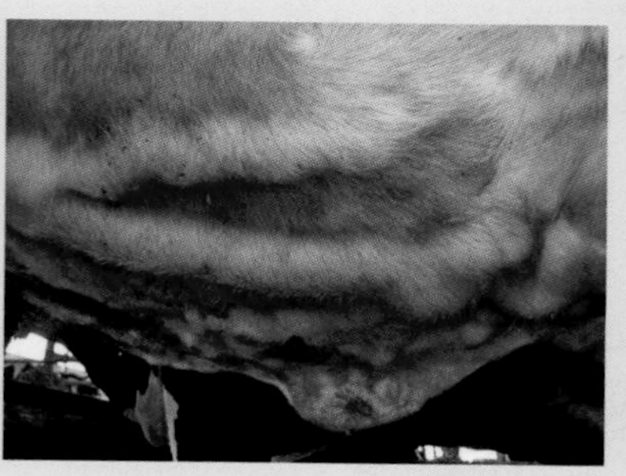

图2-4　乳静脉发达（王金君　摄）

（3）生产性能　乳用型荷斯坦牛的产奶量为各奶牛品种之冠。创世界个体最高纪录者（图2-5），是美国一头名叫“Muranda Oscar Lucinda-ET”的牛，于1997年365天、2次挤奶产奶量高达30833千克；创终身产奶量最高纪录的是美国加利

图2-5 名叫“Muranda Oscar Lucinda-ET”的荷斯坦牛（王金君 转）

福尼亚州的1头奶牛，其一生共泌乳的4796天，共计产奶189000千克。

2. 娟姗牛

（1）原产地及分布　娟姗牛属小型乳用品种，原产于英吉利海峡南端的娟姗岛。由于娟姗岛自然环境条件适于养奶牛，加之当地农民的选育和良好的饲养条件，从而育成了性情温驯、体形较小、乳脂率较高的乳用品种。早在18世纪，娟姗牛即以乳脂率高、乳房形状好而闻名。

（2）外貌特征　被毛细短而有光泽，毛色为深浅不同的褐色，以浅褐色为最多。鼻镜及舌为黑色，嘴、眼周围有浅色毛环，尾帚为黑色。娟姗牛体形小，清秀，轮廓清晰。头小而轻，两眼间距宽，眼大而明亮，额部稍凹陷，耳大而薄，鬐甲狭窄，肩直立，胸深宽，背腰平直，腹围大，尻长平宽，尾帚细长，四肢较细，关节明显，蹄小。乳房发育匀称，形状美观，乳静脉粗大而弯曲，后躯较前躯发达，体呈楔形。娟姗牛体格小，成年公牛体重为650～750千克；母牛体重340～450千克，体高113.5厘米，体长133厘米；犊牛初生重为23～27千克。

（3）生产性能　娟姗牛的最大特点是乳质浓厚，单位体重产奶量高，乳脂肪球大，易于分离，乳脂黄色，风味好，适于制作黄油，其鲜奶及乳制品备受欢迎。2000年美国娟姗牛登记平均产奶量为7215千克，乳脂率4.61%，乳蛋白率3.71%。创个体纪录的是美国一头名叫“Greenridge Berretta Accent”的牛，年产奶量达18891千克。

3. 爱尔夏牛

（1）原产地及分布　原产于苏格兰，现今在苏格兰、瑞士、挪威等地均有分布（图2-6）。

（2）外貌特征　体格中等，结构匀称，额稍短，角细长，角色白，尖黑色；颈垂皮小，胸深较窄，关节粗壮，乳房匀称，乳头中等长，红白花，鼻镜、眼圈浅红色，尾帚白色。

图2-6　爱尔夏母牛
（王金君 摄）

（3）生产性能　成年牛活重，公牛为800千克，母牛为550千克。犊牛初生重为30～40千克。芬兰是繁育爱尔夏牛最多的国家之一。爱尔夏牛平均产乳量为4854千克，乳脂率为4.41%。

4. 其他乳用品种

（1）蒙贝利亚牛　原产于法国。18世纪通过对瑞士的胭脂红花斑牛（Pie Rouge，亦称红花牛，通常认为是西门塔尔牛的一个类型）长期选育而成。繁殖力好，适应性强；乳房结构好，排乳速度快，适于机械化挤奶；母牛混合胎次平均产奶量为7516千克，乳脂率3.76%（图2-7）。

（2）挪威红牛　原产于挪威。主要特色是乳肉兼用、产奶量高、牛奶质量好、抗病力强、繁殖力强、长寿（终身产奶量高，更多胎次）等（图2-8）。

图2-7　蒙贝利亚母牛
（许尚忠 摄）

图2-8　挪威红牛（许尚忠 摄）

二、肉牛品种

1. 专门化肉牛品种

世界上主要的肉牛品种，按体形大小和产肉性能，大致可分为三大类。一是中、小型早熟品种，主产于英国。一般成年公牛体重550～700千克，母牛400～500千克。成年母牛体高在127厘米以下为小型，128～136厘米为中型。主要品种有海福特牛、短角牛、安格斯牛等。二是大型品种，主产于欧洲大陆。成年公牛体重1000千克以上，母牛700千克以上，成年母牛体高137厘米以上。代表品种有夏洛来牛、利木赞牛、契安尼娜牛、皮埃蒙特牛、比利时蓝白牛等。三是兼用品种，多为乳肉兼用或肉乳兼用，主要品种有西门塔尔牛、丹麦红牛、蒙贝利亚牛等（表2-1）。

表2-1　世界主要肉牛体尺、体重

品种	性别	项目				
		体高/厘米	体斜长/厘米	胸围/厘米	管围/厘米	体重/千克
夏洛来牛	公	142	180	244	26.5	1100～1200
	母	132	165	203	21.0	700～800
利木赞牛	公	140	172	237	25	950～1200
	母	130	157	192	20	600～800
皮埃蒙特牛	公	140	170	210	22	800
	母	130	146	176	18	500
海福特牛	公	134.4	169.3	211.6	24.1	850～1100
	母	126.0	152.9	192.2	20.0	600～700
安格斯牛	公	130.8	—	—	—	800～900
	母	122.0	166.0	203.0	18.7	500～600

（1）夏洛来牛

图2-9 夏洛来公牛
（王金君 摄）

① 原产地及分布　原产于法国中部的夏洛来和涅夫勒地区，本是古老的大型役用牛，18世纪开始系统选育，主要是通过本品种严格地选育而成（图2-9）。1864年建立良种登记簿，1887年成立夏洛来品种协会，1920年被育成专门的肉牛品种。1986年法国的夏洛来牛达300多万头，占法国牛总头数的15%，其中适龄母牛130万头，良种登记母牛达17万头以上。1964年全世界22个国家联合成立了国际夏洛来牛协会，推动了该牛种的进一步提高。夏洛来牛目前已成为欧洲大陆最主要的肉牛品种之一。我国于1964年开始从法国引进夏洛来牛，主要分布在内蒙古、黑龙江、河南等地。

② 外貌特征　全身被毛白色或乳白色，无杂色毛。体躯高大强壮，属大型肉牛品种。额宽脸短，角中等粗细，向两侧或前方伸展，胸深肋圆，背厚腰宽，臀部丰满，肌肉十分发达，使体躯呈圆筒形，后腿部肌肉尤其丰厚，常形成“双肌”特征。成年公牛平均活重1100～1200千克，母牛700～800千克。

③ 生产性能　夏洛来牛生长发育快，周岁前育肥平均日增重达1.2千克，周岁体重达390千克。牛肉大理石纹丰富，屠宰率67%，净肉率57%。犊牛初生重大，公犊46千克，母犊42千克，难产率高，平均为13.7%，故有“夏洛来，夏洛来，配上下不来”的说法，即提醒人们注意所配母牛的选择，以防止难产。

（2）利木赞牛

① 原产地及分布　利木赞牛因在法国中部利木赞高原育成而得名，大型肉牛品种（图2-10）。1850开始选育，1886建立良种登记簿，1924年宣布育成专门化肉用品种，为法国第二大品种。我国于1974年开始引入，主要分布于山东、河南、黑龙江、

图2-10 利木赞公牛（王金君 摄）

内蒙古等地。

② 外貌特征 毛色为黄红色，但深浅不一，背部毛色较深，四肢内侧、腹下部、眼圈周围、会阴部、口鼻周围及尾帚毛色较浅，多呈草白色或黄白色，角白色，蹄红褐色。体形高大，早熟，全身肌肉丰满。头大额宽，嘴小。公牛角较短，向两侧伸展，并略向外卷，母牛角细，向前弯曲。体格比夏洛来小，但具早熟性。成年公牛体重为950～1200千克，母牛为600～800千克。这种初生重小、成年体重大的相对性状，是现代肉牛业追求的优良性状。

③ 生产性能 利木赞牛肉嫩，脂肪少，是生产小牛肉的主要品种，国际上常用的杂交父本之一。在良好的饲养管理条件下，日增重达1.0千克以上，10月龄活重达400千克，12月龄达480千克。屠宰率64%，净肉率52%。利木赞牛犊牛初生重不大，公犊36千克，母犊35千克，难产率不高。

（3）皮埃蒙特牛

① 原产地及分布 皮埃蒙特牛原产于意大利，1934年成立品种协会，1958年建立良种登记簿，1986年建立种牛测定站，1991年开始系统地公布后裔测定结果。现已被二十余个国家引进，是目前国际上公认的肉牛终端杂交理想父本。我国于1986年先后引进公牛细管冻精和冻胚。现种牛主要饲养于北京、山东、河南等地。

② 外貌特征 被毛灰白色，鼻镜、眼圈、肛门、阴门、耳尖、尾帚等为黑色。犊牛初生时为浅黄色，慢慢变为白色。成年牛体形较大，体躯呈圆桶形，肌肉发达，皮薄，各部位肌肉块明显，外观似“健美运动员”。

③ 生产性能 皮埃蒙特牛以高屠宰率（70%）、高瘦肉率

(82%)、大眼肌面积（可改良夏洛来牛的眼肌面积）以及鲜嫩的肉质和弹性度极高的皮张而著名。优质高档肉比例大，是提供优质西式牛排的种源。犊牛初生重，公犊42千克，母犊40千克，难产率较高。早期增重快，周岁公牛体重达400 ～ 430千克。

（4）安格斯牛

① 原产地及分布　安格斯牛为英国古老的中小型肉牛品种。1862年英国开始安格斯牛的良种登记，1892年出版良种登记簿。自19世纪开始向世界各地输出，现在世界主要养牛国家大多数都畜养这个品种牛，是英国、美国、加拿大、新西兰和阿根廷等国的主要牛种之一。我国自1974年开始引入，但现在只在部分区域推广，如山东省滨州地区渤海黑牛的改良。

② 外貌特征　安格斯牛无角，有红色（图2-11）和黑色（图2-12）两个类型，其中以黑色安格斯为多。头小而方，额宽，体躯深、圆，腿短，颈短，腰和尻部肌肉丰满，有良好的肉用体形。

图2-11　红色被毛安格斯牛（王金君 摄）

图2-12　黑色被毛安格斯牛（王金君 摄）

③ 生产性能　安格斯牛生长快、早熟、易育肥，在良好的饲养条件下，从出生至周岁可保持1.0千克/日以上的增重速度。屠宰率65.0%，净肉率52.0%。安格斯牛体形中等，难产率低。牛初生重，公犊36千克，母犊35千克。

2. 兼用品种

现在世界上比较受欢迎的兼用品种泛指西门塔尔牛，其产肉性能和产乳性能均可与一般的专用肉牛和奶牛相媲美。生产中，母牛做“奶牛”，公牛做“肉牛”。在我国主要体现在肉用价值上。

① 原产地及分布　西门塔尔牛主产于瑞士，德国、奥地利、法国也有分布，是世界著名的大型乳、肉、役兼用品种（图2-13、图2-14）。我国自20世纪初开始引入。我国于1981年成立中国西门塔尔牛育种委员会。经过多年的努力，我国已培育出自己的西门塔尔牛，即“中国西门塔尔牛”。在我国北方各省及长江流域各省区设有原种场。

图2-13 西门塔尔公牛（许尚忠 摄）

图2-14 西门塔尔母牛（许尚忠 摄）

② 外貌特征　毛色多为黄白花或淡红白花，头、胸、腹下、尾、四肢及尾帚为白色，皮肤为粉红色。体格高大，成年公牛体重1000～1200千克，体高142～150厘米；成年母牛体重550～800千克，体高134～142厘米。额与颈上有卷曲毛。四肢强壮，蹄圆厚。乳房发育中等，乳头粗大，乳静脉发育良好。

③ 生产性能　西门塔尔牛的肉用、乳用性能均佳（图2-15）。平均产乳量4000千克以上，乳脂率4%。初生至1周岁平均日增重可达1.32千克，12～14月龄活重可达540千克以上。较好条件下屠宰率为55%～60%，育肥后屠宰率可达65%。犊牛初生重大，公犊为45千克，母犊为44千克，难产率较高。

④ 在我国的适应性及改良效果 西门塔尔牛是至今用于改良我国本地牛范围最广、数量最大、杂交最成功的牛种。西门塔尔改良牛在全国已有700多万头，占到我国黄牛改良数的1/3以上，并形成了不少地方类群，如在科尔沁草原和辽吉平原、川北的云蒙山区、南疆和北疆不同气候的农牧区、太行山区等都发挥了很好的经济效益，是异地育肥基地架子牛的主要供应区。

图2-15 自由采食（许尚忠 摄）

西门塔尔牛的杂交后代，体格明显增大，体形改善，肉用性能明显提高。在2～3个月的短期育肥中一般具有平均日增重1134～1247克的水平，有的由于补偿生长在第一个月达到平均2000克/日的速度。16月龄屠宰时，屠宰率达55%以上；20月龄至强度育肥时，屠宰率达60%～62%，净肉率为50%。

3. 地方品种

地方品种泛指我国不同地区长期饲养的地方牛品种，主要包括黄牛、水牛、牦牛等。中国黄牛为传统称谓，是指除水牛、牦牛之外的所有家牛。毛色多以黄褐色为主，也有深红、浅红、黑、黄白、黄黑等毛色。

《中国牛品种志》编写组按地理分布区域和生态条件，将我国黄牛分为中原黄牛、北方黄牛和南方黄牛三大类型。

中原黄牛包括分布于中原广大地区的秦川牛、南阳牛、鲁西牛、晋南牛、郏县红牛、渤海黑牛等品种。北方黄牛包括分布于内蒙古、东北、华北和西北的蒙古牛，吉林、辽宁、黑龙江3省的延边牛，辽宁的复州牛和新疆的哈萨克牛。产于东南、西南、华南、华中、台湾以及陕西南部的黄牛均属南方黄牛。

我国黄牛品种大多具有适应性强、耐粗饲、牛肉风味好等优点，但大都属于役用或役肉兼用类型，体形较小，后躯欠发达，成熟晚，生长速度慢。

第二节　牛的遗传改良

一、奶牛DHI与群体改良策略

1. DHI简介

DHI是英文Dairy Herd Improvement的首字母缩写，其含义是奶牛群体改良，在国内一般称之为生产性能测定。即通过生产性能测定分析，及时发现牛场管理存在的问题，调整饲养与生产管理，有效地解决实际问题，最大限度地提高奶牛生产效率和养殖经济效益。

2. 奶牛DHI的测定程序

（1）收集资料　新加入DHI系统的奶牛场，应事先填报表（表2-2）给测试中心。已进入DHI系统的牛场每月只需把繁殖报表、产量报表交付测试中心。为防止混乱，要求奶量单按牛号大小顺序排列，或将奶量单、牛号顺序与样品箱中的样品号顺序保持一致。

表2-2　进入DHI系统奶牛的资料

牛号	
生日	
父号	
母号	
本胎产犊日	
胎次	
奶量	
母犊号	
母犊父号	

（2）取样　每次测定需对所有泌乳牛逐头取奶样，每头牛的采样量为40毫升，一天3次挤奶按4 ∶ 3 ∶ 3（早∶中∶晚）比例取样，两次挤奶早、晚按6 ∶ 4的比例取样。测试中心配有专用取样瓶（内有防腐剂，为进口颗粒或重铬酸钾饱和液），瓶上有3次取样刻度标记。采样结束后，样品应尽快安全送达测定实验室，运输途中需尽量保持低温，不能过度摇晃（图2-16 ～图2-18）。

图2-16　泌乳牛逐头取奶样（张胜利 摄）

图2-17　奶样收集处 (王金君 摄)

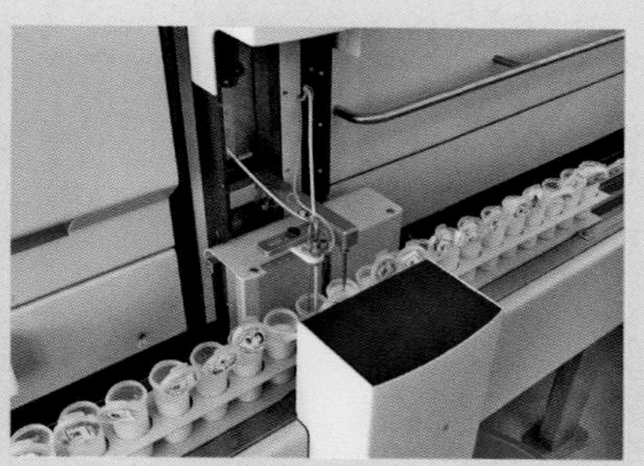

图2-18　奶样分析 (王金君 摄)

因为奶牛基本上一年一胎，连续泌乳10个月，最后两个月是干奶期，所以一般每年对每头泌乳牛进行10次测定，两次测定间隔一般为26 ～ 33天，即每月测定一次。

（3）测定奶量　取样同步进行。通过流量计测定奶量。

（4）奶样分析　在实验室进行。用远红外乳成分测定仪测定乳的成分，包括乳蛋白率、乳脂率、乳尿素氮等；用激光体细胞测定仪进行体细胞含量计数。测试结果在屏幕上显示，并与电脑和打印机连接。

（5）数据处理及形成报告　计算机室将奶牛场的基础资料

输入电脑，建立牛群档案，并与测试结果一起经过牛群管理软件和其他有关软件进行数据加工处理形成DHI报告。另外，还可根据奶牛场的需要提供305天产奶量排名报告、不同牛群生产性能比较报告、体细胞超过设定数的单列报告、典型牛只产奶曲线报告、DHI报告分析与咨询等。

通过互联网，参加DHI的牛场可在测试完成当天或第二天得到DHI报告，奶牛场可利用提供的数据及时采取措施，改进生产管理。

3. 如何根据《DHI报告》改进牛群饲养管理

（1）完善奶牛生产记录体系　生产性能测定工作，为奶牛场提供了完整的生产性能记录体系，提供了一个量化管理牛群的工具，为奶牛场进行科学管理提供了可靠依据。

（2）提高原料奶质量　原料奶质量的好坏主要反映在牛奶的成分和卫生两个方面。在生产性能测定中，可以通过调控奶牛的营养水平，科学有效地控制牛奶乳脂率和乳蛋白率，生产出理想成分的牛奶；通过控制降低牛奶体细胞数（SCC）能提高牛奶的质量。体细胞数超过标准不仅影响牛奶的质量、风味，还预示着奶牛个体可能患有隐性乳腺炎。

（3）指导牛场兽医防治　奶牛机体任何部分发生病变或生理不适都会首先以减少产奶量的形式表现出来，由于生产性能测定适时监控奶牛个体生产性能表现，因此可以大大提高兽医工作效率和质量。通过奶牛DHI报告，一是掌握奶牛产奶水平的变化，了解奶牛是否受到应激，准确把握健康状况；二是分析乳成分的变化，判断奶牛是否患酮病、慢性瘤胃酸中毒等代谢病；三是通过体细胞数（SCC）的变化，及早发现乳房损伤或感染，特别是为及早发现隐性乳腺炎并且制订乳腺炎防治计划提供科学依据，从而能有效减少牛只淘汰，降低治疗费用。

（4）改进日粮配方，提高饲料效率　通过分析DHI报告中乳成分含量变化，确定饲料总干物质含量及主要营养物质供给量是否合适，指导调配日粮，确定日粮精粗比例。DHI报告直接反映乳脂率与乳蛋白率之间关系的一个指标——脂蛋白比，可以根据它及时对日粮进行调整。DHI报告提供个体牛只牛奶尿素氮水平，它能准确反映出奶牛瘤胃中蛋白代谢的有效性，根据牛奶尿素氮的高低改进饲料配方能提高饲料蛋白利用效率，降低饲养成本。

（5）推进牛群遗传改良　DHI数据是进行种公牛个体遗传评定的重要依据，只有准确可靠的性能记录才能保证不断选育出真正遗传素质高的优秀种公牛用于牛群遗传改良。对于奶牛场而言，可以根据奶牛个体（或群体）各经济性状的表现，本着保留优点、改进缺陷的原则，选择配种公牛，并做好选配工作，从而提高育种工作的成效。

二、肉牛杂交优势的利用

1. 肉牛杂交体系建设原则

中国农业科学院畜牧研究所陈幼春研究员提出了肉牛杂交生产中母系和父系的基本要求，即：配套系的母系必须有终身稳定的高受孕力；以每头母牛计算的低饲养成本和低土地占用成本，一般要求体形较小的个体；性成熟早而不易难产；良好的泌乳性能；适应粗放和不良的条件；体质结实，长寿；高饲料报酬；鲜嫩的肉质；较好的屠宰性状九项。配套系的父系必须具有：快速的生长能力；改进眼肌面积的高强度优势；高屠宰率和高瘦肉率；硕大的体形；体早熟五项。以上是两系配套时的基本要求，在多系配套时也是基本要求。

他同时提出，我国的肉牛杂交体系应该是：在引入品种改良本地黄牛的基础上继续组织杂交优势；用对配套系母系的要求选择具备有理想母性的母牛，用对配套系父系的要求选择具有理想长势和胴体特征的公牛，利用其互辅性，保持杂交优势的持续利用；组装或结合两个或两个以上品种的优势开展肉牛配套系生产，在可能的情况下形成新的地方类群。在级进杂交有困难的地方，组织这种配套系比较适宜。

实践证明，二元杂交所产生的母牛，可以继续产犊，杂种母牛本身具有杂种优势，应当很好地利用。杂种公牛中也往往有很好的优秀个体，过去是仅仅用于育肥并宰杀，在北美已有以杂种公牛做种用的先例，渐渐地提出“综合杂交”和“合成系”的用法。杂交母牛比原来的亲本母牛搞“带犊繁殖体系”可能不差，未必要像终端杂交那样都屠宰。因而形成肉牛业所特有的杂交繁育体系。近年来，随着皮埃蒙特牛品种的引进，加上以往引入的西门塔尔牛、利木赞牛、夏洛来牛等，我国肉牛杂交生产体系日趋完善。

2. 商品肉牛杂交生产的主要方法

（1）经济杂交　经济杂交是以生产性能较低的母牛与引入品种的公牛进行杂交，其杂种一代公牛全部直接用来育肥而不作种用。其目的是为了利用杂交一代的杂种优势。如夏洛来牛、利木赞牛、西门塔尔牛等与本地牛杂交后代的育肥。

实验表明，杂交牛较我国黄牛的体重、后躯发育、净肉率、眼肌面积等均有不同程度的改良作用。据报道，夏洛来牛与蒙古牛、延边牛、辽宁复州牛及山西太行山区中原牛的杂交一代，12月龄体重分别比本地同龄牛提高77.6%、19.9%、27.1%和81.4%，体现出明显的杂交优势。

（2）轮回杂交　轮回杂交是用两个或两个以上品种的公、母牛之间不断地轮流杂交，使逐代都能保持一定的杂种优势。杂种后代的公牛全部用于生产，母牛用另一品种的公牛杂交繁殖。两品种轮回杂交，如图2-19所示。试验结果，两品种和三品种轮回杂交可分别使犊牛活重平均增加15%和19%。

（3）“终端”公牛杂交　“终端”公牛杂交用于肉牛生产，涉及3个品种。即用B品种的公牛与A品种的母牛配种，所生杂一代母牛（BA）再与C品种公牛配种，所生杂二代（ABC）无论雌雄全部育肥出售。这种停止于第三个品种公牛的杂交就称为“终端”公牛杂交体系。这种杂交体系能使各品种的优点相互补充而获得较高的生产性能。

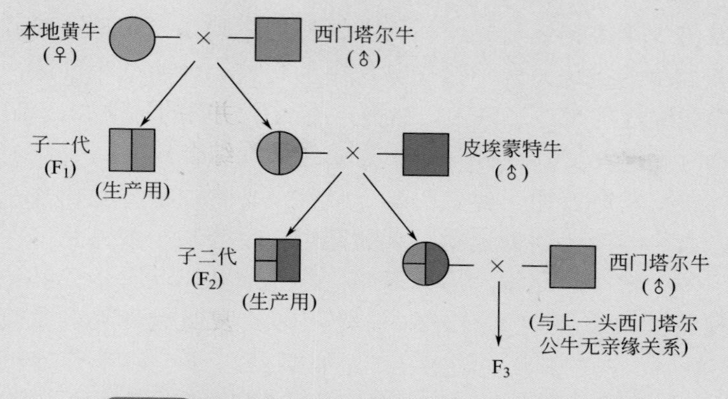

图2-19 两品种轮回杂交示意图（王金君 制）

第三节 发情与人工授精

一、发情鉴定与同期发情

发情是母牛性活动的表现，是由于性腺内分泌的刺激和生殖器官形态变化的结果。准确的发情鉴定可进行适时输精，提高受胎率。由于母牛发情时外部表现比较明显且有规律性，加上牛的发情持续期较短，因而生产中以外部观察法为主，有时结合直肠检查法进行发情鉴定。

1. 外部观察法

在发情期间，母牛由于受到体内生殖激素、特别是雌激素的作用，90%～95%的健康母牛具有正常的发情周期和明显的发情表现。将母牛放入运动场或在畜舍内观察，早晚各一次。主要通过观察母牛的爬跨情况、外阴部的肿胀程度及黏液的状态，进行综合分析判断。

（1）发情初期　发情母牛表现为食欲下降，兴奋不安，四处走动（图2-20），个别牛甚至会停止反刍。如与牛群隔离，常常发出大声哞叫；放牧或在大群饲养的运动场，可见追逐并爬跨其他牛的现象，但不接受其他牛的爬跨。外阴部稍肿胀，阴道黏膜潮红肿胀，子宫颈口微开，有少量透明的稀薄黏液流出，几小时后进入发情盛期。

（2）发情盛期　食欲明显下降甚至拒食，精神更加兴奋不安，大声哞叫，四处走动，食欲减退、反刍减少或停止，产乳量下降；常举起尾根，后肢开张，作排尿状，此时接受其他牛的爬跨并站立不动（图2-21）。外阴部肿胀明显，阴道黏膜更加潮红，子宫颈开口较大，流出的黏液呈牵缕样或玻璃棒状。

图2-20　发情初期兴奋不安（王金君 制）

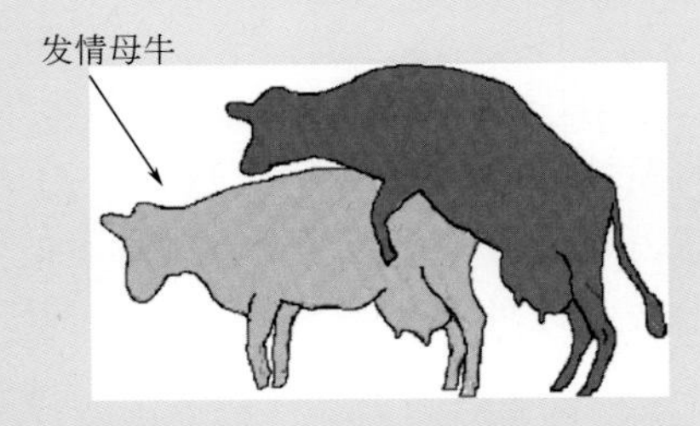

图2-21　发情盛期接受爬跨（王金君 制）

图2-22　发情末期不再追逐爬跨（王金君 制）

（3）发情末期　母牛兴奋性明显减弱，稍有食欲，黏液量少，黏液牵缕性差，呈乳白色而浓稠，流出的黏液常粘在阴唇下部或臀部周围。处女母牛从阴门流出的黏液常混有少量血液，呈淡红色。试情公牛基本不再尾随和爬跨母牛（图2-22）。对其他母牛也避而远之。

发情后1～4天约有90%的育成牛和50%的成牛母牛可以从阴道排出少量血液。

2. 直肠检查法

用手通过直肠触摸卵巢上的卵泡发育情况，以此来查明母牛的发情状况，判定真假发情，确定输精时间，是目前生产中最常用，效果也是最为可靠的一种母牛发情鉴定方法。

（1）母牛直肠检查的操作方法　将湿润或涂有肥皂的手臂伸进直肠，排出宿粪后，手指并拢，手心向下，轻轻下压并左右抚摸，在骨盆底上方摸到坚硬的子宫颈，然后沿子宫颈向前移动，便可摸到子宫体、子宫角间沟和子宫角。再向前伸至角间沟分叉处，将手移动到一侧子宫角处，手指向前并向下，在子宫角弯曲处即可摸到卵巢。此时可用手指肚细致轻稳地触摸卵巢卵泡发育情况，如卵巢大小、形状、卵泡波动及紧张程度、弹性和泡壁厚薄，卵泡是否破裂，有无黄体等。触摸完一侧后，按同样的手法移至另一侧卵巢上检查。

（2）母牛卵泡发育各期特点　母牛在间情期，一侧卵巢较大，能触到一个枕状的黄体突出于卵巢的一端，当母牛进入发情期以后，则能触到有一个黄豆大的卵泡存在，这个卵泡由小到大，由硬到软，由无波动到有波动。牛的卵泡发育可以分为四期（图2-23），各期的特点如下。

第一期：卵泡出现期　卵泡稍增大，直径为0.5～0.75厘米，直肠触诊为一硬性隆起，波动不明显。这一期中，母牛一般开始有发情表现。

第二期：卵泡发育期（增大期）　卵泡发育到直径1～1.5厘米（黄牛1.3厘米），呈小球状，波动明显。这一期持续10～12小时。在此期后半段，发情表现已开始减轻，甚至消失。

第三期：卵泡成熟期　卵泡不再继续增大，卵泡壁变薄，紧张度增强，直肠触诊时有“一触即破”的感觉，似熟葡萄。此期为6～8小时。

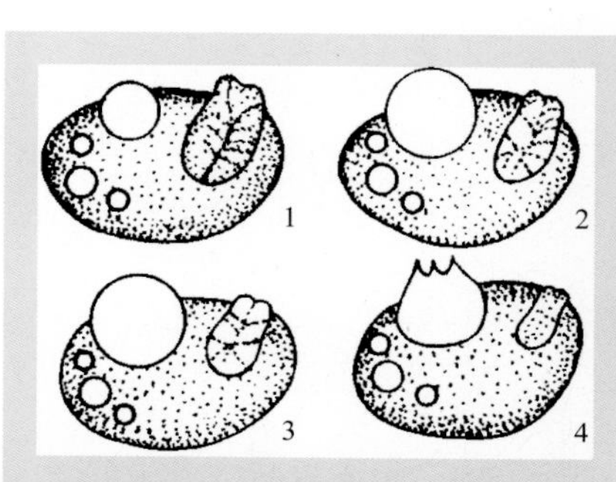

图2-23　卵泡发育过程模式图
（引自甘肃农业大学主编的《兽医产科学》）
1—卵泡出现期；2—卵泡增大期；3—卵泡成熟期；4—排卵期

第四期：排卵期　卵泡破裂，卵泡液流出，卵巢上留下一个小的凹陷。排卵多发生在性欲消失后10～15小时。母牛夜间排卵较白天多，右边卵巢排卵较左边多。

二、人工授精

1. 公牛（冻精）的选择

精液的质量，除遗传质量外，其受胎率是人工授精关注的重要方面。采购精液时，要选择有良好管理和精液符合国标的种公牛站。每次采购同一头批冻精，应抽样检查其活力、密度、顶体完整率、畸形率和微生物指标是否符合国标（活力≥0.35，直线运动精子密度≥1×10^7/升，顶体完整率≥40%，畸形精子率≤20%，非病原细菌数≤1000个/毫升）（图2-24、图2-25）。

2. 配种时机

（1）母牛的初配年龄　母牛的初配年龄，因品种、发育程度及营养状况等不同而异。一般情况下，奶牛达15～22月龄，黄牛达24月龄，水牛达30月龄，体重达到各自品种成年牛体重的70%，即可第一次配种。

（2）母牛产后配种时间　一般为产后2～3个月的发情期内配种最佳。

（3）母牛发情后的输精适期　根据发情母牛的排卵规律，发情后最适宜的输精时间，应是在性欲结束时第一次输精，间隔8～12小时第二次输精。但准确把握母牛性欲结束是比较困难的，而性欲高潮容易观察，因此在生产实践中，主要根据母牛接受爬跨情况来确定适宜的配种时间。方法是：黄牛一般采用上午爬稳，下午配种，第

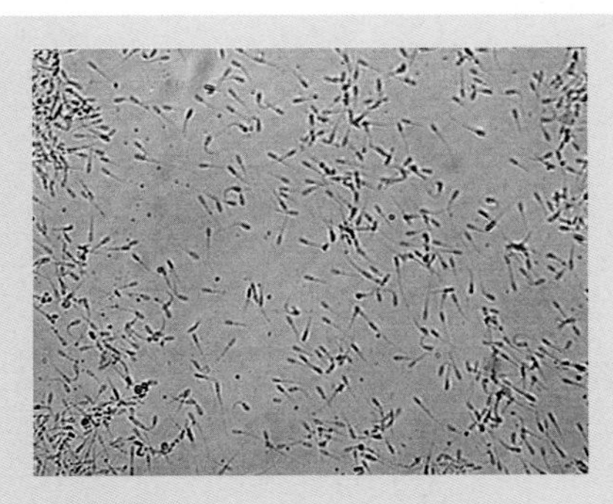

图2-24　显微镜下的精子运动
（王金君　摄）

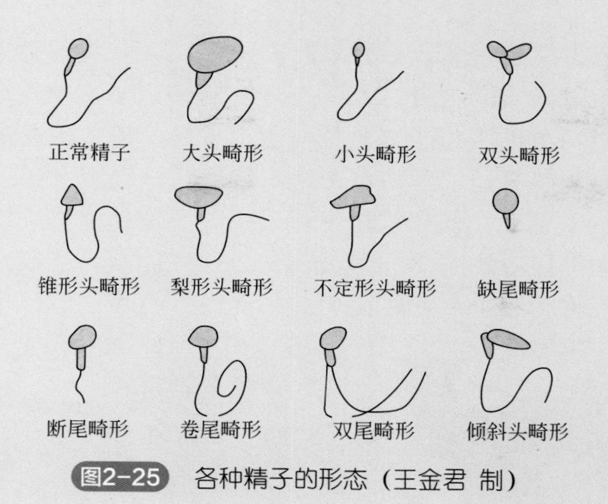

图2-25 各种精子的形态（王金君 制）

二天早晨复配；下午爬稳，第二天早晨配种、下午复配。水牛则是爬稳后隔日配种，受胎率高。静立、接受爬跨和阴户流出透明、量多且具有强拉丝性黏液时（黏液丝提拉可达6～8次，二指水平拉丝后，黏丝可呈“Y”状）是配种最适宜的时段。

（4）母牛产后再配的适宜时间　母牛产后子宫复原及体质恢复需20～30天，产后能表现第一次明显发情，奶牛在30～70天，役牛在40～110天。根据奶牛的生理特点，要一年一犊，且保证305天的产奶时间，实现乳、犊双丰收，以在产后60～90天配种受胎为宜。

3. 人工授精技术

直肠把握子宫颈输精法：与直肠检查相似，首先清洗消毒母牛后躯外阴部（图2-26）。用手轻轻揉动肛门，使肛门括约肌松弛，然后一只手戴乳胶（或薄膜）长臂手套，伸进直肠内把粪掏出（若直肠出现努责应保持原位不动，以免戳伤直肠壁，并避免空气进入而引进直肠膨胀），将手指插入子宫颈的侧面，伸入子宫颈之下部，然后用食指、中指及拇指握住子宫颈的外口端，使子宫颈外口与小指形成的环口持平。另一只手用干净的毛巾擦净阴户上污染的牛粪，持输精枪自阴门以35°～45°

向上插入5～10厘米，避开尿道口（图2-27），再改为平插或略向前下方进入阴道（图2-28），当输精枪接近子宫颈外口时，握子宫颈外口处的手将子宫颈拉向阴道方向，使之接近输精枪前端，并与持输精枪的手协同配合，将输精枪缓缓穿过子宫颈内侧的螺旋皱褶（在操作过程中可采用改变输精枪前进方向、回抽、摆动等技巧），插入子宫颈深部2/3～3/4处，当确定注入部位无误后将精液注入（图2-29）。

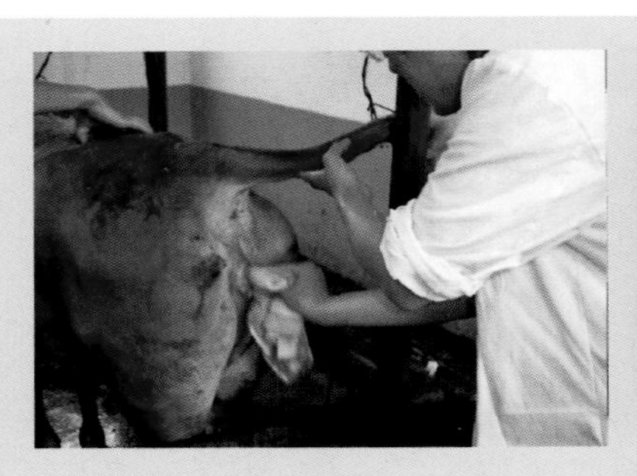

图2-26 输精前清洗消毒后躯外阴部（王金君 摄）

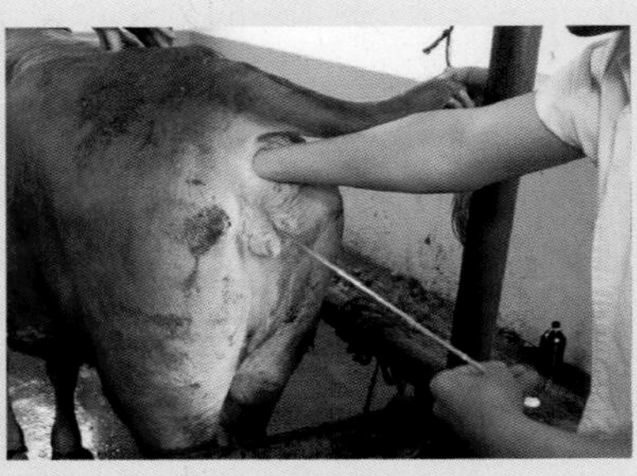

图2-27 开始斜向上插入阴道，避开尿道口（王金君 摄）

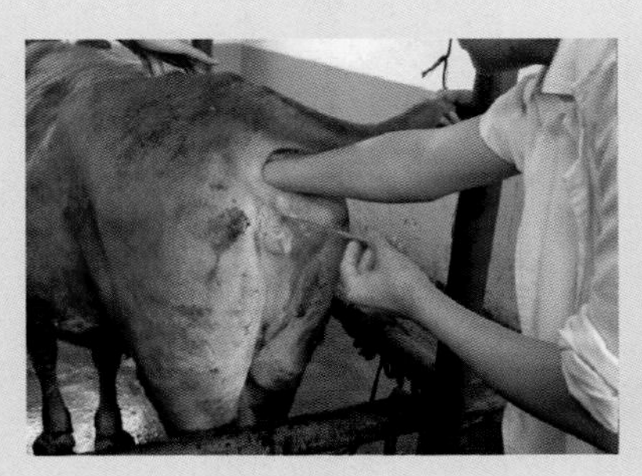

图2-28 水平到达子宫颈口（王金君 摄）

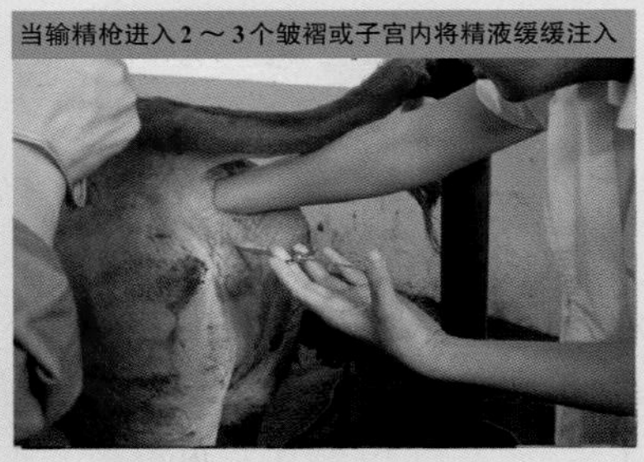

图2-29 双手配合，进入子宫颈深部或子宫内输精（王金君 摄）

此法的优点是：①精液可以注入子宫颈深部或子宫体，受胎率高；②母牛无痛感刺激，同样适用于处女牛；③可防止误给孕牛输精而引起流产；④用具简单，操作安全方便。缺点是：初学者不易掌握而造成受胎率低，甚至引起子宫外伤等。

第四节　妊娠与分娩

一、妊娠诊断

1. 外部观察法

通过观察母牛的外部征状进行妊娠诊断的方法。该方法简单易行，其缺点是不易做出早期妊娠诊断，对少数生理异常的母牛易出现误诊，因此常作为妊娠诊断的辅助方法。

妊娠母牛通常表现为：食欲增强，被毛光亮、柔顺，行动迟缓谨慎，妊娠5个月后右侧腹部明显变大。

2. 腹部触诊法

是用手触摸母牛的腹部，感觉腹内有无胎儿或胎动来进行妊娠诊断。腹部触诊法只适用于妊娠中后期。

3. 直肠检查法

是用手隔着直肠壁触摸卵巢、子宫、子宫动脉的状况及子宫内有无胎儿存在等来进行妊娠诊断的方法。其优点是诊断的准确率高，在整个妊娠期均可应用。但在触诊胎泡或胎儿时，动作要轻缓，以免造成流产。

（1）未孕征状　子宫颈、子宫体、子宫角及卵巢均位于骨盆腔内，经产多次的牛，子宫角可垂入骨盆入口前缘的腹腔内。两角大小相等，形状亦相似，弯曲如绵羊角状。

（2）妊娠征状　妊娠30天：两侧子宫角不对称，孕角比空角略粗大、松软，有波动感，收缩反应不敏感，空角弹性较明显（图2-30、图2-31）。

妊娠45～60天：子宫角和卵巢垂入腹腔，孕角比空角约大2倍，孕角有波动感。

妊娠90天：孕角大如婴儿头，波动明显，空角比平时增大1倍，子叶如蚕豆大小。

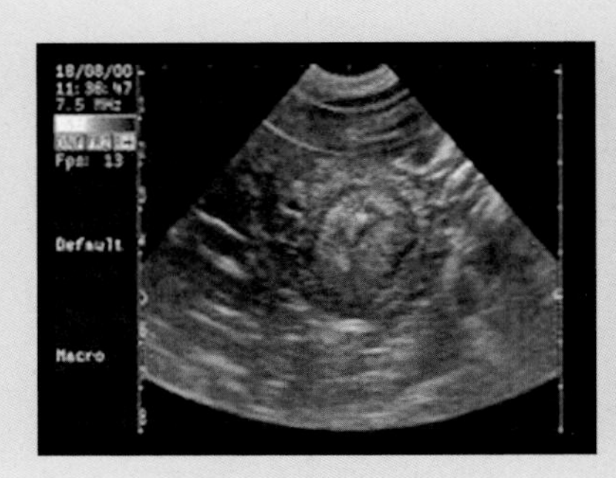

图2-30 未孕子宫角
（王金君 摄）

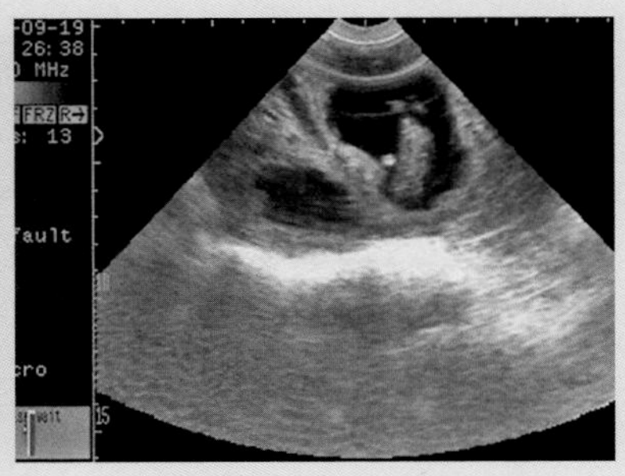

图2-31 已孕子宫角
（王金君 摄）

妊娠120天：子宫沉入腹底，只能触摸到子宫后部及子宫壁上的子叶，子叶直径2～5厘米。子宫颈沉移耻骨前缘下方，不易摸到胎儿。

4. 超声波探测法

超声波诊断是利用超声波的物理特性和动物体组织结构声学特点密切结合的一种物理学的检查方法。

二、分娩过程与接产

1. 分娩过程

正常的分娩过程一般可分为下列3个阶段。

（1）开口期　子宫纵形肌和环形肌开始间歇性收缩，并向子宫方向进行驱出运动，使子宫颈完全开放，与阴道的界限消失。这一时期的特点是只阵缩而不出现努责。此时，母牛表现

扫一扫，查看“奶牛分娩过程”视频

扫一扫，查看“新生犊牛首次站立过程”视频

扫一扫，查看“人工挤初乳过程”视频

为不安，时起时卧，来回走动，时而弓背抬尾，作排粪姿势，哞叫。开口期约为6小时（1 ～ 12小时），经产母牛一般短于初产母牛。

（2）胎儿产出期　从子宫颈完全开张至胎儿产出为止，特点是阵缩和努责共同作用，并以强烈的努责将胎儿排出体外。这个时期的子宫肌收缩期延长，松弛期缩短，弓背努责，经多次努责后，从阴户口可见淡白色或微黄色、半透明、膜上有少数细而直的血管，膜内有羊水和胎儿的羊膜囊，接着羊膜囊破裂，羊水同胎儿一起排出（图2-32）。这一阶段一般持续0.5 ～ 4小时。若羊膜破裂后半小时以上胎儿不能自行产出，必须进行人工助产。

（3）胎衣排出期　胎儿排出后，母牛稍作休息，子宫又继续收缩，伴有轻度努责，将胎衣排出。母牛的胎衣排出期为2 ～ 8小时，如果超过12小时胎衣尚未排出或未排尽，应按胎衣滞留进行处理。

图2-32　开口期羊膜囊漏出（王金君 摄）

2. 接产及助产原则

助产是指在自然分娩出现某种困难时人工帮助产出胎儿。牛的助产是及时处理母牛难产，进行正确的产后处理以及预防产后母牛炎症和保证犊牛健康的重要环节。分娩是母牛正常的生理过程，一般情况下，不需要助产而任其自然产出。但在胎位不正、胎儿过大、母牛分娩乏力（图2-33）等自然分娩有一定困难的情况下，需进行必要的助产。

图2-33　奶牛分娩乏力时的人工助产（王金君 摄）

助产者要穿工作服、剪指甲，准备好酒精、碘酒、剪刀、镊子、药棉及助产绳等。助产人员的手、工具和产科器械都要严格消毒，以防病菌带入子宫内，造成生殖系统疾病。

当发现母牛有分娩征状，助产者先用0.1%～0.2%的高锰酸钾温溶液或1%～2%来苏儿洗涤外阴部或尻部附近，并用毛巾擦干，然后等待母牛的分娩。

当观察到胎膜已经露出体外时，不应急于将胎儿拉出，应将手臂消毒后伸入产道，检查胎儿的方向、位置和姿势，如胎位正常，可让其自然分娩。若是倒生，后肢露出后，则应及时拉出胎儿，因为当胎儿腹部进入产道时，脐带容易被压在骨盆上，如停留过久，胎儿可能会窒息死亡。

如果胎儿前肢和头部露出阴门，但羊膜仍未破裂，可将羊膜扯破，并掏出胎儿口腔、鼻腔及周围的黏液，以便胎儿呼吸。

需要特别注意的是，牛的助产，特别是难产的处理，应在兽医师的参与下进行，以保证牛健康，特别是母牛正常的繁殖力为前提。

第三章 牛的营养需要

第一节 蛋白质和能量需要

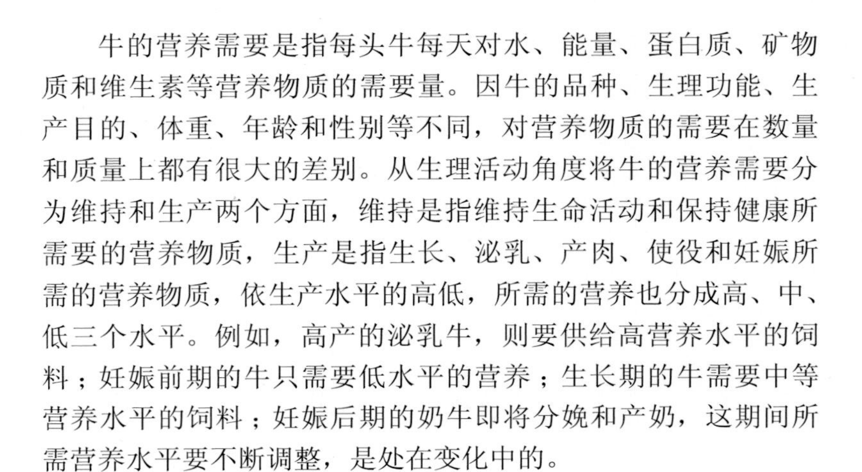

牛的营养需要是指每头牛每天对水、能量、蛋白质、矿物质和维生素等营养物质的需要量。因牛的品种、生理功能、生产目的、体重、年龄和性别等不同，对营养物质的需要在数量和质量上都有很大的差别。从生理活动角度将牛的营养需要分为维持和生产两个方面，维持是指维持生命活动和保持健康所需要的营养物质，生产是指生长、泌乳、产肉、使役和妊娠所需的营养物质，依生产水平的高低，所需的营养也分成高、中、低三个水平。例如，高产的泌乳牛，则要供给高营养水平的饲料；妊娠前期的牛只需要低水平的营养；生长期的牛需要中等营养水平的饲料；妊娠后期的奶牛即将分娩和产奶，这期间所需营养水平要不断调整，是处在变化中的。

一、碳水化合物

碳水化合物广泛存在于植物性饲料中，在动物日粮中占一半以上，是供给动物能量最主要的营养物质。

1. 碳水化合物的组成

植物性饲料中的碳水化合物又称糖类，虽然种类繁多，性质各异，但是，除个别糖的衍生物中含有少量氮、硫等元素外，都由碳、氢、氧三种元素组成。其中氢原子与氧原子的比为2∶1，与水的组成相同，故称其为碳水化合物。碳水化合物包括无氮浸出物和粗纤维。

碳水化合物中的无氮浸出物主要存在于细胞内容物中。各种饲料的无氮浸出物含量差异很大，其中以块根块茎类及籽实类中含量最多，而纤维素、半纤维素与木质素相结合构成细胞壁，多存在于植物的茎秆和秕壳中。纤维素、半纤维素和果胶不能被动物消化道分泌的酶水解，但能被消化道中微生物酵解。酵解后的产物才能被动物吸收与利用。而木质素却不能被动物利用。

饲养实践中，如日粮中碳水化合物不足，动物就要动用体内储备物质（糖原、体脂肪，甚至体蛋白质），出现体况消瘦、生产性能降低等现象。因此，必须重视碳水化合物的供应。

2. 碳水化合物的营养功能

（1）碳水化合物是体组织的构成物质　碳水化合物普遍存在于动物体的各种组织中，作为细胞的构成成分，参与多种生命过程，在组织生长的调节上起着重要作用。

（2）碳水化合物是供给动物能量的主要来源　动物为了生存和生产，必须维持体温的恒定和各个组织器官的正常活动。如心脏的跳动、血液循环、胃肠蠕动、肺的呼吸、肌肉收缩等都需要能量。动物所需能量中，约80%由碳水化合物提供。碳水化合物广泛存在于植物性饲料中，价格便宜，由它供给动物能量最为经济。

（3）碳水化合物是机体内能量储备物质　饲料中碳水化合物在动物体内可转变为糖原和脂肪而作为能量储备。碳水化合物在动物体内除供给能量外还有多余时，可转变为肝糖原和肌糖原。当肝脏和肌肉中的糖原已储满，血糖量也达到0.1%还有多余时，便转变为体脂肪。母畜在泌乳期，碳水化合物也是乳脂肪和乳糖的原料。体脂肪约有50%、乳脂肪有60%～70%是以碳水化合物为原料合成的。

（4）粗纤维是动物日粮中不可缺少的成分　粗纤维经微生物发酵产生的各种挥发性脂肪酸，除用以合成葡萄糖外，还可氧化供能。粗纤维是草食动物的主要能源物质，它所提供的能量可满足草食动物维持能量消耗；粗纤维体积大，吸水性强，不易消化，可充填胃肠容积，使动物食后有饱腹感；粗纤维可刺激消化道黏膜，促进胃肠蠕动、消化液的分泌和粪便的排出。

瘤胃发酵形成的各种挥发性脂肪酸的数量，因日粮组成、微生物区系等因素而异。对于肉牛，提高饲粮中精料比例或将粗饲料磨成粉状饲喂，瘤胃中产生的乙酸减少，丙酸增多，有利于合成体脂肪，提高增重，改善肉质。对于奶牛，增加饲粮中优质粗饲料的供给量，则形成的乙酸多，有利于形成乳脂肪，提高乳脂率。

3. 粗纤维的利用

反刍动物对粗纤维的利用程度变化极大，消化道中微生物所有因素均影响粗纤维的利用。粗纤维是反刍动物的一种必需营养素。正常情况下，粗纤维除具有发酵产生挥发性脂肪酸的营养作用外，对保证消化道的正常功能，维持宿主健康和调节微生物群落都具有重要作用。粗饲料应该是反刍动物日粮的主体，一般应占整个日粮干物质的50%以上。奶牛粗饲料供给不足或粉碎过细，轻者影响产奶量，降低乳脂率，瘤胃固体内容物（SRT）停留时间短，容易腹泻；重则引起奶牛蹄叶炎、酸中毒、瘤胃不完全角化症、皱胃移位等。反之，粗纤维含量过高，日粮的营养浓度低，满足不了乳牛的日常营养需要，产乳量下降。可见，日粮粗纤维水平低于或高于适宜范围，都不利于对能量的利用，会对动物产生不良影响。一般说来，奶牛日粮中按干物质计，粗纤维含量约17%或酸性纤维约21%，才能预防出现粗纤维不足的症状。奶牛处于不同泌乳阶段，粗纤维占日粮干物质的百分比也是不同的，具体说明如下。

① 产前两周　粗纤维占日粮干物质的23%。

② 泌乳初期　前几天粗纤维占日粮干物质的23%，以后逐渐降低。

③ 泌乳盛期　粗纤维占日粮干物质保持在17%，不低于15%。

④ 泌乳中期　粗纤维占日粮干物质的17%。

⑤ 泌乳后期　粗纤维占日粮干物质的20%。

⑥ 干乳期　粗纤维占日粮干物质的20%。

另外，在饲喂奶牛时，要注意日粮的精粗比。同样，当奶牛处于不同泌乳阶段，奶牛日粮的精粗比也是不同的。

① 沁乳初期　精：粗=40 ： 60。

② 泌乳盛期　精：粗=（60 ： 40）～（50 ： 50）。

③ 泌乳中后期　精：粗=（40 ： 60）～（30 ： 70）。

④ 干乳期　精：粗=（30 ： 70）～（20 ： 80）

在乳牛饲养中，要注意有两个70%比较重要，其一是饲料在瘤胃消化率大约70%；其二是日粮中精料不能超过70%，否则易造成酸中毒。

二、能量

牛对能量的需要可概括为维持和生产两部分。而生产部分又可分为生长、繁殖和泌乳等方面。

1. 能量单位

国际上，奶牛的维持和产乳所需能量是以泌乳净能（NEL）为单位的。肉牛的能量单位是综合净能（NEmf）。

我国奶牛的能量体系采用产奶净能，其能值用奶牛能量单位，缩写成NND，为汉语拼音字首。定义是相当于1千克含脂肪4%的标准乳的能量，即750千卡（kcal）产奶净能，作为一个“奶牛能量单位”。其计算公式如下。

奶牛能量单位（NND）=产奶净能（千卡）/750千卡

肉牛采用综合净能体系。由于肉牛饲料的消化能（或代谢能）转化为维持净能和增重净能的效率不同，评定时，通过饲养试验和消化代谢试验分别计算出维持净能和增重净能的效率，再结合生产水平用一系列公式计算出饲料消化能对维持和增重的综合效率，然后可以计算饲料的综合净能值。我国饲养标准中用肉牛能量单位表示能量价值。其定义是以1千克中等品质玉米含有的净能值8.08兆焦（1.93兆卡）为一个肉牛能量单位，汉语拼音缩写为RND。中等品质玉米的质量标准为二级饲料用玉米，含干物质88.5%、粗蛋白质8.6%、粗纤维2.0%、粗灰分1.4%，消化能每千克干物质16.40兆焦，维持效率0.62，增重效率0.46，综合效率0.56，每千克干物质综合净能9.13兆焦。肉牛能量单位的计算公式如下。

肉牛能量单位（RND）=综合净能（兆焦）/8.08

2. 奶牛能量需要

（1）维持需要　理论上，当奶牛做逍遥运动时，维持需要为$85W^{0.75}$千卡，而在实际生产中，牛总是不断运动并由于环境变化而损耗能量，因此规定奶牛维持需要为$100W^{0.75}$千卡（$W^{0.75}$为牛的代谢体重，千克）。由于处于第一和第二泌乳期的奶牛生长发育尚未停止，故第一泌乳期奶牛的能量需要须在维持基础上另加20%，第二泌乳期另加10%。

（2）产乳能量需要　每产1千克乳脂率为4.0%标准乳需要能量为0.75兆卡。但不同泌乳阶段产4%标准乳所需的能量不同。

泌乳初期（产后15 天）每产1千克 4%标准乳需要0.48兆卡的能量。因其产后食欲不好，消化功能下降，允许体重每天下降1.5千克。

泌乳盛期（产后16 ～ 100天）每产1千克4%标准乳需要0.80兆卡的能量。

泌乳中期（产后101 ～ 200天）每产1千克4%标准乳需要

0.75兆卡的能量。

泌乳后期（产后201天至干乳）每产1千克4%标准乳需要0.75兆卡的能量。最后增膘另加0.8兆卡的能量。

干乳期（产犊）平衡饲养需要0.75兆卡的能量。

妊娠牛主要考虑干乳期外加前一个月共90天。妊娠最后一个月在维持基础上每天另加能量4.5兆卡；妊娠最后第二个月在维持基础上每天另加能量2.77兆卡；保证最后3个月日增重0.75千克，90天要保证增重67.5千克。

在饲养乳牛过程中，能量的不足和过剩都会对乳牛产生不良影响。犊牛或育成牛若缺乏能量，则表现为生长速率降低，初情期延长，泌乳量会显著降低，而且对健康和繁殖性能也会产生不良影响。反之，能量过剩同样会对成年乳牛产生不良影响，这主要发生于中产、低产乳牛。过多的能量会以脂肪形式沉积于体内（包括乳腺），往往表现体躯过肥，其不良后果为：首先影响母牛的正常繁殖，会出现性周期紊乱、难孕、胎儿发育不良、难产等；其次是影响奶牛的正常泌乳，这是因为脂肪在乳腺内的大量沉积，妨碍了乳腺组织的正常发育，从而使泌乳功能受损而泌乳量减少。

三、蛋白质

蛋白质是主要由氨基酸组成的复杂有机化合物。动物体内的蛋白质是机体构成的主要成分。组成的基本元素是碳、氢、氧、氮，此外常含有硫和磷。蛋白质是动物、植物生命的基本物质，作为每个活细胞的原生质的组成成分而存在。蛋白质是用于动物生长、组织修复、产乳和胎儿发育的基本营养物质。如骨、韧带、皮、毛、蹄角和肌肉、器官等软组织都由蛋白质组成。动物体内蛋白质的总含量，在成年牛、肥的牛中略高于10%，犊牛或较瘦的牛则接近20%。要值得注意的是，除了瘤胃中微生物能利用饲料中的原料合成蛋白质外，动物缺乏像植物那样合成蛋白质的能力，必须依赖由含蛋白质的动物、植物饲料提供。

牛奶固形物中含蛋白质27%，若奶牛每日生产牛奶30千克，则奶中的蛋白质为1千克，相当于体重增加6～7千克所含的蛋白质的量。

泌乳牛蛋白质需要如下。

1. 维持需要

$3\times W^{0.75}$（克），即指每千克代谢体重需要3克可消化粗蛋白质（DCP）。

粗蛋白质（CP）×65.75%=DCP

2. 产乳需要

每产1千克 4%标准乳需要55克可消化粗蛋白质或84克粗蛋白质。粗蛋白质的给量，经验上可按其占日粮干物质百分率投给，低产牛（年产乳4吨以下）按日粮干物质的13%投给，中产牛（年产乳4～6吨）按日粮干物质的15%～16%投给，高产牛（年产乳6吨以上）按日粮干物质的17%～18%投给。

但值得注意的是，在日粮中粗蛋白质不能高于18%。如果日粮中粗蛋白质超过18%，则：①引起胰岛素上升，导致血糖下降，牛开始发胖，产乳受影响；②使血浆中可的松（肾上腺皮质激素）上升，此种激素抑制黄体发育，破坏发情周期；③使甲状腺素上升，氧化作用加强，使营养物质变成CO_2、H_2O，造成营养物质的浪费。

3. 妊娠母牛蛋白质需要（主要指最后3个月）

妊娠第7个月，母牛所需要的蛋白质的量为维持基础上每日另加78克可消化粗蛋白质，即（$3\times W^{0.75}+78$）克；妊娠第8个月，母牛所需要的蛋白质量为维持基础上每日另加158克可消化粗蛋白质，即（$3\times W^{0.75}+158$）克；妊娠第9个月，母牛所需要的蛋白质的量为维持基础上每日另加243克可消化粗蛋白质，即（$3\times W^{0.75}+243$）克。

4. 生长牛的蛋白质需要

生长牛的蛋白质需要量取决于体蛋白质的沉积量。

增重的蛋白质沉积（克/天）=ΔW（170.22−0.173W+0.000178W^2）×（1.12−0.1258ΔW）

式中，ΔW为日增重，千克；W为体重，千克。

生长牛日粮可消化粗蛋白质用于体蛋白质沉积的利用效率为55%。但幼龄时效率较高，体重40～60千克可用70%，70～90千克可用65%。

第二节　矿物质、维生素和水的需要

一、矿物质

矿物质存在于动物体的各种组织中，广泛参与体内各种代谢过程。除碳、氢、氧和氮四种元素主要以有机化合物形式存在外，其余各种元素无论含量多少，统称为矿物质或矿物质元素。

矿物质元素在机体生命活动过程中起着十分重要的调节作用，尽管占体重很小，且不供给能量、蛋白质和脂肪，但缺乏时，动物生长或生产受阻，甚至死亡。

牛通过采食自然饲料所获得的矿物质元素，一般钙、磷、钠、钾、镁、硫不足，铁、铜、钴、碘、锰处于临界缺乏或缺乏，锌有可能不足，硒缺乏或不缺乏，采食不能满足的部分必须用微量元素预混料进行补充。

1. 钙、磷

（1）钙　钙是牛需要量最大的矿物质元素，特别是对于产乳牛来说。钙主要存在于骨骼和牙齿中，组织及体液中仅占2%左右。钙的功能包括肌肉的兴奋、心脏的调节、神经传导、血液凝固、乳的生产等。钙主要在十二指肠和空肠以结合蛋白钙的形式被吸收。若饲料中钙的供应不足，而机体又需要时，则会动用骨骼中的钙，使骨钙与血钙的通路打开，如泌乳早期、产乳高峰期等。若钙严重不足，会导致产乳量急剧下降，而乳中含钙量却维持一个高水平，生长期动物若缺钙，常发生佝偻病、软骨症等。

钙的需要量受奶牛个体情况、生产状况等的影响。不同类型牛日粮中钙的需要量一般为0.4% ～ 0.75%。据测定，奶牛每日每100千克体重维持需要的钙为8克，每产1.0千克乳需要有效钙量为1.23克。泌乳早期每日约需30克，泌乳后期约10克。

（2）磷　磷除参与组成有机体的骨骼外，其在许多生化、生理方面都有重要作用，是体内物质代谢必不可少的物质。磷主要在十二指肠上皮以无机磷的形式被吸收，其吸收率受磷的来源、肠中环境、年龄以及其他因素的影响。它的排出主要依靠肾脏。若磷不足，可影响生长速度和饲料利用率、食欲减退、乏情、产乳减少等。由于钙、磷同时参与骨骼组成，所以当磷不足时同样会使机体发生软骨症、佝偻病等。补充钙、磷时应注意其比例，一般情况下钙、磷比例应在（2 ∶ 1）～（1 ∶ 1）的范围内，也有报道认为，钙、磷比例为（1 ∶ 1）～（7 ∶ 1）都是符合要求的，但低于1 ∶ 1则常造成严重的损失。如果存在丰富的维生素D，钙、磷比就可以不太严格。

乳牛对磷的需要量因体重、年龄、产乳量的不同而有很大变化。据报道，乳牛每日每100千克体重维持所需的磷为5.0克，泌乳后期8.0克，妊娠后期13克，日产乳30千克的乳牛每天需磷100克左右。

饲料中的磷含量因其来源不同，其含量也有差异。磷过量时可引起骨骼发育异常，更甚者还会导致尿结石等症。在饲喂谷物副产品混合精料的情况下，由于含磷较多，一般不需要补充磷。但在放牧或以粗饲料为主时，或土壤中缺磷，则容易发生牛只缺磷。

对于钙、磷的吸收利用要注意三个基本条件：一是日粮中要含有足够数量的钙和磷；二是钙、磷之间的比例要适当，一般以（1 ～ 2） ∶ 1为宜；三是要保证日粮有充足的维生素D，维生素D可促进钙、磷的吸收。当日粮钙、磷不足或比例不适宜时，可用石灰石、蒸骨粉、贝壳粉、磷酸二氢钙、脱氟磷酸钙等矿物质饲料进行调节和平衡。

2. 钠、氯

钠和氯共同维持体液的酸碱平衡和渗透压。钠和氯主要分布于细胞外液，是维持外液渗透压和酸碱平衡的主要离子，并参与水的代谢。钠和其他离子一起参与维持正常肌肉神经的兴奋性，对心肌活动起调节作用。钠可抑制反刍动物瘤胃中产生过多的酸，为瘤胃微生物活动创造适宜的环境。氯是胃液中主要的阴离子，它与氢离子结合形盐酸使胃蛋白酶激活，并使胃液呈酸性，具有杀菌作用。氯和钠主要通过尿液排出体外，通过粪、汗排出的较少。当动物缺乏氯和钠时，并无明显的症状，仅表现为动物生长性能受阻，饲料转化率降低，成年动物生产性能下降等。钠和氯一般用食盐补充。

奶牛食盐的需要量，维持需要按照每100千克体重给3克，每产1千克标准乳给1.2克，或按精料干物质的1.5%～2.0%，或日粮干物质的0.5%计算。

肉牛食盐的需要量应占日粮干物质的0.3%。牛饲喂青贮饲料时，所需的食盐量比饲喂干草时多，喂高粗料日粮时要比喂高精料日粮时多，喂青绿多汁饲料时要比喂枯老粗饲料时多。

牛对食盐的耐受量很强，即使日粮中含有较多的食盐，只要保证有充足的饮水，一般不致产生有害后果。

二、维生素

维生素是一类复杂的有机小分子化合物，动物的正常生长、繁殖、产肉、产奶等都需要。维生素在饲料中含量甚微，但对机体的调节、能量的转化和组织的新陈代谢有着极为重要的作用。日粮中若缺乏动物需要的某种维生素，会出现该维生素的缺乏症。牛需要的各种维生素来自天然饲料，以及瘤胃和体内组织的合成。优质牧草中含有维生素A、维生素D、维生素E，而B族维生素和维生素K可在瘤胃中合成，维生素C则是在组织中合成的。通过饲养环节的考察，可以判断牛对维生素摄入量是否合适。这些环节包括：①青饲料是否限量，质量如何；②干草调制时是否注意减少暴晒，牛能否晒到阳光；③是否饲喂优质青贮饲料；④幼犊是否全依赖代乳料。

维生素分脂溶性维生素（包括维生素A、维生素D、维生素E、维生素K）和水溶性维生素（包括B族维生素和维生素C）两类。牛对维生素的需要量不多，但缺乏时，则会引起许多疾病。若维生素A缺乏则表现夜盲病或干眼病，幼畜生长发育受阻、繁殖功能能障碍，被毛粗乱、无光，食欲不佳，易患呼吸道疾病等（表3-1）；但其过量有有毒性，造成骨骼过度生长、听神经和视神经受损、皮肤发炎等。若维生素D缺乏则表现为钙、磷代谢紊乱，出现佝偻病、骨质疏松、四肢关节变形、肋骨变形等。另外，牙齿发育不良，缺乏牙釉质。奶牛泌乳期缺乏维生素D时，泌乳期缩短，高产奶牛的产乳高峰期常出现钙的负平衡。当维生素E缺乏时，则会出现肌肉营养不良、心肌变性、繁殖性能降低等病症。B族维生素对奶牛维持正常的生理代谢非常重要。牛的瘤胃中可合成B族维生素，所以不易缺乏，但为了发挥乳牛生产潜力，还应该予以补充。维生素C在体内参与一系列的代谢过程。动物体内可合成维生素C。若缺乏时可出现坏血病、出血、溃疡、牙齿松动、抗病力下降等。据报道，奶牛所需的维生素A，每千克干物质饲料中应不低于5000国际单位，维生素D不少于1400国际单位，维生素E不少于100国际单位。青草中维生素E含量很丰富，所以，只要注意给牛喂足量的青绿饲料，一般不会出现维生素E的缺乏。维生素的供给可用维生素添加剂，或为了应急可短期注射针剂。

三、水

水是动物机体一切细胞和组织必需的构成成分。在牛机体的组成中，体内含有50%～70%的水分，牛奶中含有约87%的水。水是主要的营养物质之一，当体内失水10%时，代谢过程

表 3-1　奶牛矿物质、维生素缺乏症

缺乏症	钙	磷	食盐	镁	钾	硫	铁	锌	锰	铜	碘	钴	硒	维生素A	维生素D	维生素E
不孕		+						+	+	+	+	+	+	+	+	+
流产		+							+	+	+		+	+		+
胎衣不下	+							+		+	+		+	+		+
生长缓慢（生产发育不良）	+	+	+			+		+		+		+	+	+	+	+
产奶量下降（生产性能降低）	+	+	+	+	+	+			+		+	+				
消瘦												+		+		
被毛、皮肤异常								+		+		+		+		
骨骼变形	+	+						+	+	+				+	+	
异食癖		+	+		+										+	
食欲减退		+	+	+	+			+				+			+	
下痢										+			+	+		
青草抽搦症				+												
贫血							+			+		+				
肌肉营养不良（运动不协调）				+					+	+			+	+		
视力障碍														+		
腐蹄病								+		+						

注：引自冯仰廉等，肉牛营养需要和饲养标准．北京：中国农业大学出版社，2000．

就要受到破坏，失水20%将引起死亡。水的主要功能是：①参与体内生化反应；②参与物质输送；③参与体温调节；④参与维持组织器官的形态；⑤作为润滑液。奶牛需要的水来源于自由饮水、饲料中含有的水和有机营养物质代谢产生的代谢水。

奶牛的自由饮水量因年龄、体重、采食量、气温、水温、水的质量、饲料含水量、产奶量、增重速度等有很大变化。干奶母牛每天需饮水35升，日产奶15千克的母牛每天需饮水50升，日产奶40千克左右的高产母牛每天需饮水约100升。炎热季节母牛所需饮水量超过春季、秋季和冬季，天气炎热时，保证牛的足量饮水十分关键，饮水量的下降会限制干物质的进食量、增重和产奶量，要保证牛随时饮到新鲜、洁净的水。水槽可安置在饲喂区、休息区和运动场，夏季水槽每周至少清洗一次，定期消毒，以防止水污染，冬天应避免饮冰水。有条件的养牛场可在牛舍内安装自动饮水器，让牛随时饮水，也可每天定时供水，一般每天3～4次，夏季每天5～6次。奶牛白天饮水次数多于夜晚，一般多集中在上午10时到下午7时。

第三节　饲料配方与配制方法

一、饲料配方设计

1. 配方设计

科学合理地设计饲料配方是科学饲养动物的一个重要环节，饲料配方的设计也是一项技术性及实践性很强的工作。只有不断地研究和改进饲料配方的设计工作，才能实施标准化饲养，经济合理地利用各种饲料资源，达到既能充分发挥动物的生产潜力，又能降低饲料成本和提高经济效益的目的。

2. 全价饲料配方设计的原则

（1）依据饲养标准确定营养指标　由于动物种类、年龄、生理状况、生活环境及生产水平等不同，对各种营养物质的需要量也不同。因此，设计饲粮配方时，必须选择与畜禽种类、品种、性别、年龄、体重、生产用途及生产水平等相适应的饲养标准，以确定出营养需要指标。在此基础上，再根据短期饲养实践中，畜禽生长与生产性能反映的情况予以适当调整。如果发现日粮（或饲粮）的营养水平偏高，可酌情降低；反之，则可适当予以提高。一般在原饲养标准基础上，调整幅度为10%左右，其中某些维生素的应激添加量为饲养标准的1～2倍，甚至高于饲养标准的几倍，以保证产品合格及有效。

（2）注意营养的全面与平衡　首先必须满足动物对能量的要求，其次考虑蛋白质、氨基酸、矿物质和维生素等的需要，并注意能量蛋白的比例、能量与氨基酸的比例等应符合饲养标准的要求。尤其是各种营养指标比例的平衡，使全价饲粮配方真正具备全价性、完全性的特点。

配合日粮时，首先应满足动物对能量的需求，①能量是动物生活和生产上最迫切需要的，只有在满足能量的基础上，才能考虑蛋白质、氨基酸、矿物质和维生素等的需要；②提供能量的养分在配方中所占比例最大，如果设计配方时先从其他养分着手，而后发现能量不足时，就必须对配方的组成进行较大的调整；相反，如果氨基酸、矿物质及维生素不足，可补充少量含这类养分的物质；③因为饲料的干物质基本上是由碳水化合物、脂肪和蛋白质这三种含能量的有机物质构成的，饲料中可利用能量的多少，可代表这三种有机物利用率的高低。因此，以可供利用的能量作为评定饲料营养价值的单位，也都是以能量为依据，直接使用饲料中的消化能、代谢能和净能。

除了能量以外，配合的饲粮还应满足动物对蛋白质的需要，并注意能量与蛋白的比例应符合饲养标准的要求。在一定范围内，蛋白质的供应要随着日粮（或饲粮）能量水平的提高而相应增加，随能量水平的降低而相应减少。

从某种程度上讲，营养物质之间的科学比例比每个单一营养物质绝对含量更重要。因此，除了能量与蛋白质的比例关系外，还应考虑能量与氨基酸、矿物质与维生素等营养物质的相互关系，充分重视各营养物质的平衡。

同时，在配方设计时要吸收最新的研究成果，除考虑一般性营养指标及各种微量营养指标外，还应考虑动物、环境、饲养方式等因素，以充分发挥动物生产的遗传潜力，最大限度地提高饲料营养的转化利用效率。

（3）控制粗纤维的给量　为了使配合的饲粮适合动物的消化生理特点，对各种动物应有区别地控制粗纤维的给量。饲粮中粗纤维含量与能量浓度关系密切，但并非决定能量浓度的唯一因素。如燕麦与麦麸的粗纤维含量相近，但能值不同；许多干草与秸秆的能值不与它们的粗纤维含量成正比。另外，由于草食家畜，尤其是牛、羊等反刍家畜，在利用粗纤维上与猪、禽差别很大，所以要针对不同动物，控制日粮中的粗纤维含量。

（4）饲粮的体积应与消化道相适应　饲粮除应满足动物对各种营养物质的需要外，还需注意干物质的含量，使之有一定的体积。若饲粮体积过大，可造成消化道负担过重，影响饲料的消化和吸收；体积过小，即使营养物质已满足需要，但动物仍感饥饿，不利于正常生长。所以，应注意日粮的体积，既要让动物吃得下，又可有饱腹感，并能满足营养需要。

以每100千克体重计，乳牛2.5～3.5千克、肉牛2～3千克、羊2.5～3.25千克。应用时要根据具体饲养实践酌情增减。

（5）考虑饲粮饲喂的安全性　设计的饲料配方应安全合法，动物食品的安全很大程度上依赖于饲料的安全，而饲料安全必须在配方设计时考虑，要严格禁止使用有害有毒成分、各种违禁的饲料添加剂、药物和生长促进剂等，对于受微生物污染的原料、未经科学试验验证的非常规饲料原料也不能使用。

（6）饲料要合理搭配，并注意来源稳定　饲粮应选用多种饲料进行配合，其具体含义是，能量饲料及蛋白质饲料应分别选用两种或两种以上。其他大宗原料的选用也是如此。此外，应充分利用各种添加剂以弥补原料中某些养分的不足，取得营养平衡，并改善养分的保存、气味、消化、吸收及转化。

另外，设计的饲料配方营养特性和产品质量要保持相对稳定，如需调整配方，应循序渐进地调整，不可突然变化，当然，设计饲料配方或开发新的饲料产品应考虑在一定时间内饲料原料保持相对稳定，否则，因配方或饲料产品的变化，将直接影响动物生产性能的稳定。

（7）选用饲料要有经济观点　饲料配方的成本很大程度上决定饲料产品的经济效益，作为一种商品，饲料产品必须考虑经济效益。在畜牧生产中，由于饲料费用占很大比例，设计饲料配方时，必须因地因时制宜，精打细算，巧用饲料，尽量选用营养丰富、质量稳定、价格低廉、资源充足、当地产的饲料，增加农副产品比例。如利用玉米胚芽饼、粮食酒糟等替代部分玉米等能量饲料；利用脱毒棉仁饼粕、菜籽饼粕、芝麻饼粕和苜蓿粉等替代部分大豆饼粕和鱼粉等价格昂贵的蛋白质饲料，以充分利用饲料资源，降低饲养成本，并获得最佳经济效益。如能建立饲草和饲料基地，全部或部分地解决饲料供应问题，则是一种可取的做法。

因此，配方的质量与成本之间必须合理平衡，既要符合营养标准的要求，又要尽可能降低成本，并综合考虑产品对环境的影响。在设计饲料配方时，应同时兼顾饲料的饲养效果和生产成本，在保证动物的一定生产性能的前提下，尽可能降低饲料配方的成本。

3. 全价饲料配方的设计步骤

为了确保配合饲料产品的科学性、经济性、市场性和安全性，配方设计一般应遵循以下步骤进行。

（1）明确饲料产品设计的目标　饲料产品的目标有多重性：最高的产品利润率、最佳的动物生产性能、最大的市场占有率、最佳的生态效益等。这些目标一些是一致的，一些是矛盾的，有时可以兼顾多个目标，有时只能确定一个目标。

（2）确定动物的营养需要量　根据不同的目标定位，选择不同的饲养标准，并根据实际情况调整某些营养指标的水平，以最终确定动物的营养需要量。

（3）选择饲料原料　饲料原料的选择必须同时考虑饲料原料的营养特性和适口性、动物的消化生理特点、饲料原料的价格、饲料原料的来源和供应量、饲料原料营养成分含量等多方面因素。

（4）计算饲料配方　可以用手工计算或借助专门的计算机软件计算饲料配方，在计算过程中，必须根据饲料原料营养特性、有毒有害成分含量以及物理特性，决定是否限制用量以及确定限制的比例。

（5）评价饲料配方的质量　通过有配方设计经验人员的分析，进行成分检测以及小规模动物试验可以检验所设计的配方是否符合原来的预期值以及产品质量，根据质量评价结果，确定是否再进一步调整饲料配方，使所设计的饲料配方最终满足预定的目标。

全价配合饲料产品设计包括主原料用量比例规划和添加剂预混料设计两方面。主原料的营养成分、价格经常波动，用量比例也应进行相应调整，借助计算机优化饲料配方软件可以快速作出决策。而饲料添加剂中除氨基酸外，其他添加剂原料用量相对固定，不需要采用计算机优化，只要按规定用量安排到配方中即可。

4. 反刍动物精料补充饲料配方设计的特点

反刍动物在饲料配方设计上最大的特点是：青粗饲料是反刍动物饲粮的主要组成成分，饲喂青粗饲料后，不足的养分则由精料补充。在生产中，反刍动物特别是牛的配合饲料，通常大致分为代乳料、精料补充饲料两种类型，代乳料的设计方法与猪的类似。

(1) 牛饲养标准的选用

① 奶牛饲养标准　我国奶牛饲养标准将奶牛的产奶、维持、增重、妊娠和生长所需要的能量统一用产奶净能表示，并且以奶牛能量单位（NND）表示能量价值。蛋白质需要同时列出可消化粗蛋白质和小肠可消化粗蛋白质。

② 肉牛饲养标准　我国肉牛饲养标准采用综合净能体系，并用肉牛能量单位（RND）表示能量价值。我国肉牛行业饲养标准（2004）中规定，哺乳母牛每千克4%标准乳中的养分含量：肉牛能量单位0.32、综合净能2.57兆焦/千克、脂肪40克、粗蛋白质85克、钙2.46克、磷1.12克。

(2) 哺乳犊牛配合饲料（人工乳）配方特点　初生犊牛瘤胃容积很小，其对养分的消化吸收主要靠真胃及其下部消化道来完成。随着年龄的增长，牛瘤胃逐渐发达，大约在6周龄时可达到类似成年牛的状态，依靠瘤胃内微生物发酵饲料，约在3月龄时，能达到成年牛的水平。因此，哺乳牛的配合饲料一般可按日龄分为前期、后期两个阶段，分别饲喂两种不同饲料。同时，随着日龄增长和采食量的增加，后期所用饲料的养分应较前期低。

犊牛人工乳配方可供选用的原料，主要有脱脂奶粉或乳品加工副产品、乳糖或单糖、油脂及饲料添加剂等。优质鱼粉与大豆也可使用一部分。据研究，鱼粉最多只能代换乳蛋白的35%，即使这一比例也有一定程度降低幼牛生长的作用。初生犊牛对大豆蛋白的利用能力也是较低的，比例过高还可导致腹泻。幼牛对动物脂肪的利用能力高于植物脂肪。另外，早期代乳料中添加一定比例的乳化剂往往是非常重要的。

(3) 育成牛配合饲料配方特点　3月龄以上的育成母牛、公牛，其饲喂方法不同。对于育成母牛，在饲喂质量较好的粗饲料时，能够满足育成母牛的营养需要，且达到培育标准，如果饲喂一般的粗饲料，则仍需要补充一些精饲料。而对于育成公牛，为了促进其瘤胃发育，防止育肥后期采食不足，应以精饲料为主，也要尽可能地多饲喂一些粗饲料。

对于6～12月龄生长奶牛，应以优质牧草、干草、多汁饲料为主，辅助少量精料。12～18月龄时，粗料可占饲粮干物质的75%，到18～24月龄时，一般粗料可占饲粮干物质的70%～75%，精料占饲粮干物质的25%～30%。

（4）泌乳奶牛配合饲料配方特点　泌乳奶牛的配合饲料所用原料种类多，应含有高质量的青绿多汁饲料及豆科干草，所有青粗饲料应占饲粮干物质的60%左右，而精料补充量以产奶量高低来确定。较多的粗饲料品质变动大，而且奶牛的体重、乳量、乳质、个体差异也很大，因此其配方没有统一的标准。必须因地制宜，根据实际情况进行配方设计。为保持瘤胃内正常发酵，维持正常的产奶量和乳脂率，粗饲料的质量和数量非常重要。许多研究认为，根据产奶阶段的不同和产奶量的高低，粗饲料与精饲料的比例有变化，一般年产奶量为5000～6000千克的奶牛饲粮中精料比例为40%～50%，高产奶牛的泌乳高峰期精粗料比例可达60∶40，饲粮干物质中的粗纤维应该在15%以上，为提高奶品质特别是乳脂率，可添加乙酸钠等物质。另外，日粮中可添加小苏打，以缓解瘤胃酸碱度。泌乳牛饲粮配方中尽量不使用尿素类非蛋白氮饲料。高产奶牛精料补充料中，各种饲料原料所占比例为：高能量饲料50%，蛋白质饲料25%～30%，矿物质饲料2%～3%。

除大豆粕外，在奶牛饲料中可以利用其他各种植物性饼粕类。对于奶牛，使用亚麻籽粕有使乳脂变软的性质，过多使用不利于制作黄油。椰子粕对奶牛适口性好，也有吸附糖蜜的特性，可生产出良好的硬质黄油。在选择精料原料时，要考虑原料对乳品质的影响。例如，菜籽粕、糟渣、鱼粉和蚕蛹粉等饲料应严格限制用量，否则，可能使牛乳产生异味，而影响奶的品质。反刍动物可以利用非蛋白氮化合物（NPN）合成微生物蛋白质，因而尿素是有效的蛋白质源；但是，必须注意使用方法，以防发生氨中毒。

（5）肉牛育肥用配合饲料配方特点　为了达到育肥肉牛最大的日增重，出生6个月以上的育肥肉牛，所用的饲料应以高能高精料为主体。一般肉牛饲粮中粗饲料占45%～55%，精料中粗纤维含量大于10%，可采用含尿素的精料补充料配方。在允许的情况下，肉牛可使用一定量的催肥剂。

育肥肉牛饲粮的主要原料组成为：糟渣、糖渣、粉渣、氨化秸秆、玉米青贮、精料，冬季添加一定量的胡萝卜。肉牛饲喂大量精饲料时，以加工处理的谷物类最为理想。饲喂高粱、大麦，均可获得优质脂肪，尽可能多用大麦，少用玉米、小麦。除以谷类作为能量来源外，也可利用玉米面筋饲料、玉米胚芽粉、淀粉、糠麸类、糟渣类饲料等。如大量饲喂玉米面筋饲料，会降低其适口性，应限制在10%左右的比例。由于玉米胚芽粉的成分接近玉米面筋饲料，适口性又好，可大量使用，还容易制成颗粒。

在国外，肉牛料中添加油脂，以提高饲料的能量浓度。常用的油脂有牛羊脂、黄油等动物性油脂。大量饲喂时，会影响瘤胃内发酵，降低纤维素消化和非蛋白氮饲料利用，其添加量必须限制在5%以内，而以2%～3%为宜。

为了防止肉牛脂肪变为黄色，在育肥末期不能过多地使用苜蓿草粉。也为了达到育肥料干物质中的粗纤维最低需要量6%的水平，需要饲喂5%～10%的粗饲料。

为降低饲料成本，充分利用各种资源，可以利用各种植物饼粕替代部分大豆粕。芝麻粕大量饲喂时体脂容易变软，配合比例最好控制在5%左右。亚麻籽粕对毛皮光泽有良好的作用，还具有润肠和通便的良好特性，所以用作育肥牛的饲料原料价值较高，最好与大豆粕并用。棉籽粕容易引起便秘，以与亚麻籽粕和糖蜜并用为宜。椰子粕适口性好，具有很好的吸附糖蜜的特性，因其品质变动幅度过大，不适于单独作为蛋白质来源使用。在肉牛精料混合料中可以添加少量的尿素，以减少蛋白质饲料用量，节约饲料成本。

二、饲料配方设计方法

1. 计算机法

目前，最先进、最准确的方法是用专门的配方软件，通过计算机配合日粮。市场上有多种配方软件，其工作原理基本上都是一样的，差别主要在于数据库的完备性和操作的便捷性等。

2. 手工方法

在生产中，相对来说，手工方法是比较常用的方法之一。

某奶牛场成年奶牛平均体重为500千克，日产奶量20千克，乳脂率3.5%。该场有东北羊草、青贮玉米、玉米、豆饼、麸皮、骨粉和食盐等饲料。试配制一平衡日粮。

计算方法及步骤如下。

（1）查饲养标准，计算乳牛总营养需要量（表3-2）。

表3-2　乳牛总营养需要量

营养需要	可消化粗蛋白质/克	产奶净能/兆焦	钙/克	磷/克	胡萝卜素/毫克
体重500千克维持需要	317	37.57	30	22	53
日产奶20千克（乳脂率3.5%）	1060	58.6	84	56	—
合计	1377	96.17	114	78	53

（2）查阅饲料成分及营养价值表或根据实测值，得知每千克东北羊草、青贮玉米、玉米、豆饼、麸皮、骨粉各种饲料所含的养分如表3-3所示。

（3）先满足奶牛对青粗饲料的需要。按奶牛体重1%～2%，可给5～10千克干草或相当于这一数量的其他粗饲料，现取中等用量给7.5千克，用东北羊草2.5千克、青贮玉米15千克（3千克青贮折合1千克干草）。计算东北羊草、青贮玉米的营养成分见表3-4。

表 3-3　饲料营养成分含量

饲料名称	可消化粗蛋白质/克	产奶净能/兆焦	钙/%	磷/%	胡萝卜素/毫克
东北羊草	35	3.70	0.48	0.04	4.8
青贮玉米	4	1.26	0.1	0.05	13.71
玉　米	67	8.61	0.29	0.13	2.36
豆　饼	395.1	8.90	0.24	0.48	0.17
麸　皮	103	6.76	0.34	1.15	—
骨　粉	—	—	30.12	13.46	—

表 3-4　计算青饲料、粗饲料营养成分

饲 料	可消化粗蛋白质/克	产奶净能/兆焦	钙/克	磷/克	胡萝卜素/毫克
2.5千克东北羊草	87.5	9.25	12	1	12
15千克青贮玉米	60	18.9	15	7.5	205.7
合计	147.5	28.15	27	8.5	217.7

（4）将表3-4中青粗饲料可供给的营养成分与总的营养需要量比较后，不足的养分再由混合精饲料来满足（表3-5）。

表 3-5　由混合精饲料提供营养成分的值

对比内容	可消化粗蛋白质/克	产奶净能/兆焦	钙/克	磷/克	胡萝卜素/毫克
饲养标准	1377	96.17	114	78	53
全部青粗料	147.5	28.15	27	8.5	217.7
差　数	1229.5	68.02	87	69.5	164.7

（5）先用含70%玉米和30%的麸皮组成的能量混合精饲料（每千克产奶净能为8.055兆焦），即68.02÷8.055=8.44千克。其中玉米为8.44×0.7=5.91千克，麸皮为8.44×0.3=2.53千克。经补充能量混合精饲料后，与营养需要相比，其日粮中产奶净能

已满足需要，胡萝卜素超过需要量，但可消化粗蛋白质、钙及磷分别缺少552.94克 、61.26克及32.72克。

（6）用含蛋白质高的豆饼代替部分玉米。即：每千克豆饼与玉米可消化粗蛋白质之差为395.1−67=328.1克，则豆饼替代量为552.94÷328.1=1.69千克。故用1.69千克豆饼替代等量玉米，其混合精饲料提供养分见表3-6。

表3-6　混合精饲料提供营养成分值

精料	可消化粗蛋白质/克	产奶净能/兆焦	钙/克	磷/克	胡萝卜素/毫克
4.22千克玉米	282.74	36.33	12.24	5.49	9.96
2.53千克麸皮	260.59	17.10	8.60	29.10	—
1.69千克豆饼	667.72	15.04	4.06	8.11	0.29
合计	1211.05	68.47	24.90	42.70	10.25

从表3-6可知，日粮中尚缺钙62.1克、缺磷26.8克，可用骨粉62.1÷30.12%=206.2克补充。

另外，食盐的喂量按每100千克体重给3克，每产1千克乳脂率4%标准乳给1.2克计算，故需补充食盐37.2克（3×5+1.2×18.5）。

标准乳重量=0.4×20+15（20×0.035）=18.5（千克）

（7）最后，该乳牛群的日粮组成如表3-7所示。

表3-7　乳牛群的日粮组成

日粮组成	可消化粗蛋白质/克	产奶净能/兆焦	钙/克	磷/克	胡萝卜素/毫克
2.5千克东北羊草	87.5	9.25	12	1	12
15千克青贮玉米	60	18.9	15	7.5	205.7
4.22千克玉米	282.74	36.33	12.24	5.49	9.96
2.53千克麸皮	260.59	17.10	8.6	29.10	—
1.69千克豆饼	667.72	15.04	4.06	8.11	29

续表

日粮组成	可消化粗蛋白质/克	产奶净能/兆焦	钙/克	磷/克	胡萝卜素/毫克
206.2克骨粉	—	—	62.11	27.75	—
合计	1358.55	96.62	114.01	78.95	256.66
占需要量/%	100.1	100.5	100.0	101.2	484.3

其上述日粮组成已基本满足奶牛需要。但在实际生产中，为考虑损耗部分，各种养分含量应高于需要量的10%左右。

第四节　饲料饲喂方法

一、精粗料分开饲喂方法

为了增加牛只的采食量和食欲，促进消化和提高饲料的利用，所采用的饲喂顺序可能不一致，各牛场的做法因具体条件而有所不同，大致有以下几种做法。

1. 先喂精料、多汁料，后喂粗料

精料及多汁料的适口性好，牛喜食，先喂精料、多汁料则形成良好的食欲反射，使消化道大量分泌消化液并加强蠕动，有助于对饲料的消化吸收。但在精料定额较多的情况下，往往影响对其他青粗饲料的采食量，易造成日粮粗纤维摄入量不足。

2. 先喂粗料，后喂精料和多汁料

先喂粗料，后喂精料和多汁料，使牛能大量采食青粗饲料，但个别高产牛的精料定额较多，后喂则容易造成牛吃不完定额，影响对热能和蛋白质的食入量。但对中、低产牛来说，此法较为适宜，使奶牛能充分利用青粗饲料。

3. 按粗料—精料、多汁料—粗料的顺序

这种喂法，能够保持奶牛有旺盛的食欲，且瘤胃内食团疏松，精粗掺和均匀，容易维持瘤胃正常的消化功能，瘤胃pH值稳定，且增加食团与微生物、纤毛虫的接触面，有利于消化活动。这种饲喂方法，既能吃完精料定额，又能促进多采食粗料，但增加了饲养员的饲喂操作，使之工作量加大。

4. 青粗料、多汁料及精料等混合掺拌饲喂

采用这种方法饲喂，必须切短适口性差的粗饲料。采用此法饲喂，可提高其适口性从而增加采食量，也便于实现饲喂机械化。

上述几种饲喂顺序，各有利弊，究竟采用哪一种饲喂顺序为好，宜从现场实际情况出发，因场制宜，灵活运用。尤其必须统筹兼顾饲料的品质、精料的定额、挤乳工作的安排以及劳动组织等，制订出适合于本场的既科学、符合牛的生理需要，又能提高劳动生产率的饲喂方法。

此外，目前国外多采用全日粮混合饲料自由采食法，即配合营养全价的混合饲料让牛自由采食。将青粗饲料（包括玉米青贮、干草等）先切碎，然后再和精料混合，拌入各种添加剂配合而成。采用此法饲喂有许多优点。①它可以避免牛只挑食、偏食某种饲料而造成过食或采食不足，从而可摄取到全价的日粮。②在散栏饲养下，亦可避免牛只争食某一种饲料，强牛过食，弱牛食不足的弊端。同时，牛能采食到较多的干物质，对增产有利。③饲养操作过程便于机械化，减少劳动力和饲料浪费。

可见，以同样的饲料，用不同的饲喂方法，有可能产生不同的饲养效果。掌握好饲喂技术显得非常重要，不浪费饲料，以最少的饲料换取最佳的效益，使牛吃饱、消化吸收好。①精料的饲喂方法，首先应掌握好混合精料中谷实饲料的粉碎程度，不可磨得过细，谷实只需磨成1～2毫米的粗粒或压扁即可。磨得过细的籽实，在瘤胃中酸酵速率增快，使瘤胃pH值迅速下降，微生物活动则受到抑制，引起消化障碍，严重者甚至造成酸中毒。同时，每日精料要混合均匀，分为3～4次喂给（低产

牛精料量少，可分2次），最好能和青粗饲料混合或交替饲喂，有助于消化利用。有些牛场，在冬春季节采用热水拌精料或采取部分精料做成汤料，以提高适口性。为了使牛能吃尽较多的精料定额，应注意观察个体采食习性，有的牛喜欢精料和粗料混合一起吃；有的牛上槽时，先吃精料，然后才采食粗料和其他饲料；亦有的个体喜食稀料而厌食干拌的精料等，应尽量做到满足个体习性的需求。②在饲喂青粗多汁饲料时，首先须注意饲料的品质和清洁。要掌握好青饲料的适时收割，忌以过嫩和过老的青饲料喂牛，采食过嫩青饲料后，容易引起腹泻甚至发生瘤胃臌胀，也使乳脂率降低；过老的青饲料，营养价值降低，且适口性很差，易造成剩余浪费。同时，青粗饲料最好能切短后再喂，既能促进牛多采食，又能减少牛在采食过程中饲料剩余的浪费。块根、块茎类，一定要清洗去除污泥后，再切碎饲喂，未经切碎或切块过大都不宜饲喂，否则易引起食管梗死，可能还会导致腹泻。

二、全混日粮饲喂方法

TMR（Total Mixed Ration）为全混合日粮的英文缩写，TMR是根据牛不同生理阶段和生产性能的营养需要，把铡切适当长度的粗饲料、精饲料和各种添加剂按照一定的比例进行充分混合而得到的一种营养相对平衡的日粮。类似于猪或家禽的全价饲料，由发料车发送，散放牛群可以自由采食，保证每采食一口日粮，都是全价的。

1. TMR饲养技术的优点

①增加牛对饲料干物质的采食量；②简化饲养程序，提高劳动生产效率；③增强瘤胃功能，维持瘤胃pH值稳定；④降低养殖成本，提高经济效益。传统饲喂方式和TMR饲喂方式比较见表3-8。

2. 日常TMR配制方法和管理

（1）注意饲料干物质变化　TMR饲料必须保持一定的水

表3-8　传统饲喂方式和TMR饲喂方式比较（曹志军，2007）

比较项目	传统饲喂方式	TMR饲喂方式
饲喂方式	精、粗饲料分开饲喂	精、粗饲料混合饲喂
采食时间	定时饲喂	全天候采食（24小时）
饲养方式	拴系饲养	多为散栏饲养，需分群、转群
机械化程度	劳动密集型	机械化操作
饲料利用率	粗饲料及农副产品利用率较低	提高粗饲料利用率，有利于利用农副产品
瘤胃健康	pH值波动范围大	pH值波动范围小
投入	基本无固定投入	一次性投入大
牛只管理	便于个体牛管理	注重群体管理

分（50%～55%），偏湿或偏干的日粮都会限制奶牛的采食量，TMR过干，粉料不能很好地附着粗料，易造成牛挑食；过湿易造成牛干物质采食量不足。

为了保证TMR的水分正常，必须经常对饲料原料（如啤酒糟、青贮玉米等）进行水分测定。还要注意气候的变化对饲料水分的影响（如雨天对青贮饲料的影响）。低估一种饲料的干物质含量，导致该饲料给饲量高于需要的水平，或者给饲量低于需要的水平。

如果发生以下情况，应当引起饲养者对TMR干物质含量变化的警觉。①混合好的TMR的体积出现了变化；②第二天奶牛在饲料槽中残留多于正常数量的饲料（说明干物质含量增加了）；③第二天奶牛在饲槽中几乎没有残留饲料（说明TMR干物质含量减少了）。

（2）准确知道每天牛群的头数　牛群头数一旦变更，应及时变更TMR数量，使每头牛都能吃到恰当数量的饲料。

（3）牛采食量每天是不一样的，天气条件和环境温度、湿度对牛采食量影响很大。每天监测牛剩余TMR饲料的数量，对TMR的数量进行调节。

（4）TMR搅拌车加料顺序。卧式混合机一般先加入谷物或混合精料，然后是青贮饲料，最后干草。干草在加入之前最好先粗铡。立式混合机一般先加入干草，然后加入谷物或精料，最后加入青贮饲料。

（5）搅拌时间的控制　一般来说，在最后一种饲料加入后搅拌混合5分钟就可以均匀，立式混合机时间需要稍短些。如果TMR过度搅拌，TMR饲料过细，不能留下长纤维；反之，易造成奶牛挑食。都可导致瘤胃功能失调和酸中毒。

（6）投料次数和时间　一般可投料2～3次，考虑到人工成本冬季也可投料一次。投料最好是牛群返回牛舍时，这样可保证牛站立采食。

（7）勤推饲料　每天应当经常把TMR饲料推向牛颈夹方向，牛首先采食最靠近自己的饲料，只能把头伸向牛颈夹外约72厘米处，所以必须经常把饲料推向牛头方向。每天至少6次以上，促进采食。

（8）观察TMR饲料是否受到挑拣　制作TMR日粮的目的是防止牛挑食，而牛的目的正好相反，努力的挑食其最喜欢的饲料。TMR越是干燥，牛越是容易挑食。TMR的水分控制在50%～55%，每天多次发料，频繁推料都有助减缓牛挑食问题。

（9）观察剩料　如果剩料的长纤维饲料明显过多，应当把长纤维切得短些（增加搅拌时间）。

（10）校正搅拌车的磅秤，定制每3个月对搅拌车磅秤进行校正，保证TMR日粮的准确性。以满载三分之一或三分之二负荷的情况下，检测磅秤的准确性。可以在三种负荷情况下，每个角落放置已知重量的物体（如饲料包25～50千克），以检测搅拌车称量的准确性。

养牛需要的饲料原料主要包括干草、青贮饲料、糟渣类饲料、精饲料等。

第一节 干草

干草包括牧草、农作物秸秆及籽实类皮壳和藤蔓等。牧草是指青草或青绿饲料作物刈割后晒干或烘干而成的饲料，包括豆科干草、禾本科干草和野杂干草等，常见的牧草类饲料有：苜蓿干草、燕麦干草、羊草、羊胡子草等。秸秆是指农作物收获籽实后的残余物（即茎秆和枯叶等），常见的秸秆类饲料有：谷草、稻草、麦秸、玉米秸、豆秸、地瓜蔓、花生秧等。

干草是牛必不可少的粗饲料，其体积大，粗纤维含量高，木质素含量高，消化率低。钙、钾、微量元素的含量比精料高，但磷含量低，脂溶性维生素的含量比精料高，豆科牧草B族维生素含量高。蛋白质含量差异大，优质豆科牧草粗蛋白质含量高达20%以上，而秸秆只有3%～4%。

粗饲料可供给牛充足的粗纤维，是牛获取粗纤维的主要来源之一，粗纤维是维持牛正常消化、反刍所必需的，如果粗饲料供给不足或缺乏，牛反刍次数就会减少，会出现消化不良、腹泻等异常现象；粗饲料是供给牛能量的重要来源；因粗饲料容积大，牛采食后具有饱腹感。优质的粗饲料还能供给牛一定数量的蛋白质、钙、磷等矿物质、维生素等营养物质。

优质干草是重要的粗饲料之一，干草的营养价值和品质与其品种、品质、收割时间、加工方法、储存等有关。干草的营养价值和品质与收割时间密切相关，调制干草适宜的收割时间，豆科牧草要在现蕾期到初花期收割，否则其秸秆老化，木质素增多，消化率降低，茎叶减少，蛋白质含量降低，适口性下降。禾本科牧草以在孕穗期到始花期收割，制成的干草营养价值高，若在开花后收割，其蛋白质含量降低，酸性粗纤维含量增加，其适口性和消化率均降低。

购买干草时要注意干草的品质鉴定，鉴定时主要通过看颜色、闻气味、观察叶片和花含量、听声音、看杂质含量等方法进行品质的鉴定。鉴定方法如下。

① 闻气味　优质的干草，有浓郁的青干草特有的清香味，无其他异味。中等的干草，清香味清淡或缺乏，劣质的有霉味和臭味，不能饲用。

② 看颜色　优质的干草，绿色或青绿色、暗绿色、浅绿色；中等的干草，黄色或黄绿色；劣质的干草，黄褐色或黑褐色。

③ 观察叶片含量　叶片含量越多越好，干草的营养物质损失越少，蛋白质含量高。开花少，可消化纤维多，木质素少。优质的干草，叶片保留95%以上，中等的干草，叶片损失10%～15%，劣质的干草叶片损失超过15%以上。

④ 听声音　主要是判断水分含量，干草适宜的水分含量应为15%～17%，用手紧握时，发出沙沙声和破碎声，轻轻用手一捏就可折断，茎秆脆软而不粗硬。

⑤ 看杂质含量　应无或极少杂质、杂草等，杂质越少，品质越好。

为了保证干草的质量，购买的干草还要注意妥善储存，最好储存在专门的干草棚（图4-1）内，堆放时应留有一定的通风通道，并离开地面一定高度，注意防水、防潮、防霉变，注意通风，注意防火等。

图4-1　干草棚（张善芝 摄）

一、苜蓿

苜蓿（图4-2）是豆科干草，产草量高，适口性好，营养价值列牧草之首，所以又称为"牧草之王"。是养牛，特别是高产奶牛的优质粗饲料。它不仅含有丰富的蛋白质、矿物质和维生素等重要营养成分，而且含有动物所需的必需氨基酸、微量元素和未知生长因子。在相同的土地上，紫花苜蓿比禾本科牧草所收获的可消化蛋白质高2.5倍左右，矿物质高6倍左右，可消化养分高2倍左右，而且含有其他饲草缺少的维生素和钙、磷等，是饲料中的上品。与其他粮食作物相比，单位面积营养物质的产量也较高，是奶牛生产中廉价高效的饲料资源。优质苜蓿干草适口性好、消化率高，牛喜欢采食。奶牛喂苜蓿，不但可以提高产奶量，还可以提高奶牛健康水平，减少生殖系统疾病和消化系统疾病，可以延长奶牛利用年限。

图4-2　苜蓿干草（张善芝 摄）

二、燕麦

燕麦草（图4-3）是一年生、营养丰富的禾本科牧草，调制干草适宜的收割时间，国内普遍认为是抽穗期、开花期，这时燕麦草干物质积累没达到最高，但粗蛋白质含量最好。国外普遍认为，乳熟期到蜡熟期干物质积累达到最高，但粗蛋白质含量偏低。

图4-3 燕麦干草（张善芝 摄）

燕麦草的粗蛋白质含量中等，无氮浸出物丰富，由于其含糖量高，口味很甜，适口性好，植株高大，茎细软，叶含量较多，容易消化，优质燕麦草富含水溶性碳水化合物（15%以上，高于苜蓿9%），其消化吸收快，在瘤胃内可快速分解，转化供能。燕麦干草的纤维中木质素含量低，有效纤维含量高，是优质纤维的重要来源。犊牛特别喜欢采食燕麦草，这非常有利于犊牛生长和瘤胃的健康。

燕麦干草的钾含量平均低于2%，氯离子含量高，特别适合干奶牛的饲喂，可利于预防产后瘫痪的发生。使用燕麦干草，能节约大量的精料，提升粗饲料所占日粮比例，增加奶牛采食量和保证日粮饲料的消化率，提高奶牛健康，减少代谢障碍疾病，延长奶牛的使用寿命，提高产奶量。

三、羊草

羊草（图4-4）又名碱草，是营养丰富的禾本科牧草，这种草耐践踏，耐放牧，绵羊、山羊特别爱吃，所以称之为羊草。主要产于我国东北地区和内蒙古，羊草叶量多、营养丰富、适口性好，各类家畜一年四季均喜食，有“牲口的细粮”之美称。

羊草调制成干草后，粗蛋白质含量仍能保持在10%左右，且气味芳香、适口性好、耐储藏。羊草以在孕穗期到始花期收割制成的干草营养价值高，若在开花后收割，其蛋白质含量降低，酸性粗纤维含量增加，其适口性和消化率降低。

图4-4 羊草（张善芝 摄）

四、农作物秸秆

农作物秸秆类饲料干物质中含有大量的粗纤维，其含量达30%～45%，而且木质化程度比较高，质地坚硬粗糙，适口性差，不易于消化利用，蛋白质、脂肪和无氮浸出物的含量都比较少，能量价值比较低，消化能在8.3兆焦耳/千克干物质以下，除维生素D外，其他维生素都很缺乏。可见秸秆的营养价值比较低，不宜单一饲喂秸秆，应与其他优质干草搭配使用。各类秸秆的营养价值差别很大，一般地瓜蔓、花生秧（图4-5）营养价值较高，适口性好，但使用花生秧时要注意有无发霉，注意除去塑料薄膜等异物。谷草、稻草、麦秸、玉米秸（图4-6）、豆秸等适口性和消化率较差，使用时可通过揉搓、氨化、盐化等加工调制，以提高其消化率。

图4-5 花生秧（张善芝 摄）

图4-6 玉米秸（张善芝 摄）

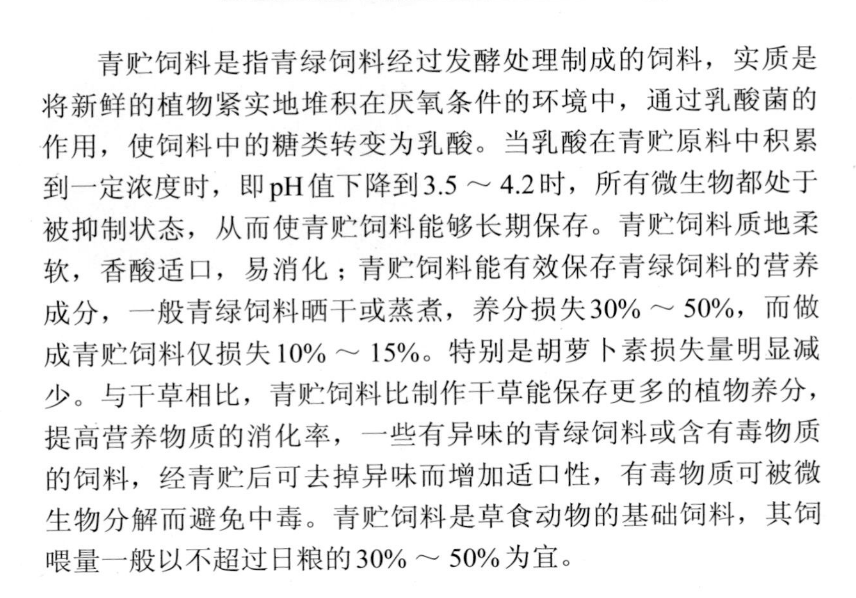

第二节 青贮饲料

青贮饲料是指青绿饲料经过发酵处理制成的饲料，实质是将新鲜的植物紧实地堆积在厌氧条件的环境中，通过乳酸菌的作用，使饲料中的糖类转变为乳酸。当乳酸在青贮原料中积累到一定浓度时，即pH值下降到3.5～4.2时，所有微生物都处于被抑制状态，从而使青贮饲料能够长期保存。青贮饲料质地柔软，香酸适口，易消化；青贮饲料能有效保存青绿饲料的营养成分，一般青绿饲料晒干或蒸煮，养分损失30%～50%，而做成青贮饲料仅损失10%～15%。特别是胡萝卜素损失量明显减少。与干草相比，青贮饲料比制作干草能保存更多的植物养分，提高营养物质的消化率，一些有异味的青绿饲料或含有毒物质的饲料，经青贮后可去掉异味而增加适口性，有毒物质可被微生物分解而避免中毒。青贮饲料是草食动物的基础饲料，其饲喂量一般以不超过日粮的30%～50%为宜。

一、青贮种类

1. 根据青贮原料不同而分类

青贮种类可分为玉米青贮、燕麦青贮、苜蓿青贮等，玉米青贮可分为带穗玉米青贮（全株玉米青贮）、去穗玉米青贮。

2. 根据青贮方法不同而分类

（1）普通青贮　即对常规青饲料收割后，按照一般的青贮原理和步骤使之在厌氧条件下，进行乳酸菌发酵而制作的青贮。

（2）半干青贮　也称低水分青贮，具有干草和青贮饲料两者的优点。它将青贮原料风干到含水率在40% ～ 55%时再进行青贮。这样可使某些腐败菌、酪酸菌因受水分限制而被抑制。这不但使青贮品质提高，而且还克服了高水分青贮由于排汁所造成的营养损失。加工过程与常规青贮一样。主要用于蛋白质含量高、糖含量少的豆科牧草青贮。

（3）特种青贮　指除上述方法以外的所有其他青贮。对特殊青贮植物如采取普通青贮法，一般不易成功，须进行一定处理，或添加某些添加物，才能制成优良青贮饲料。如添加各种可溶性碳水化合物、接种乳酸菌、加入酶制剂等，可促进乳酸发酵，迅速产生大量的乳酸，使pH值很快达到要求；或加入各种酸类、抑菌剂等抑制腐败菌等不利于青贮的微生物的生长。例如，黑麦草青贮可按1%比例加入甲醛/甲酸（3 ∶ 1）的混合物；或加入尿素、氨化物等可提高青贮饲料的养分含量。

3. 根据青贮设施不同而分类

青贮种类可分为青贮池、青贮塔、堆贮、塑料袋青贮等方式。

（1）青贮池（壕）　青贮池的墙壁不透风、不漏水，坚固耐用，利用年限比较长，青贮易成功，可便于机械化操作，建造技术要求不高。青贮池有地上式（图4-7）、地下式（图4-8）等，规模化养牛场适宜推广地上式青贮池的方法，优点在于可防雨水浸泡，便于使用取草机及TMR技术的应用。

图4-7 地上式青贮池
（张善芝 摄）

图4-8 地下式青贮池
（图片源自荷斯坦网站）

青贮池（壕）地址应选在地势高、干燥、土质坚硬、排水良好、背风向阳、距畜舍较近、四周有一定空地的地段。切忌在低洼处或树荫下建造，并避开交通要道、路口、粪场、垃圾堆等。常见的青贮池（壕）一般是长方形。大小应因地制宜及结合饲养牛数量而定，通常高度3～3.5米，宽度15米左右（主要是便于自走式TMR日粮车取草调头）。地面用混凝土浇注，三面墙体可采用混凝土浇注、砖混结构、预制水泥板等方式建造。

（2）青贮塔　青贮塔（图4-9）分全塔式和半塔式两种。一般为圆筒形，直径3～6米，高10～15米。可青贮水分含量40%～80%的青贮饲料，装填原料时，较干的原料在下面。青贮塔由于取料出口小，深度大，青贮原料自重压实程度大，空气含量少，储存质量好。但造价高，仅大型牧场采用。

（3）堆贮　堆贮分地表堆贮（图4-10）和半地表青贮。

①地表堆贮　选择干燥、利于排水、平坦、地表坚实并稍倾斜的地面，将青贮原料堆放压实后，再用较厚的黑色塑料膜封严，上面覆盖一层杂草之后，再盖上厚20～30厘米的一层泥土，四周挖出排水沟排水。地表堆贮设施简单，成本低，但应注意防止家畜踩破塑料膜而进气、进水造成腐烂。

②半地表青贮　选择高燥、利水、带倾斜度的地面，挖60

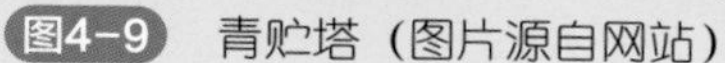
图4-9 青贮塔（图片源自网站）

图4-10 地表堆贮（图片源自网站）

厘米左右的浅坑，坑底及四周要磨平，将塑料膜铺入坑内，再将青贮原料置于塑料膜内，压实后，将塑料膜提起封口，再盖上杂草和泥土，四周开排水沟深30～60厘米。地表青贮的缺点是取料后，与空气接触面大，不及时利用青贮质量变差，造成损失。

（4）塑料袋、裹包青贮　除大型牧场采用青贮圆捆机和圆捆包膜机外，农村目前普遍推广塑料袋青贮（图4-11）、裹包青贮（图4-12）。青贮塑料袋只能用食品级塑料袋，严禁用装化肥和农药的塑料袋，也不能用聚苯乙烯等有毒的塑料袋。青贮原

图4-11 塑料袋青贮（图片源自网站）

图4-12 裹包青贮（张善芝 摄）

料装袋后，应整齐摆放在地面平坦光洁的地方，或分层存放在棚架上，最上层袋的封口处用重物压上。在常温条件下，青贮1个月左右，低温2个月左右，即青贮完熟，可饲喂家畜。在较好环境条件下，存放一年以上仍保持较好质量。塑料袋青贮优点：投资少，操作简便；储藏地点灵活，青贮省工，不浪费，节约饲养成本。

二、青贮饲料的加工工艺

青贮饲料的加工制作按照以下步骤进行：收割→切碎→压实→密封、覆盖→取用。

1. 收割

原料要适时收割，饲料生产中以获得最多营养物质为目的。收割过早，原料含水多，可消化营养物质少；收割过晚，纤维素含量增加，适口性差，消化率降低。

（1）玉米秸的采收　全株玉米秸青贮，一般在玉米籽实蜡熟期（图4-13）采收。具体判断指标：①实验室检测玉米全株干物质含量达到28%以上；②玉米的实胚线（乳线）达到二分之一；③部分玉米籽实出现凹坑。

收果穗后的玉米秸青贮，一般在玉米籽实蜡熟至70%完熟时，叶片尚未枯黄或玉米茎基部1～2片叶开始枯黄时立即采摘玉米棒，采摘玉米棒的当日，最迟次日将玉米茎秆采收制作青贮。

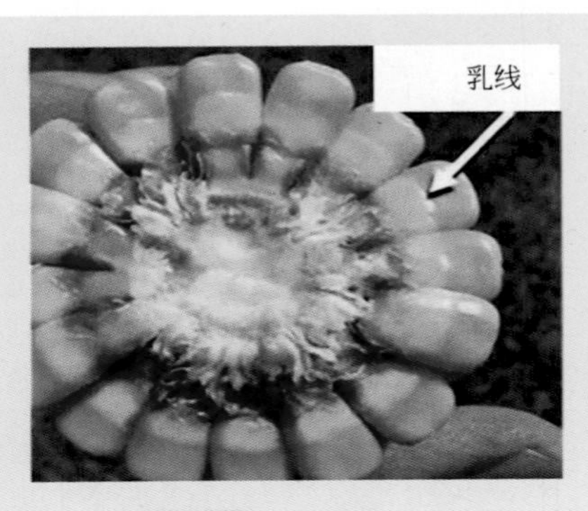

图4-13　蜡熟期玉米

（2）牧草的采收　豆科牧草一般在现蕾至开花初期刈割青贮；禾本科牧草一般在孕穗至刚抽穗时刈割青贮；甘薯藤和马铃薯茎叶等一般在收薯前1～2天或霜前收割青贮。幼嫩牧草或杂草收割后可晾晒3～4小时（南方）或1～2小时（北方）后青贮，或与玉米秸等混贮。

2. 切碎

为了便于储藏，原料须经过切碎。青贮切割过长，不易压实，影响消化，玉米籽实难以破碎。青贮切割过短，营养物易流失，对奶牛健康不利。玉米秸青贮前必须切碎到长1～2厘米，而且保证玉米籽实压碎（图4-14），青贮时才能压实，全株玉米青贮效果较好。牧草和藤蔓柔软，易压实，切短至3～5厘米青贮，效果较好。

图4-14　切碎的玉米秸和玉米籽实（张善芝 摄）

玉米秸收割时，要注意合理的留茬高度：距地面15～20厘米。留茬过低，会夹带泥土，泥土中含有大量的梭状芽孢杆菌，易造成青贮腐败；粗纤维含量过高，奶牛不易消化；减少青贮中的硝酸盐含量。留茬过高，青贮产量低，影响农民的经济效益；影响秋天整地。

要控制原料水分含量，青贮原料的水分含量以65%～70%时青贮效果最佳，最简单的测定方法是用手抓一把碎的原料，手用力压挤后慢慢松开，此时注意手中原料团块的状态，若团块展开缓慢，手中见水而不滴水，说明原料中含水量适于青贮要求。

3. 压实

压实环节是至关重要的。运输青贮车辆最好是自卸车，工作效率高，便于卸车。从装车结束与到达牧场的时间不超过3小时，青贮到场温度超过40℃应予以拒收。

对切碎的原料要及时装填入窖（池），在给窖（池）内填入

图4-15 压实（图片源自现代牧业网站）

原料时要压紧踩实，特别注意边角，在碾压时一定要逐层碾压（图4-15），形成前高后低后逐渐向前后碾压，每层青贮的厚度以10～15厘米为宜。压窖的速度要快，尽量减少青贮与空气的接触时间。一个容纳1万吨的青贮窖理想的压窖时间为一周。压窖时最好使用双排轮的大马力拖拉机及50型铲车，不用链轨拖拉机。因为相比链轨拖拉机，大马力拖拉机的压强会更大，碾压会更实，每立方米的青贮密度会更大。要定时检测青贮的压实情况，当干物质≤28%时，平均密度为750千克/米^3；当干物质≥30%时，平均密度为650～700千克/米^3。

4. 密封、覆盖

当青贮料的高度高出池墙平口或50厘米时即可封窖，要使用崭新的透明塑料布与黑白膜对玉米青贮分别进行覆盖，可以在窖头处及两侧窖边事先铺好塑料布（图4-16），在彻底封窖时将事先铺好的塑料布对折，然后再覆盖塑料布与黑白膜，将整个青贮完全包裹起来，这样可防止雨水进入引发青贮变质腐败。膜与膜掩盖时重叠部分宽度不少于1.5米，注意在上坡和下坡压盖中间重叠处的宽度不少于2.5米，防止青贮下沉，漏出内部青贮，若掩盖面积过大，造成青贮膜的浪费。使用黑白膜一定要黑面朝内，白面朝外。遇到下雨暂停制作时，先压实青贮，然后喷洒有机酸再盖上第一层透明塑料布暂时封盖。

密封完成后，薄膜上面再压覆轮胎、土等重物。轮胎要一个挨着一个覆盖，最大程度排除空气。两侧窖边可使用土袋或沙袋进行覆盖（图4-17）。

封池之前一定要将最外缘的青贮清理干净，形成一个平整

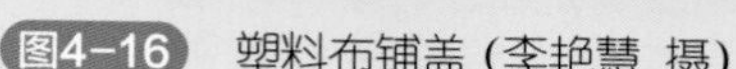

图4-16 塑料布铺盖（李艳慧 摄）

图4-17 密封、覆盖（张善芝 摄）

的截面，便于轮胎压实。可以在青贮斜坡与顶端喷洒有机酸，以防止青贮腐烂造成损失。封顶后要随时查看其有无裂缝，以防空气、雨水等进入而损坏青贮饲料。发现裂缝时要及时修整。

5. 取用

封池后30～40天可发酵完毕，可打开取用（图4-18）。取用时要分段进行，不要全面打开，防止暴晒、雨淋、结冻，取后封严，防止二次发酵。取用时要注意青贮饲料品质检查，即根据青贮饲料的色泽、气味、口味、质地、结构等指标，用感官（看看、捏捏、闻闻）评定品质好坏。

黄色、黄绿色、棕绿色或浅棕色均属正常。劣质的色泽变暗，有暗棕色、棕色、黑色、黑褐色或污浊的暗黑色不等。

优质的青贮饲料（图4-19）为青绿色、黄绿色，带有略酸

图4-18 青贮取用（张善芝 摄）

图4-19 优质的青贮饲料（张善芝 摄）

的良好香气，乳酸香味浓；玉米颗粒破碎率90%以上。用手抓取后，手上留有的气味主要是乳酸浓香味。中等质量的青贮饲料（图4-20）是暗绿色或黄褐色，有酸香味，酸味重、刺鼻。用手抓取后，手上留有的气味主要是酸味，香味很淡。劣质的青贮饲料（图4-21）是暗棕色、棕色、黑色、黑褐色或污浊的暗黑色不等，有发酵酸臭败坏的油臭、鱼腥臭、烂萝卜臭、厩肥臭等。优质青贮饲料能保持植物原来的结构，叶片容易分开并具有弹性，叶脉明显。劣质的青贮饲料植株结构破坏，甚至黏化成块，不能用来喂牛。

图4-20 中等质量的青贮饲料（张善芝 摄）

图4-21 劣质的青贮饲料（张善芝 摄）

青贮饲料是牛的良好饲料，喂量一般不超过日粮的30%～50%为宜。霉坏的青贮饲料不能喂牛，否则会引起牛消化功能紊乱、孕牛流产，严重时出现中毒死亡。青贮饲料未经充分发酵就喂，有时牛会拒食。上冻的青贮饲料应等到融化后再喂。青贮饲料有一定的轻泻作用，由干草转为饲喂青贮饲料时应逐渐过渡。

第三节 精料

根据牛的营养需要和牛采食的干草、青贮饲料、糟渣类饲

料等情况，将能量饲料、蛋白质饲料、饲料添加剂等，按一定的配方比例配成的饲料称之为精料补充料，简称为精料。精料营养价值高，适口性好，可促进牛生长、产奶、增重和繁殖等。牛喜欢采食精料，但应注意保持适当的精粗饲料比例，精料在奶牛日粮中的比例不宜超过60%。如果精料饲喂过多，可降低牛奶的乳脂率，引起牛消化不良、腹泻和严重的瘤胃酸中毒、蹄子病等营养代谢病。精料主要包括能量饲料、蛋白质饲料、饲料添加剂等。

一、谷实类及其加工副产品

1. 谷实类饲料

主要包括玉米（图4-22）、高粱（图4-23）、燕麦（图4-24）、小麦（图4-25）、大麦、稻米、谷子等。这些饲料是牛获得能量的主要来源，所以又称为能量饲料。

谷实类饲料具有以下特点：无氮浸出物含量高，一般占干物质的60%～80%，其中主要成分是淀粉；粗纤维含量在10%以下，粗蛋白质含量在10%左右，必需氨基酸含量不足，缺乏钙以及维生素A和维生素D。谷实类饲料比较坚实，除有种皮外，大麦、燕麦、稻谷等还包被一层硬壳，因此应进行适当加工以利于消化。玉米含能量最高，是一种理想的过瘤胃淀粉来源，适口性好，易消化，故有“饲料之王”之称。但玉米蛋白

图4-22 玉米（李艳慧 摄）

图4-23 高粱

图4-24 燕麦压片（张善芝 摄）

图4-25 小麦（张善芝 摄）

质含量低（约9%），并且缺乏赖氨酸，钙、磷含量都较少，而且比例不合适，是一种养分不平衡的高能饲料。高粱的能量含量仅次于玉米，蛋白质含量略高于玉米。因高粱含有鞣酸，适口性差。高粱与玉米配合使用，饲喂效果增强。小麦的过瘤胃淀粉含量比玉米、高粱低，并以粗碎和压片效果最好，不能整粒饲喂或粉碎过细。

2. 糠麸类饲料

糠麸类饲料是谷实类饲料的加工副产品，主要包括小麦麸（图4-26）、大麦麸、稻糠、玉米皮、玉米柠檬酸渣（图4-27）等，其营养价值受原料种类、加工精度和方法的影响。一般糠麸类饲料的能量含量比原粮低，而蛋白质的数量和质量都超过原粮。粗纤维含量比较高，10%左右。钙少磷多，含有丰富的B

图4-26 小麦麸（李艳慧 摄）

图4-27 玉米柠檬酸渣（李艳慧 摄）

族维生素。维生素D和胡萝卜素含量缺乏。使用时应注意：糠麸类饲料容易吸潮腐败、发霉，保存时注意通风；具有轻泻性，不宜多饲喂，应和其他谷物配合使用。优质的米糠适口性好，但易氧化酸败。

二、饼粕类

饼粕类饲料是牛最主要的蛋白质来源，所以又称为蛋白质饲料。主要有豆粕、棉籽粕、花生粕、菜籽粕、葵花籽粕等。此外，大豆、玉米蛋白粉也是常用的蛋白质饲料。压榨法制油的副产品为饼，溶剂浸提法制油后的副产品为粕。饼粕类饲料蛋白质含量都比较高，品质一般比较好，残留有一定量的油脂，含脂量相对较高，而淀粉较少，能量价值一般也较高。使用时注意各种饼粕类饲料合理搭配使用，效果较好。

大豆饼（粕）（图4-28）蛋白质含量高，在饼粕类中居首位，适口性较好，可大量使用，但使用时应注意补加蛋氨酸。

棉籽饼（粕）（图4-29）蛋白质含量低于豆粕，含有丰富的色氨酸，虽然含有棉酚等有毒物质，但是反刍家畜在有优质粗料及多汁青绿饲料的情况下，棉籽饼（粕）的用量不受限制，一般不会造成中毒。棉籽粕是反刍动物良好的蛋白质原料，用量超过精料的50%会引起适口性的问题。在日粮中适宜比例为15%～20%。

图4-28 豆粕（张善芝 摄）

图4-29 棉籽粕（李艳慧 摄）

图4-30 花生饼（张善芝 摄）

优质的花生饼（粕）（图4-30）仅次于豆粕，其能量、蛋白质含量都较高，粗蛋白质含量可达44%～48%。带壳的花生饼（粕）粗纤维含量为20%～25%，粗蛋白质和有效能都较低。花生饼粕容易发霉，应注意防止黄曲霉毒素中毒。

菜籽粕粗蛋白质含量在34%～38%，特点是赖氨酸、蛋氨酸含量高（仅次于芝麻饼、粕）。因含有芥酸、硫苷等抗营养因子，最好选择双低油菜籽生产的双低菜籽粕，喂量一般占精料的10%～15%。同时，应结合菜籽粕的氨基酸组成特点，适当搭配其他饼粕。

第四节 工业副产品和饲料添加剂

一、工业副产品

工业副产品主要是酿造、糖业、淀粉等加工后的糟渣，是饲喂牛的好饲料，即称之为糟渣饲料，主要种类有白酒糟（图4-31）、啤酒糟（图4-32）、甜菜渣、果汁渣（图4-33）、甜叶菊渣（图4-34）、粉渣、豆腐渣（图4-35）、酱油渣等。它们的主要特点是水分含量高，干物质中蛋白质含量为25%～33%，B族维生素丰富，还含有维生素B_{12}以及利

图4-31 鲜白酒糟（张善芝 摄）

图4-32 鲜啤酒糟（张善芝 摄）

图4-33 干果汁渣（张善芝 摄）

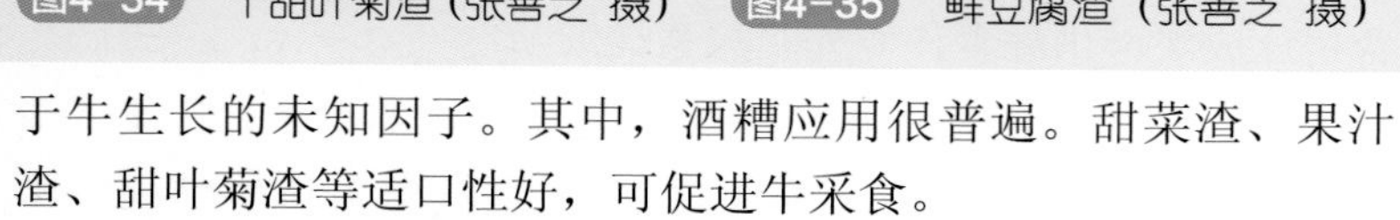

图4-34 干甜叶菊渣（张善芝 摄）

图4-35 鲜豆腐渣（张善芝 摄）

于牛生长的未知因子。其中，酒糟应用很普遍。甜菜渣、果汁渣、甜叶菊渣等适口性好，可促进牛采食。

利用糟渣类饲料喂牛要注意的问题：使用新鲜的糟渣时，要注意妥善储存，有条件时可选择脱水处理后的干品，均要注意防霉和变质。糟渣类饲料适宜与干草混合饲喂，这样有利于保持瘤胃良好的状态，提高饲料的消化利用率，同时减少单独饲喂可能造成的酸中毒与其他中毒（如酒糟容易造成酒精中毒、酱油渣容易造成食盐中毒、豆腐渣容易造成腹泻、胃肠胀气等）。要注意营养平衡，酒糟等含有丰富的粗蛋白质，其中大部分为过瘤胃蛋白质（瘤胃中代谢少），这也是糟渣类饲料催奶效果好的原因之一。但其营养不够全面和平衡，需要补充一定精料。另外，糟渣类饲料维生素A、维生素D缺乏，钙、磷含量低且比例不合适，所以饲喂时应注意补充和调整。

二、饲料添加剂

饲料添加剂添加量小，多属于微量添加，因此生产中常按照一定配方制作成预混料后使用，使用后可以提高饲料消化率、转化率，但使用时必须严格按照每种添加剂的要求和方法进行添加，否则会造成浪费，甚至造成中毒。饲料添加剂种类主要有非蛋白氮、瘤胃素、矿物质与微量元素、维生素、缓冲剂、抗生素等。

1. 非蛋白氮

反刍家畜可利用非蛋白氮中的氮素，合成大量优质菌体蛋白，成为其蛋白质营养的重要来源之一。因此，饲料中添加少量非蛋白氮，可大量节省蛋白质饲料，降低成本。

尿素是应用最广、最早的一种非蛋白氮饲料。为减缓尿素在牛体内的分解速度，国内外已研制出一些“安全型”的非蛋白氮产品（如缩二脲、磷酸脲等），应用较多的是磷酸脲，商品名称有的叫“牛羊壮”等，还有的将尿素、矿物质、谷物等混合挤压成块，供舔食，叫作“尿素砖”。

（1）添加方法与剂量　按照体重计算，每100千克体重喂20 ～ 30克；按精料计算占2% ～ 3%；按日粮干物质计算，则为1% ～ 2%。生长肉牛的最大日喂量为68克，育肥肉牛的最大日喂量不超过100克。喂时可与精料混合喂给，先将尿素溶于少量水中溶解，然后拌于精料中，搅拌均匀。还可以尿素青贮饲料、氨化秸秆、尿素舔砖等形式喂给。

（2）添加时应注意的问题　非蛋白氮只能在牛瘤胃机能成熟后添加。按牛的年龄，应至少在生后3 ～ 5月龄后，最好在6月龄后添加。生产中按体重进行，一般牛体重200千克，大型牛250千克时添加，过早添加易引起尿素中毒；正确的饲喂，一次喂量不可过大，一天的用量分2 ～ 3次喂给；不可直接溶于水饮用；喂后不能立即饮水，应在喂后2小时再饮水；喂非蛋白氮同时不可喂生豆类；喂尿素应有一个过渡期（2 ～ 3周），喂量由少至多逐渐增加。喂后应注意观察，发现中毒及时抢救。牛喂尿素一般不会发生中毒，但如果喂法不当，则可发生中毒。对中毒的牛只，应立即停喂尿素，并及时抢救。日粮配合应合理，日粮中能量水平高，蛋白质水平低（低于12%）时添加非蛋白氮效果好，而当日粮中蛋白质水平超过14%时，添加后效果不明显。

2. *瘤胃素*

瘤胃素的有效成分为瘤胃素钠盐，是目前国内外广泛使用的肉牛饲料添加剂之一，残留少。它的作用机制是：通过减少瘤胃甲烷气体能量损失和饲料蛋白质降解及脱氨损失，控制和提高瘤胃发酵效率，发挥最高的饲料报酬。

试验研究表明：放牧肉牛及粗饲料为主的舍饲牛，每头每日添加150 ～ 200毫克，日增重比对照组提高13.5% ～ 15%，每千克增重减少饲料消耗7.5%。

添加方法：每头牛每日喂量为50 ～ 360毫克，常用量为100 ～ 200毫克，360毫克为最高剂量，全价日粮，每千克精料混合料添加40 ～ 60毫克。具体饲喂时，应有一周的过渡期，即1 ～ 7天，每头每日60毫克纯品瘤胃素钠，8天后剂量逐渐加大，渐渐达到标准规定量。

3. *矿物质与微量元素*

矿物质是牛不可缺少的营养物质。它能影响机体代谢，刺激牛生长，同时又可改善牛的食欲，增强机体抗病能力。

牛日粮中常量矿物质（如钙、磷、钠、钾、氯、硫、镁等）通过日粮配合技术即可得到满足，常量矿物质饲料主要包括钙源矿物质饲料、磷钙源矿物质饲料、钠氯源矿物质饲料、镁源矿物质饲料。主要常用的常量元素饲料有石粉、碳酸钙、石膏、贝壳粉、磷酸氢钙（图4-36）、磷酸钠类、食盐（图4-37）、氧化镁、硫酸镁、碳酸镁等。而微量矿物质（如铁、锌、锰、铜、钴、碘、硒等）需通过添加剂补充。生产中常用的矿物质饲料可做成盐砖（图4-38），让牛自由舔食。近年来，麦饭石、膨润土、沸石等天然矿物质添加剂使用广泛。

育肥肉牛每千克日粮干物质中微量元素添加量为：硫酸铜32毫克，硫酸亚铁254毫克，硫酸锌135毫克，硫酸锰128毫克，氯化钴0.42毫克，碘化钾0.67毫克，亚硒酸钠0.46毫克。奶牛每千克日粮干物质中微量元素添加量为：硫酸铜40毫克，硫酸亚铁260毫克，硫酸锌180毫克，硫酸锰128毫克，氯化钴0.42毫克，碘化钾0.33毫克（干奶牛）、0.8毫克（泌乳牛），亚硒酸钠0.68毫克。使用微量元素添加剂应根据饲料中微量元素余缺情况，确定添加剂的种类和数量。添加时一定要与饲料混合均匀。

图4-36 磷酸氢钙（李艳慧 摄）

图4-37 食盐（张善芝 摄）

图4-38 盐砖（张善芝 摄）

4. 维生素

牛的瘤胃微生物能合成B族维生素、维生素K及维生素C，因此，除犊牛外，日粮中不用额外添加上述维生素。而维生素A、维生素D和维生素E在体内不能合成，在以黄干秸秆为主要粗料，无青绿饲料或用酒糟喂牛时，要注意维生素A、维生素D、维生素E的补充。

每千克肉牛日粮干物质中维生素添加量为：维生素A添加剂（含20万国际单位/克）14毫克，维生素D_3添加剂（含1万国际单位/克）28毫克，维生素E（含20万国际单位/克）0.38克。

奶牛每千克日粮干物质中维生素添加量为：维生素A，生长牛11毫克，泌乳牛16毫克，妊娠牛20毫克；维生素D_3，生长牛31毫克，泌乳牛99毫克，妊娠牛119毫克；维生素E，生长牛0.6克，乳牛0.38克。

另外，烟酸（尼克酸）对肉牛和奶牛的生产性能也有较大影响，泌乳早期奶牛，每日每头喂6～8克，可提高产奶量和乳脂率。肉牛每千克日粮干物质中可添加100毫克，有利于提高日增重和饲料转化率。使用维生素添加剂时，应注意其稳定性和生物学效价，妥善保存，避免失效。大量饲喂青绿饲料时，可考虑少添或不添维生素添加剂。

5. 缓冲剂

肉牛强度育肥期、奶牛泌乳高峰期，往往供给大量精料，瘤胃中易形成过多的酸，影响体内酸碱平衡，影响牛的食欲，瘤胃微生物的活力也会被抑制，降低对饲料的消化利用率，严重的会导致瘤胃酸中毒。常用的缓冲剂是碳酸氢钠（小苏打）（图4-39），用量占精料的1%～2%。

6. 抗生素

在添加剂预混料中有一些药物添加剂，主要包括抗生素、抗菌药物等。这类添加剂主要作用是提高牛抗病力、预防牛疾病、促进牛生长等。由于药物添加剂存在许多副作用，如果使用不当，则可造成药物残留、牛消化功能紊乱、中毒、牛产生耐药性等。我国肉牛饲养中允许使用的饲料药物种类与使用规

图4-39 小苏打（李艳慧 摄）

定见表4-1。适合牛的药物添加剂主要包括杆菌肽锌、黄霉素、莫能菌素。因此，在选用药物添加剂时必须注意选择药残低、无毒无害的种类，禁止使用违禁的药物种类，注意合理的添加方法等。

表4-1 我国牛饲养中允许使用的饲料药物种类与使用规定

药物名称	作用特点	用法、用量	停药期/天
莫能菌素	又称瘤胃素，对革兰阳性菌、真菌、球虫等有很强的抗菌抑制作用，还有杀螨虫作用。具有显著提高牛、羊饲料利用率和促进生长作用	混饲，纯品5～30毫克/千克饲料，或每日每头纯品200～360毫克	5
杆菌肽锌	主要对革兰阳性菌、葡萄球菌有抗菌作用，具有促进生长，提高饲料效率，防治细菌性腹泻、慢性呼吸道疾病等功能	混饲，3月龄内10～100毫克/千克饲料，3～6月龄4～40毫克/千克饲料	0
黄霉素	又称福乐菌素、黄磷脂素，是动物专用抗生素，用于促进畜禽生长，提高饲料转化率，某些情况下增重效果优于杆菌肽锌和土霉素	混饲，犊牛6～16毫克/千克饲料，成牛2～10毫克/千克饲料	0
盐霉素钠	又称沙利霉素，对牛、羊是很好的生长促进剂	混饲，以有效成分计，10～30毫克/千克饲料	5
硫酸黏菌素	主要用于治疗革兰阴性菌对肠道的感染	混饲，犊牛5～40毫克/千克饲料	7

第一节　犊牛的饲养管理

犊牛是指0～6月龄的牛。

一、哺乳犊牛的饲喂

1. 初乳的饲喂方法

（1）初乳的质量　优质初乳：免疫球蛋白含量IgG＞50克/升。

注意：只有优质初乳才能在出生后第一次和第二次哺乳中使用。

（2）初乳质量的鉴定方法　根据初乳的颜色性状：优质初乳呈乳黄色，黏稠，甜香味。

用初乳比重计测定：液面在比重计刻度的绿色范围内，为优质初乳。

（3）初乳的饲喂温度和加热方法　饲喂温度：饲喂时38℃左右，春、夏、秋季，刚挤出的初乳可以直接喂牛；冬季应加热，或将刚挤出的初乳装在容器里，再放到40℃左右的温水中保温。初乳加热时，不能直接放到锅里加热，应隔水加热，即初乳装到容器里，然后再放到50℃的水里加热，加热时不断搅拌。

（4）饲喂方法和饲喂量　母亲的初乳共喂2次，以后喂混合常乳。

第一次喂初乳，犊牛出生后30分钟内，最晚不能超过60分钟，喂上母亲的优质初乳，用初乳灌服器（图5-1）人工灌服4千克（图5-2）。第二次喂初乳，第一次灌服12小时后，奶瓶喂2千克，或用灌服器。如果第一次挤的初乳仅够4千克，第二次饲喂的初乳，要在分娩后6小时内挤出，即在下一次母牛饲喂时挤出。

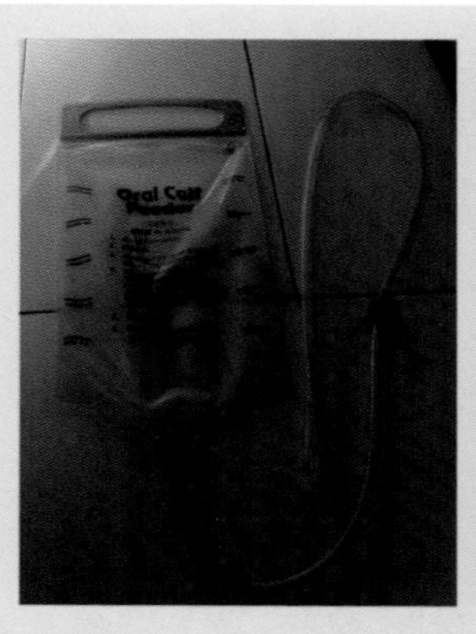

图5-1　犊牛初乳灌服器
（李艳慧　摄）

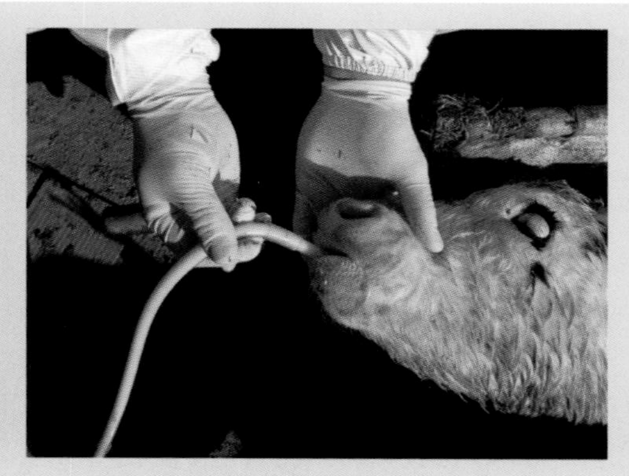

图5-2　给犊牛灌服初乳
（李艳慧　摄）

初乳灌服器使用方法：关闭进奶阀，左手将犊牛的唇推上一侧，嘴张开。右手拿灌服器，灌服器顶端球形部伸到犊牛咽喉部，犊牛有吞咽动作时，轻轻插入食管，软管部分全部进入口腔时，停止插入。打开进奶阀，初乳流入真胃。初乳灌完后，先关闭进奶阀，轻轻拔出灌服器。

(5) 初乳的管理　①母亲分娩后30分钟内挤出的初乳，检测合格后，4千克灌服，2千克装入密闭容器中，冷藏（0 ～ 2℃）保存，用于第二次饲喂或灌服。多余的分装成2千克、4千克冷冻（−18℃）保存备用。用双层塑料袋装初乳，不要装太满，扁平放，易冻易化。或用易清洗的专用桶装初乳，同样分成4千克、2千克装。②各种原因没有优质初乳，用备用初乳。③冷冻的初乳，存放一周后更新。④解冻和加热：冷冻的初乳连带包装放到40 ～ 50℃的水中，轻轻摇动，快速解冻，解冻后隔水加热到38℃左右。⑤装初乳的容器，用空后，按照标准流程清洗干净，倒放在网状通风的平面上控干备用（图5-3）。不干净的桶易引起犊牛胀气、腹泻。

奶桶等清洗流程如下。

第一步，40℃左右的温水冲洗奶桶内残奶。

第二步，洗洁精+温水，或70℃水+碱性洗涤剂（酸性洗涤剂温水即可）清洗一次。

第三步，清水清洗1次或2次。

图5-3 喂奶桶，洗干净，倒放晾干
（李艳慧 摄）

2. 混合常乳、精料补充料、干草、水的饲喂方法

不同日龄犊牛喂奶量见表5-1。

（1）常奶

① 饲喂原则：定人、定质、定量、定温、定时。

表 5-1　不同日龄犊牛喂奶量

饲养日龄	牛奶类别	每次喂奶量	精料	优质干草
1	初乳	4千克＋2千克		
2～20	常奶	2～3千克	粉料，湿拌，从3～5克开始添加，颗粒料从4～5粒开始添加，逐渐增至自由采食	
21～40	常奶	2.5～4千克	自由采食	
41～60	常奶	4～2.5千克	自由采食	自由采食

② 奶温：38℃，春、夏、秋季牛奶挤出后直接饲喂不用加热，冬季需加热后再喂。挤出后不能放置一段时间再喂，细菌快速数倍繁殖，易引起消化不良或腹泻；如不能立即用，则要冷却或巴氏消毒后再用。

③ 开始饲喂时间：喂两次初乳后，开始喂常奶。

④ 饲喂次数：每天3次。

⑤ 常奶加热方法。

a．牛奶放在不锈钢桶里，置于60℃以上的温水中隔水加热，不断搅拌牛奶。

b．专用电加热桶或车。

c．专用巴氏杀菌设备，冷却到38℃。

（2）精补料　出生第四天开始训练，自由采食。

（3）优质禾本科干草　出生后40天内不喂，第40天开始自由采食，要铡短至5～15厘米。

（4）饮水　一个月内饮温水，在两餐之间，每头牛1～2千克。一个月后饮常温水。

山东每年的6月～9月，放水盆自由饮水，常温水。平均3～5千克/头。此时，每个犊牛栏应该有水盆、料盆、草盆（40日龄后的犊牛）。

3. 酸化奶的饲喂方法

牛奶中添加食品级甲酸，使牛奶pH值在4～4.5，杀死牛奶中的细菌，提高常温下牛奶的保鲜及存放时间。优点：牛奶已杀菌，易存放，省人工。

初乳后，可以逐渐代替常奶给犊牛饲喂，自由饮奶。一牛一桶或多牛一桶（多吸嘴），奶嘴防漏。

（1）制备甲酸溶液

① 原料：85%甲酸、水。

② 比例：85%甲酸与水的比例为1/9。

③ 方法：甲酸加到盛水的容器中，混匀。

（2）酸化奶的制作

① 牛奶或有抗奶的准备：降温到10℃。

② 牛奶中加入甲酸溶液的比例：1千克牛奶+30毫升。

③ 方法：甲酸溶液缓慢加入牛奶中，不断搅拌。

④ 酸化奶灭菌：存放10个小时，搅拌3次/天。奶粉50℃水稀释后，加入甲酸溶液，搅拌均匀，直接喂牛。

⑤ 酸化奶的饲喂：自由采食，冬季可缓慢加热到30℃饲喂。

⑥ 喂奶容器：单嘴桶或一桶多嘴。

（3）注意事项

① 奶嘴防流。

② 原料奶10℃左右，加入甲酸溶液时充分搅拌。

③ 喂奶桶每2～3天清洗一次。

④ 弱小的犊牛单独饲养。

4. 犊牛生长指标

56～60日龄，体重达到初生重的2倍，或日增重最低下限850克/日，犊牛健康无病。

二、哺乳犊牛的管理

1. 用具清洗

按照标准流程清洗奶壶、奶盆等，清洗完倒放在通风的筛网上。

2. 卫生

犊牛栏每天捡粪2次，保持栏内干净和干燥。遇腹泻随时清理。

3. 垫料

每7天换一次，湿了随时清理。新生犊牛区，犊牛转出后和断奶犊牛转出后，垫草等全部清理干净，犊牛栏和垫板消毒、晾干备用。

4. 打耳标

刚出生戴上顺序号，1周内打耳标，双侧耳标，位置约在中间偏下。

5. 去角

出生10～20天去角，用火碱棒或电烙铁去角。

6. 消毒

犊牛栏每周消毒1次，夏季每周消毒2次，酷暑每天消毒1次。使用无味无刺激消毒液。

7. 防暑、保温

夏季防暑，室外有遮阴网，室内有风扇，通风良好；冬季保温，特别30天内犊牛室内有取暖措施，30天后室外防贼风，防雨雪打湿垫料（露天犊牛栏安装固定架子，夏天搭遮阴网，冬天搭防紫外线塑料布，防雨雪还增加采光）。

8. 称重

断奶时称重或转群时称重。

9. 转群

断奶后在犊牛栏饲养5天过渡，65天后转入断奶犊牛群（有条件的，转入后10～15天分群饲养）。冬季65天断奶，70天转群。

10. 填表

及时准确记录喂奶记录表、转群称重记录表等各种表格。

三、断奶犊牛的饲喂

1. 犊牛精料补充料配方（仅供参考）

玉米50%，豆粕27%，柠檬渣13%，麸皮5%，预混料5%。

2. 犊牛混合日粮配方

适用于60～180天犊牛，水适量，寒冬（上冻季节）酷暑

（气温在27℃以上）水要少，干物质55%左右。

优质苜蓿0.15千克、全株玉米2千克、甜叶菊渣1千克、犊牛精补料4千克。

同时有优质羊草或青干草自由采食。

3. 水

自由饮水，冬季自动控温饮水槽（图5-4）在17 ～ 20℃，始终保持水槽干净、水新鲜。

图5-4 犊牛饮水槽
（李艳慧 摄）

四、断奶犊牛的管理

1. 卫生

大卧床或休息区每天2次清粪，保持干净和干燥。

2. 饲养密度

密度适中，牛舒适生长快；密度过大，牛易患皮肤病、呼吸系统疾病。一般每头犊牛7 ～ 8米^{2}较为舒适，能保持休息区干净和干燥。

3. 垫料

沙最好，土也可。关键是保持垫料干净和干燥。

4. 驱虫

春、秋季2次，皮下注射乙酰氨基阿维菌素注射液，1毫升/50千克体重，或秋季驱虫一次。

5. 防疫

疫苗：畜牧局发放口蹄疫疫苗–O型亚洲Ⅰ型二联苗和A型。

使用方法：深部肌内注射，每头牛1.1毫升。

注射周期：每4个月注射一次。跟随全场防疫时间走即可。

6. 消毒

每周消毒1次休息区（卧床、运动场），夏季每周消毒2次。

7. 转群

犊牛5～6月龄转入小育成牛群。看犊牛数量，少则6月龄转群，多则5月龄转群，称重并记录。

第二节　后备母牛的饲养管理

后备母牛是指7月龄到第一次分娩的青年牛。

一、分群方法

大规模牧场，5个群，6～12月龄群、配种群、妊娠群、妊娠7个月至产前20天群、产前20天至分娩群。小规模牧场，6月龄至配种群、妊娠群、妊娠7个月群。

二、饲喂方法

1. 营养需要

根据体重日增重等核算营养需要，详见表5-2。

表5-2　各个年龄段营养需要量

分类	7～18月龄	>18月龄
干物质/千克	7.6	8.0
奶牛能量单位	9.9	11.3
粗蛋白质/千克	1.0	1.21
中性洗涤纤维/%	40.3	44.0
酸性洗涤纤维/%	22.7	23.9
钙/%	0.46	0.57
磷/%	0.3	0.4

2. 精补料配方（表5-3）

表5-3 精补料配比（仅供参考）

饲料名称	玉米	棉粕	豆粕	柠檬酸渣	预混料	合计
数量/%	48	13	5	28	6	100

3. TMR日粮配方

下面提供冬季用配方（表5-4、表5-5）。其他季节的精补料数量根据牛的膘情减少0.5千克左右，同时调节预混料的数量，保证营养需要量。

表5-4 小育成牛全混合日粮配方表（仅供参考）

饲料名称	花生秧	羊草	全株青贮	育成料	水	合计
数量/千克	1	1	9.5	4	3	18.5

表5-5 大育成牛全混合日粮配方表（仅供参考）

饲料名称	花生秧	羊草	全株青贮	育成料	水	合计
数量/千克	3.5	0.6	14	3	4	25.1

4. 饮水

自由饮水，冬季水温低于5℃，开启自动控温水箱供应温水。

本阶段饲喂要点：保证干物质采食量，满足营养需要，保证配种时的体重，防止过肥。

三、管理措施

1. 清粪

牛床每天清粪1次，卧床每天清粪2次。

2. 卧床

保持平坦、干净、干燥，根据实际情况及时加垫料，及时平整。建议大育成或妊娠后的育成牛用卧床，小育成和犊牛用室内大通床，因为育成牛排粪、排尿量大，通床易脏、易湿。

3. 分群

如果没有空间，可以参加配种的为一群，妊娠初期的为一群，妊娠7个月的为一群。

4. 密度

75%（以颈夹数量为基准）最好。密度超过80%，则易患皮肤疾病等。

5. 消毒

以浓度在3%左右的火碱为主，间以百毒杀等无刺激性气味的合格的其他消毒剂，每周一次。室内消毒时将牛群赶至运动场。

6. 防暑和防寒

夏天防暑措施有遮阴和配风扇。气温超过27℃应喷淋配种群。冬季防寒防贼风，饮温水（自动控温水箱）防冰冻。

7. 其他管理工作

需要牛配合时，提前通知饲养员锁颈夹，争取在牛锁颈夹后1个小时内完成，减少应激。

第三节　干奶期母牛的饲养管理

一、分群方法

① 干奶前期　干奶至产前20天。

② 干奶后期（围产前期）　产前20天至分娩。

二、饲喂方法

用全混合日粮，即TMR日粮。

1. 干奶牛的营养需要（表5-6）

表5-6　干奶牛的营养需要

分类	干物质/千克	产奶净能/（卡/千克）	粗蛋白质/%	中性洗涤纤维/%	酸性洗涤纤维/%	钙/%	磷/%	钾/%
干奶前	12～13	1.38	13	40	30	0.6	0.26	0.65
干奶后	10～12	1.5	15	35	24	0.7	0.3	0.65

2. 精料补充料配方（表5-7）

表5-7 干奶牛精料补充料配方（仅供参考）

饲料名称	玉米	棉粕	豆粕	柠檬酸渣	预混料	合计
数量/%	40	10	20	25	5	100

3. 干奶牛TMR日粮配方（表5-8）

表5-8 干奶牛TMR日粮配方（仅供参考）

饲料名称	燕麦草	羊草	全株玉米	干奶料	水	合计
数量/千克	2.5～3	3	12	4.3	7	29.3

燕麦草为进口优级，水溶性碳水化合物（WSC）约为20%，优质羊草。日粮粗蛋白质约为17.2%，奶牛能量单位约为22.5。

4. 干奶牛饲养要点（表5-9）

表5-9 干奶前期与后期营养需要比较（仅供参考）

营养成分	干奶前期	干奶后期
干物质/千克	12～13	10～11
粗蛋白质/%	13	15
可消化蛋白质/%	70	60
过瘤胃蛋白质/%	30	40
可溶性蛋白质/%	35	30
总可消化养分/%	60	67
产奶净能/（兆卡/千克）	1.39	1.52
脂肪/%	2	3
酸性洗涤纤维/%	30	24
中性洗涤纤维/%	40	35
非纤维性碳水化合物/%	30	34
钙/%	0.6	0.7
磷/%	0.26	0.3
镁/%	0.16	0.2

续表

营养成分	干奶前期	干奶后期
钾/%	0.65	0.65
维生素A/［国际单位/（头·日）］	100000	100000
维生素B/［国际单位/（头·日）］	30000	30000
维生素E/［国际单位/（头·日）］	1000	1000
食盐/［克/（头·日）］	28	28

（1）干奶早期，体况较瘦的牛，每头每天增加0.5～1千克干奶料，让膘情达到3～3.5分。

（2）钾元素含量高的原料不用或慎用。

（3）从表5-9看出：干奶后期，奶牛需要的干物质减少了，蛋白质、能量等的需要量却增加了。所以要适量增加精料补充料的比例和质量，维持高粗料日粮（日粮中最少有5千克优质长干草），维持旺盛食欲和干物质采食量，维持体膘不肥胖。但干奶后期增加干奶料数量，会显著增加犊牛出生时体重，造成难产。

（4）干奶前期、后期使用一个TMR日粮配方，控制干物质采食量。粗蛋白质14%左右，产奶净能1.5兆卡/千克，干奶料干物质占日粮干物质的28%左右，干奶料数量可根据胎儿初生体重微调。使用优质粗饲料：全株玉米、优质燕麦草、优质羊草。干奶前期干物质采食量13～13.5千克，冬天13.5～14千克。干奶后期干物质采食量10.5千克，冬天11千克。

（5）干奶期干物质采食量不足，会发生如下情况。

① 被毛粗乱无光泽，食欲不良，精神缺乏。

② 分娩时无力，子宫收缩无力，胎位、胎势、胎向异常多。

③ 胎衣不下、真胃移位等疾病多。

三、管理措施

（1）干奶后的牛，飞节下戴上标记牌转入干奶早期牛群，连续乳头药浴7天，干奶正常，拿掉标记牌。监控乳房，如发现乳腺炎，治愈后重新干奶。

（2）清粪，地面牛粪每天至少清理1次，卧床每天清理2次。

（3）卧床，垫料保持平坦、干净、干燥。

（4）密度，饲养牛头数为卧床数量的80%，干奶后期为70%。妊娠7个月育成牛用干奶牛日粮，与干奶牛分群饲养。

（5）夏天防暑，有遮阴和风扇，酷暑（27℃以上）风扇+喷淋（参考产奶牛管理）。冬季防寒防贼风，饮温水（自动控温水箱）防冰冻。

（6）消毒，以浓度3%左右的火碱为主，间以百毒杀等无刺激性气味的合格的其他消毒剂，每周1次。室内消毒时将牛群赶至运动场。

第四节　新产母牛的饲养管理

分娩至产后20天的为新产母牛。

一、对产房的要求

（1）卧床垫料平坦，保持干燥和干净（图5-5）。

（2）（适用于所有牛舍）空气流通好，能提供氧气和新鲜空气，吹走或吹淡灰尘与氨气、硫化氢等有害气体和病原微生物等，这些能抑制奶牛免疫系统，降低抵抗力。防止湿度大，湿度大微生物最容易繁殖，易引起犊牛腹泻、牛子宫炎等。

（3）自动控温饮水槽，除夏天外，产后自由饮温水。

（4）能够安全保定母牛作常规检查和治疗。

图5-5 在产房中的奶牛
(李艳慧 摄)

(5) 照明良好。

(6) 便于观察，进出方便。

二、产房工作流程

(1) 待产牛有如下临产症状时加强观察：外阴有较多稀薄、有弹性的黏液流出、乳房膨胀或有乳汁流出、尾根两侧塌陷明显，手指按压塌陷处感觉松弛、不食或少食、粪便稍稀。

(2) 羊水破后（尽量能接到羊水，给分娩牛喝），记下时间，等待牛自然分娩。如果奶牛努责用力0.5小时后不见胎儿蹄露出，兽医检查胎位、胎向、胎势等是否正常，根据具体情况实施矫正或助产。

(3) 检查或助产操作流程：保持母牛和犊牛的清洁，避免细菌侵入生殖系统引起感染。

① 专用消毒水2水桶，一桶消毒手臂，另一桶消毒毛巾、绳索等助产用具。

② 消毒湿润毛巾擦洗外阴及周围，不能有水流下。

③ 戴上一次性长臂手套，然后桶内消毒。

④ 消毒后的长臂手套涂润滑剂（液体石蜡），防止损伤产道。

⑤ 如果母牛站立分娩，胎儿排出产道时，接产人员应穿上防护服，托住胎儿（图5-6）。

⑥ 助产绳、毛巾等用具，每次用完洗净，晾干备用。

图5-6 母牛舔舐犊牛
（李艳慧 摄）

三、饲喂方法

1. 分娩后在产房的饲喂

（1）益母草水1桶（红糖250克、麸皮1千克、磷酸氢钙50克、食盐50克），温水1～2桶。

（2）高产牛TMR、优级苜蓿、优质干草自由采食。

（3）新产母牛区设盐槽、磷酸氢钙碳酸钾混合物补饲槽。

产后食欲正常，胎衣恶露排出正常，乳房正常，1～2天转入新产母牛群。

2. 新产母牛的饲喂

（1）新产母牛的营养需要（表5-10）

表5-10 新产母牛的营养需要

营养成分	含量
干物质/千克	13.8～18
粗蛋白质/%	19
可消化粗蛋白质/%	60
过瘤胃蛋白质/%	40
产奶净能/（兆卡/千克）	1.72

续表

营养成分	含量
粗脂肪/%	5
酸性洗涤纤维/%	21
中性洗涤纤维/%	30
非纤维性碳水化合物/%	35
钙/%	1.1
磷/%	0.5
镁/%	0.33
钾/%	1.00

（2）高产牛精补料配方（表5-11）

表5-11　高产牛精补料配方（仅供参考）

名称	玉米	豆粕	棉粕	美加力	柠檬酸渣	预混料	磷酸氢钙	小苏打	脱霉剂	合计
数量/%	50	19	5	3.5	14.9	5	1	1.5	0.1	100

（3）高产牛TMR日粮配方（表5-12）

表5-12　高产牛TMR日粮配方（仅供参考）

名称	苜蓿	燕麦草	甜叶菊渣	全株玉米	精补料	水	合计
数量/千克	5	0.75	0.75	19.6	12.2	14	52.3

干物质23千克（干物质含量50%左右；寒冬有冰冻时，干物质含量在52%左右；酷暑，气温超过30℃时，干物质48%左右，但要保证每天3次上槽，2%～3%的剩料量）。甜叶菊渣成本比甜菜粕低1元多，可提高干物质采食量。

（4）饲喂方法　新产牛日粮：高产牛TMR　+优质干草（燕麦草）+优级苜蓿草

新产母牛食槽分成3个区域，即TMR区、苜蓿区、干草区。

TMR区较大，颈夹关闭时采食TMR，不限量。颈夹打开后自由采食优质干草、苜蓿草（图5-7）。TMR每天送三次，每次锁颈夹采食1小时。干草、苜蓿每天送一次，保持24小时供应。

这种方法的优点如下。

① 减少TMR配料种类，减轻工人劳动量。

② 显著改善新产母牛食欲，使其体质恢复快。

（5）饮水　自由饮水，冬季开启自动加热饮水槽。水槽长度设计12厘米/头。

（6）设补饲用盐桶（图5-8）。

图5-7　正在采食的母牛（李艳慧 摄）

图5-8　补饲用盐桶（李艳慧 摄）

四、管理措施

1. 分娩后在产房的管理

（1）专用的消毒湿润毛巾擦干净乳镜及乳房上的脏物，挤初乳，挤后药浴。耳标号在确定留养后一周内打（表5-13）。

表5-13　分娩牛登记表

牛号	分娩日	性别	体重	犊牛耳标号	牌号	父号	胎衣	恶露	破羊水时间	分娩时间	顺产

表5-14 产后监测表

牛号	分娩日	难产	产道撕裂	胎衣	恶露	食欲	精神	产奶量					血酮			体温				
								1天	2天	3天	4天	5天	3天	7天	10天	1天	2天	3天	4天	5天

成年母牛正常体温：38.4～39.4℃。血酮正常<1.1毫摩尔/升，>1.1毫摩尔/升亚临床酮病，>2.2～2.4毫摩尔/升临床酮病。

（2）产后监测内容（表5-14） ①体温：上午、下午各测一次并记录，超过39.5℃，发热，可能子宫感染等，应关注。②产奶量：产后奶量每天递增，不增或降低，应关注。③恶露：鲜红色—暗红色—褐色—无色，产后15～20天应恢复正常，不排恶露或排出臭恶露、20天后仍排出，应关注。④胎衣：12小时未排出，夏天6小时未排出，应关注。⑤产道撕裂：输精外护套或冲宫器前端，消毒后涂润滑剂用，每天2次消毒投药，一般严禁手深入探查。⑥血酮或奶中酮：亚临床即开始预防治疗。⑦奶牛的行为：健康牛眼睛明亮有神，警觉，好奇，人靠近时用舌头、鼻子等接触人，否则目光呆滞无神、凹陷、耳朵耷拉、精神沉郁等。⑧不正常采食：无食欲不上颈夹，或上颈夹，神情呆滞，嘴张得慢，用舌头舔一点点。

2. 新产区的管理

（1）卧床，垫料平坦、干净、干燥。

（2）自由饮水，水槽2天刷一次，夏天每天刷一次。设自动控温水槽。

（3）密度，饲养头数为颈夹或卧床数的60%～70%。

（4）饲槽管理：三次送料，TMR剩料控制在3%；优级苜蓿、优质干草自由采食。

（5）舍内空气流通好，采光系数高。

（6）夏季防暑，27℃开风扇，有应激反应时开喷淋。

3. 新产母牛恢复正常的标志

（1）体温正常。

（2）瘤胃蠕动正常。

（3）子宫排泄物正常。

（4）干物质采食量逐渐增加。

（5）需15～20天恢复，个体有差异。

第五节　泌乳母牛的饲养管理

一、分群方法

按照产奶量高低分群：高产群、低产群。

（1）高产群　日产奶量20千克（或25千克）及以上的牛，其中包括产后3个月以内但产奶量不足20千克（或25千克）的牛。

（2）低产群　日产奶量20千克（或25千克）以下的牛。

按照产奶日期结合产奶量分群：产奶21～100天（高产），101～200天（中产），200天后（低产），共分成3个群。

（3）注意事项

① 与牛群规模和TMR搅拌车的类型和搅拌室体积相结合。

② 与牧场平均头日产奶量相结合。

二、饲喂方法

1. 产奶牛营养需要（表5-15）

表5-15　产奶牛营养需要（括号内为美国标准）

营养	泌乳早期或高产牛	泌乳后期或低产牛
干物质/千克	23.6	19
能量/（兆卡/千克）	1.78	1.52

续表

营养	泌乳早期或高产牛	泌乳后期或低产牛
脂肪/%	6	3
粗蛋白质/%	18	14
过瘤胃蛋白质/%	38	32
酸性洗涤纤维/%	19	24
中性洗涤纤维/%	28	32
精补料/%	50～58	35～48
非纤维性碳水化合物/%	38	34
钙/%	1	0.6
磷/%	0.46	0.36
镁/%	0.3	0.2
钾/%	1	0.9
钠/%	0.3	0.2
氯/%	0.25	0.25
硫/%	0.25	0.25
维生素A/国际单位	100000	50000
维生素D/国际单位	30000	20000
维生素E/国际单位	600	200

2. 产奶牛的精补料配方及TMR日粮配方（表5-16）

产奶牛的精料补充料，中小牧场所有产奶牛使用同一个配方，见表5-11“高产牛精补料配方”。

精料补充料配方中，原料使用要严把质量关：玉米质量为一级（如果大麦、小麦、高粱等质量优且价格低，可以取代10%左右的玉米），豆粕粗蛋白质含量在42%以上，棉粕粗蛋白质含量在40%以上，柠檬酸渣严格检测，无霉菌方可采购。

表 5-16 低产牛 TMR 日粮配方（仅供参考）

名称	苜蓿	干草	甜叶菊渣等	全株玉米	精补料	水	合计
数量/%	1	3.5		19	9	7	39.5

TMR配方中，干物质含量46%。全株玉米干物质含量30%～35%，苜蓿质量为一级，干草为花生秧、羊草等优质干草。粗饲料的质量决定牛的健康和牛奶的质量。

3. TMR加工技术

（1）投料原则和顺序　原则：先干后湿，先长后短，先轻后重，先精后粗。霉败饲料不能进搅拌室。顺序：长纤维粗饲料—短纤维粗饲料—棉籽—青贮—湿的工业副产品—精料补充料—水。

（2）计量　把日粮配方输入搅拌车程序，按顺序加入，自动计量。或先电子磅计量，再加入搅拌室。配制误差：精补料小于2千克，粗饲料小于10千克。

（3）加工搅拌时间　加水开始计时，一般产奶牛8～10分钟，育成牛10～15分钟，干奶牛15～20分钟。根据干草的性质、拖拉机头的马力、转速结合起来确定搅拌时间。优级苜蓿和燕麦草可以放到青贮后再加。

（4）加工标准（表5-17）

表 5-17 宾州筛-TMR 日粮推荐颗粒度

阶段	层次			
	1层/%	2层/%	3层/%	4层/%
产奶牛1	6～8	30～50	30～50	20
产奶牛2	15～19	20～25	40～45	12～20
育成牛	40～50	18～20	25～28	4～9
干奶牛	50～55	15～30	20～25	4～7

宾州筛（图5-9）一层和四层较重要，高产牛有效中性洗涤纤维含量为28%～32%。

图5-9 宾州筛

（5）干物质含量（表5-18）

表5-18 不同阶段牛TMR日粮中干物质含量

群别	高产牛	低产牛	干奶牛	育成牛	犊牛
干物质含量	48%～52%	45%	50%	45%～50%	50%～52%

（6）TMR中精粗料比例（或日粮中有效中性洗涤纤维含量），以下仅供参考。

高产牛：（45～50）/（55～50）。

低产牛：（40～45）/（60～55）。

干奶牛：30/70。

育成牛：23/77。

小育成牛：42/58。

犊牛：（66～70）/（34～30）。

（7）内容物占搅拌室容积的85%～90%，不能超负荷。

（8）青贮取料机切割青贮顺序，始终从左到右。剔除霉败部分，散落的青贮最后一车全部清空，没有残留。

（9）不同批次的TMR投完后清理搅拌室。

（10）雨天把青贮切面用塑料布盖住，避免营养流失和干物

图5-10 高产牛TMR
（李艳慧 摄）

图5-11 干奶牛TMR
（李艳慧 摄）

质采食不足。

（11）设备维护：称重系统、显示屏、刀片。

高产牛TMR见图5-10，干奶牛TMR见图5-11。

三、管理措施

1. 饲槽颈夹管理

（1）料槽中TMR剩料量控制在1%～2%（图5-12～图5-14），寒冬酷暑尤为重要。饲养员勤推料，不能有空槽。饲槽应便于清刷，没有死角残存饲料而发生霉败。

（2）每头牛的采食空间80厘米以上，特别是夏天。

（3）每天投料2～3次，夏天、冬天投料3次。每天早晨彻底清扫饲槽（图5-15）。

（4）TMR投料时间：奶

图5-12 投料少采食不足
（李艳慧 摄）

图5-13 合适的剩料量
（李艳慧 摄）

图5-14 剩料较多
（李艳慧 摄）

图5-15 不锈钢饲槽便于清刷
（李艳慧 摄）

牛挤奶回来能吃到新鲜的日粮。每群每天每次的投料时间相对固定。

（5）牛在颈夹固定1个小时，尽量减少锁颈夹时间。

2. 水槽管理

（1）自由饮水，水槽2～3天刷一次，夏天1天刷一次，保持水质新鲜。冬季设自动控温装置。露天水槽夏季设遮阴棚或遮阴网。

（2）饮水空间，平均每头牛达到8厘米左右（饲养区内，所有水槽总长度/总饲养头数）。夏季阳光不能直射水槽。

（3）饮水槽设简易障碍，因为夏天有的牛把前蹄踩在水槽中，污染饮水。

3. 卧床管理

（1）垫料　保持干净、干燥、松软，厚度10厘米以上（图5-16）。沙子最好，木屑、固液分离的沼渣也可以，但要保持干燥，水分含量在15%以下。高了影响乳房健康，增加奶中体细胞数量。

（2）松软平整垫料　每天松垫料一次。视具体情况，适时加垫料，增加奶牛躺卧时间（图5-17、图5-18）。铲车加垫料时加到身体前部位置。

图5-16 平整好的垫料

图5-17 垫料太硬，牛不愿卧地（李艳慧 摄）

图5-18 垫料松软，牛卧床率高（李艳慧 摄）

（3）卧床卫生 每天早晚2次清理卧床上的牛粪等污物，在牛舍地面清粪以前清理。

（4）调整卧床长度至适宜长度 有足够的前冲空间，前蹄能伸展，躺卧时，头和颈部有足够的空间。根据本场牛体大小调整卧床长度，1.7米左右，以保证牛躺卧时牛粪不能排在卧床上。

4. 清粪管理

（1）如果不是使用自动刮粪板，牛被赶出挤奶时开始清粪，不占用奶牛休息时间。每天早晚共2次。

（2）使用专业清粪车或铲车等，避免牛粪推到卧床上。

（3）牛舍内、牛舍两头等生产区内不能有牛粪堆积，清理后立即进入发酵系统。

5. 防暑降温管理

（1）通风好　选址建场时要求地势高燥，牛舍根据地区选择敞开式、半敞开式、密封等，牛舍房檐高于3.8米，房顶有保温层，通风口不能有阳光直射牛舍内，保持空气流通好。

（2）遮阴网　高度3米以上，露天运动场搭建固定架子放遮阴网，网下设水槽，平均每头占有水槽宽度10厘米以上。

（3）风机喷淋　风机安装方向与本地夏季主流风方向一致，安装高度2.1～2.3米，倾斜25°～30°，牛不能碰到即可，风速2.8米/秒。天气预报气温超过28℃（标准牛舍内温度低于舍外），结合牛的表现，决定开风机。30℃以上，根据牛的表现和天气情况，确定风机+喷淋及吹风喷淋持续时间。一般喷淋2分钟吹风5～10分钟，根据当天气温、湿度等调整吹风喷淋时间、目标，淋透吹干，乳房不能有水珠。

（4）风机喷淋安装区域　牛舍采食区、挤奶厅、待挤厅、挤奶通道（根据通道长度，很短则不需安装，挤奶通道应有遮阴棚）。

（5）饲养密度　80%左右。

（6）TMR每天加工3次，干物质47%左右，增加早晨、晚上TMR数量，减少中午数量，严格控制剩料量（1%～2%）。增加推料次数。全株玉米防止二次发酵（用青贮取料机）。

（7）根据干物质采食量，调整精补料中预混料比例及能量蛋白质含量，特别是钾、钠、镁的含量，小苏打占精补料的1.5%～2%。使用优级牧草（如优级苜蓿草、优级燕麦草、甜菜粕、柑橘粕、甜叶菊渣等），此时优级牧草比精补料更重要。

（8）控制饲料库存数量，防止霉变。

（9）在挤奶通道合适位置（有水管、排水道）放专业蹄浴盆，注入5%左右的硫酸铜溶液，每周2天。

6. 防冻

（1）TMR减少水分含量，干物质50%～52%。晚上投放TMR日粮的数量，要计算并观察准确，保证奶牛不吃冰冻饲料。

（2）5℃以下打开水槽加热系统供15 ～ 20℃温水。

（3）北方地区牛舍有北墙，或放下北部卷帘，防寒、防风、防雪。

（4）及时清粪，冻结的牛粪如尖石伤蹄。

四、挤奶方法

1. 技术指标（仅供参考）

细菌数：＜5万个/毫升

体细胞：＜20万个/毫升

乳腺炎发现率100%（每天早晨使用带黑纱布的专用乳汁检查杯检查头三把奶）。

乳脂肪>3.2%

乳蛋白>2.9%

酸度：75%酒精检测阴性。

2. 奖罚细则（仅供参考）

① 牛奶中的细菌总数

≥10万/毫升，罚×××元。

5万～ 10万/毫升，不奖不罚。

≤5万/毫升，每人每次奖励×××元。

＜1万/毫升，每人每次奖励×××元。

② 牛奶中体细胞

>30万（乳品厂指标），罚×××元

20万～ 30万，不奖不罚。

＜15万，每人每次奖励×××元。

＜10万，每人每次奖励×××元。

3. 挤奶流程

挤掉头3把奶并按照检查乳汁—乳头前药浴—擦拭乳头—套杯—后药浴操作。

4. 挤奶操作规范

（1）挤奶前的准备 ①穿好挤奶用的工作制服和手套。

②准备乳头消毒液，毛巾或纸巾，检查挤奶坑道水管是否畅通。③检查奶缸，如果缸内有牛奶，确认处于工作状态。如果奶缸已经清空，确认已清洗干净，水分控干，关闭排奶阀，使制冷机组处于延时启动状态。④检查真空泵，确认油壶里有足够的润滑油。⑤开启空气压缩机启动开关。⑥安装牛奶过滤纸。⑦关闭牛奶收集泵处的放水螺母。⑧将出奶输送管路接入奶缸。

（2）开机　①确认真空泵旁没有障碍物，按挤奶启动按钮，启动真空泵。②检查真空泵的声音是否正常，检查润滑油流淌是否正常。③真空表显示系统真空（42千帕）或为设备要求数值，否则检查泄漏处。

（3）挤奶

① 挤掉头三把奶　将每个乳区的头3把奶挤入乳汁检查杯（如果网不够细，套上黑丝袜），观察牛奶是否呈絮状或结块，颜色是否变化。如果牛奶异常，不能上设备挤奶。

② 消毒乳头（前药浴）　用合格的专用乳头消毒液、防逆流药浴杯或喷枪消毒乳头，顺序统一固定。如果乳头特别脏，可以先用温水清洗，然后一定要彻底擦干再药浴。

③ 擦乳头　用毛巾或纸巾擦干净乳头上的消毒液或污物，毛巾的每个角对应一个乳头，一牛一巾。与消毒顺序一致。

④ 套杯　从挤头3把奶到套杯应控制在60～90秒完成，套杯时应采用“S”形套杯法，避免空气进入系统，然后检查杯组的位置，调整好长奶管和脉动管的方向。

⑤ 脱杯　当奶流量低于设定值，奶杯自动收杯（如感觉挤奶不彻底需要再次挤奶，可再次套杯挤奶）。

⑥ 乳头消毒（后药浴）　脱杯后马上用消毒剂浸沾或喷浴乳头。脱杯后延迟消毒乳头，会降低消毒效果。

（4）关机　①按挤奶按钮，关闭真空泵。②关闭空气压缩机开关。

（5）清洗　挤奶结束后，立即进行设备清洗，清洗分三个步骤：预冲洗，循环清洗，后冲洗。①按电控箱上的奶泵启动按钮，将集乳管内剩余牛奶打入奶缸。②在牛奶收集泵处及牛奶输送管路内的剩余牛奶收入专用奶桶中。③将过滤纸从过滤器内取出。④将牛奶输送管路出口插入清洗转换器内（确认插紧并锁住）。⑤依次将各挤奶点奶杯组放到清洗托上，冲洗杯组上的污物。⑥按清洗按钮，将进入自动清洗状态。⑦所有清洗程序结束后，等清洗控制器面板上的绿色指示灯亮时，按清洗按钮，结束清洗。

第六节 育肥牛的饲养管理

牛的育肥生产，必须考虑市场的需求，然后制订合理的育肥方案，充分利用当地的饲料资源，争取以最低的饲料成本，获得尽可能高的日增重和经济效益。

一、牛肉的分类

1. 普通牛肉

利用生长牛或淘汰牛经过育肥屠宰而获得的牛肉。该牛肉品质差，价格低，一般适应于快餐食品、大众食品（图5-19）。

2. 高档牛肉

指年龄在30月龄以内且经过育肥的牛屠宰后而获得的牛肉。主要来源于肉牛品种，也有肉乳杂交牛，良种黄牛（如鲁西黄牛、秦川牛等）。由于屠宰牛只年龄小，肌肉脂肪搭配均匀，肉质细嫩多汁，价格是普通牛肉的数倍（图5-20）。

图5-19 普通牛肉
（王金君 摄）

图5-20 高档牛肉
（王金君 摄）

图5-21 自由饮水器
（王金君 摄）

二、育肥前的准备

育肥牛引入之前，应准备好房舍，储备好草料，彻底消毒牛舍。牛进入育肥场后，一般需要经过15～20天的适应期，以解除运输应激，使其尽快适应新的环境。驱虫、健胃、免疫是工作重点。这段时间的调整很重要，对于由于应激反应大甚至出现疾病不能及时恢复、治疗难度大的个体，应尽早做淘汰处理。适应期内的主要工作如下。

1. 及时补水（图5-21）

这是新引进牛只到场后的首要工作，因为经过长距离、长时间的运输，牛体内缺水严重。补水方法是：第一次补水，饮水量限制在15千克以下，切忌暴饮；间隔3小时后，第二次饮水，此时可自由饮水。在饮水中掺少许食盐或人工盐，可促进唾液、胃液分泌，刺激胃肠蠕动，提高消化效果。

2. 日粮逐渐过渡到育肥日粮

开始时，只限量饲喂一些优质干草，每头牛4～5千克，加强观察，检查是否有厌食、下痢等症状。第二天起，随着食欲的增加，逐渐增加干草喂量，添加青贮、块根类饲料和精饲料，经5～6天后，可逐渐过渡到育肥日粮。

3. 给牛创造舒适的环境

牛舍要干净、干燥，不要立即拴系，宜自由采食。围栏内要铺垫草，保持环境安静，让牛尽快消除倦怠和烦燥情绪（图5-22、图5-23）。

图5-22 双列式牛舍
(王金君 摄)

图5-23 可控天棚
(王金君 摄)

4. 每天检查牛群健康状况

重点观察牛的精神、食欲、粪便、反刍等状态，发现异常情况及时处理。

5. 分组、编号

牛的品种、大小、体重、采食特性、性情、性别等相同或相似者为一群，以便确定营养标准，合理配制日粮，提高育肥效果；同时给每个个体重新编号（最简单的编号方法是耳标法），以便于管理和测定育肥成绩。

6. 驱虫

在育肥前7～10天进行驱虫。为提高饲料利用率，对即将育肥的牛群一次性彻底驱虫。驱虫可用以下任何一种药物：丙硫苯咪唑，片剂口服，每千克体重10～15毫克；左旋咪唑，口服或肌内注射，每千克体重7.5毫克；虫克星，口服或皮下注射，每千克体重0.2毫克；敌百虫，每千克体重20～40毫克，片剂，口服，或配成1%～2%溶液局部涂擦或喷雾。

7. 健胃

驱虫3日后进行健胃。可口服人工盐50～150克或食盐20～50克或“健胃散”350～450克/（天·头）。

8. 免疫、检疫

免疫主要针对口蹄疫，检疫主要针对布鲁菌病和结核病。这些工作什么时间进行，具体需要哪些疫病的免疫、检疫，由当地兽医主管部门结合购牛时的记录进行确定并执行。畜主在购牛后要及时告知当地兽医部门。

9. 去势

成年公牛于育肥前10～15天去势。性成熟前（1岁左右）屠宰的牛可不去势育肥。若去势则应及早进行。

10. 称重

牛在育肥开始前要称重（空腹进行），以后每隔1个月称重一次，依此测出牛的阶段育肥效果，并可确定牛的出栏时间。

三、育肥方法

1. 强度育肥

这是当前发达国家肉牛育肥的主要方式。

强度育肥，也称持续育肥，是指犊牛断奶后直接进入育肥期，直到出栏（12～18月龄，体重400～500千克）。强度育肥分异地育肥和就地育肥两种方式。异地育肥是指犊牛断奶后由专门化肉牛育肥场收购集中育肥。就地育肥是指犊牛断奶后在本场直接育肥。

这种方式由于充分利用了幼牛生长快的特点，饲料转化效率高，肉质好，可提供优质高档分割牛肉，是发达国家肉牛育肥的主要方式。随着我国高档牛肉消费市场的扩大，这种育肥方式也会在我国逐步得到推广。育肥过程中，给予肉牛足够的营养，精料所占比重通常为体重的1%～1.5%；生长速度尽可能的快，平均日增重1千克以上；生产周期短，出栏年龄在

1～1.5岁，一般不超过2岁；总的育肥效率高。

2. 架子牛育肥

这是当前我国肉牛育肥的主要方式。

架子牛是指没有经过育肥或经过育肥但尚没有达到屠宰体况（包括重量、肥度等）的牛。这些牛通常从草场（农户）被选购到育肥场进行育肥。

架子牛按照年龄分类，分为犊牛、1岁牛和2岁牛。年龄在1岁之内，称为犊牛；1岁至2岁的牛称1岁牛；2岁至3岁的牛称为2岁牛。3岁及3岁以上的牛，统称为成年牛，很少用作架子牛。

架子牛的育肥原理是利用肉牛的补偿生长特性。吊架子期，主要是各器官的生长发育和长骨架，不要求有过高的增重；在屠宰前3～6个月，给予较高营养，进行后期集中育肥，然后屠宰上市。这种方式，虽然拉长了饲养期，但可充分利用牧场放牧资源，节约精料。

3. 成年牛育肥

成年牛育肥，主要是淘汰奶牛、繁殖母牛的育肥。这类牛一般体况不佳，不经育肥直接屠宰时产肉率低，肉质差；经短期集中育肥，不仅可提高屠宰率、产肉量，而且可以改善肉的品质和风味。

由于成年牛已基本停止生长发育，故其育肥主要是恢复肌肉组织的重量和体积，并在其间沉积脂肪，到满膘时就不会再增重，故其育肥期不宜过长，一般控制在3个月左右。

虽然成年牛的肉的质量远逊于年轻牛的肉，但因为当前我国牛肉市场尚不健全，“以质论价”体系还不完善，“品种不分、年龄不分、性别不分、部位不分”现象明显，成年牛肉甚至老残牛肉市场价格并不低，所以效益相对可观。又因其育肥周期短，资金周转快，所以很多人对成年牛育肥情有独钟。但从发展的趋势看，利用年轻牛进行专门化高档牛肉生产，才是肉牛育肥的主要方式。

四、育肥牛的管理

俗话说“三分喂养，七分管理”，搞好管理工作有助于肉牛育肥性能发挥，起到事半功倍的效果。

1. 饲喂时间

牛在黎明和黄昏前后是每天采食最紧张的时刻，尤其在黄昏采食频率最大，因此，无论是舍饲还是放牧，早晚两头是喂牛的最佳时间。多数牛的反刍是在夜间进行，特别是天刚黑时，反刍活动最为活跃，所以在夜间尽量减少干扰，以使其充分消化粗料。

2. 每天观察牛群，预防下痢

重点看牛的采食、饮水、粪尿、反刍、精神状态是否正常，发现异常立即处理（图5-24）。大量饲喂酸性大的饲料（如青贮饲料）时，易引起牛下痢，生产中应特别注意（图 5-25）。

图5-24 观察牛的粪便是否正常（王金君 摄）

3. 经常刷拭牛体（图5-26）

饲养员要形成习惯，每天至少刷拭牛体一次。刷拭不仅可以保持牛体清洁，促进牛体表面血液循环，增强牛体代谢，有利于增重，还可以有效预防体外寄生虫病的发生。

图5-25 观察牛只精神状态（王金君 摄）

扫一扫，查看“奶牛使用电动毛刷自动擦刷皮肤过程”视频

图5-26 自动刷毛机
（王金君 摄）

刷拭牛体，应选择鬃刷与铁梳结合进行。当身体较为卫生时，可单独使用鬃刷刷拭，如果身体表面黏附牛粪、黏液等脏物时，需要使用铁挠子进行刮梳。刷拭时，以左手持铁梳，右手拿鬃刷，由颈部开始，由前到后，由上到下依次刷拭，即按颈→背腰→股→腹→乳房→头→四肢→尾的顺序进行。一般刷拭用鬃刷刷洗，刷拭不掉的污垢用铁梳刮梳。炎热夏季可适当水洗，其他季节一般不用水洗。皮肤表面较脏时，可先逆毛后顺毛刷洗。牛体刷拭一般在采食以后进行。

4. 限制运动

到育肥中、后期，每次喂完后，将牛拴系在短木桩或休息栏内，缰绳系短，长度以牛能卧下为宜，缰绳长度一般不超过80厘米，以减少牛的活动消耗。此期牛在运动场的目的主要是接受阳光和呼吸新鲜空气。

5. 定期称重

育肥期最好每月称重一次，以帮助了解育肥效果，并据此对育肥效果不理想或育肥完成的牛只及时做出处理。生产中牛只测重通常采用估测法进行，具体方法在本节“育肥牛的选择”部分做过介绍。

6. 定期做好驱虫、防疫工作

具体要求参照后面的寄生虫、传染病防控程序进行。

第一节　牛场卫生与防疫管理

一、牛场常用消毒方法

1. 消毒器械的使用

（1）喷雾器　有两种，一种是手动喷雾器，另一种是机动喷雾器。手动喷雾器又有背携式和手压式两种，常用于小范围消毒。机动喷雾器又有背携式和担架式两种，常用于大面积消毒。

应先在一只桶内将消毒剂充分溶解、搅匀、过滤，以免有些固体消毒剂存有残渣堵塞喷嘴而影响消毒。使用前应对各部分仔细检查，尤其注意喷头部分有无堵塞现象。喷雾器内药液不要装得太满，否则不易打气或桶身爆破。打气时，感觉有一定抵抗力时，就不要再打气了。消毒完毕后，倒出剩余的药液前应先放气，放气时不要一下打开桶，应先拧开旁边的小螺丝，放完气，再打开桶盖，倒出药液，用清水冲洗干净。

（2）火焰喷灯　利用工业用火焰喷灯，以煤油作燃料。火焰温度很高，消毒效果很好。但应注意喷烧消毒不要过久，易燃物体不宜使用，以免将物品烧坏；消毒时应有一定的次序，以免发生遗漏。

2. 消毒方法

（1）场区环境消毒　用3%氢氧化钠喷雾或浇洒20%石灰乳进行消毒。牛舍周围环境（包括运动场），每周用2%火碱消毒或撒生石灰1次；场周围及场内污水池、排粪坑和下水道出口，每月用漂白粉消毒1次。在大门口和牛舍入口设消毒池，使用2%火碱溶液。

（2）牛舍消毒　牛舍在每批牛只下槽后应彻底清扫干净，定期用高压水枪冲洗，并进行喷雾消毒和熏蒸消毒。清除舍内所有污物，用清水冲洗墙壁、地面，干燥后用3%氢氧化钠或生石灰溶液喷洒消毒，并在牛舍周围、入口、产床和牛床下面撒火碱杀死细菌或病毒。喷洒消毒液的用量，一般以畜舍内面积计算，1000毫升/米^2。消毒时，先由离门远处开始，对地面、墙壁、天花板等按一定顺序均匀喷湿，最后打开门窗通风。牛舍及饲养区墙壁可用20%石灰乳涂刷消毒。

（3）用具消毒　定期对料槽、饮水槽、勺、锹和饲料车等饲养用具洗刷干净，用3%氢氧化钠溶液、0.1%苯扎溴铵或0.2%～0.5%过氧乙酸消毒喷洒或冲洗消毒，然后用清水冲洗干净，除去消毒药味。日常用具（如兽医用具、助产用具、配种用具、挤奶设备和奶罐车等）在使用前后应进行彻底消毒和清洗。奶车、奶罐每次用完后应清洗和消毒。具体程序是先用温水清洗，水温35～40℃；再用热碱水（温度50℃）循环清洗消毒；最后用清水冲洗干净。奶泵、奶管、阀门每用一次，都要用清水清洗一次。奶泵、奶管、阀门应每周2次冲刷、清洗。

（4）人员消毒　工作人员进入生产区应更衣和紫外线消毒（3～5分钟），工作服不应穿出场外。

（5）带牛环境消毒　定期进行带牛环境消毒，有利于减少环境中的病原微生物。常用于带牛环境消毒的消毒药有0.1%苯扎溴铵、0.3%过氧乙酸、0.1%次氯酸钠，消毒方法是将喷头置于牛体上50～80厘米向天喷雾即可。带牛环境消毒应避免消毒剂污染牛奶。

（6）牛体消毒　挤奶、助产、配种、注射治疗及任何对奶牛进行接触操作前，应先将牛的乳房、乳头、阴道口和后躯等进行消毒擦拭，以降低牛乳的细菌数，保证牛体健康。

（7）挤奶厅消毒　挤奶完毕后，先预冲洗，然后立即碱、酸交替清洗。具体程序是：挤奶完毕后，应马上用清洁的温水（35～40℃）进行冲洗，不加任何清洗剂。预冲洗过程循环冲洗到水变清为止。预冲洗后立刻用pH值11.5的碱洗液（碱洗液浓度应考虑水的pH值和硬度）循环清洗10～15分钟。碱洗液温度开始在70～80℃，循环到水温不低于41℃。碱洗后可继续进行酸洗，酸洗液pH值为3.5（酸洗液浓度应考虑水的pH值和硬度），循环清洗10～15分钟，酸洗液温度应与碱洗液温度相同。视管路系统清洁程度，碱洗与酸洗可在每次挤奶作业后交替进行。在每次碱（酸）清洗后，再用温水冲洗5分钟。清洗完毕管道内不应留有残水。挤奶厅地面冲洗用水不能使用循环水，必须使用清洁水，并保持一定的压力；地面可设一个到几个排水口，排水口应比地面或排水沟表面低1.25米，防止积水。

（8）粪便消毒

① 生物热消毒法　即用堆积法对粪便进行生物热消毒。适用于健康牛和一般疾病病牛的粪便及其分泌物的处理，不适用于炭疽、气肿疽等病原体引起的疫病，这类病牛的粪便及其分泌物应焚烧或深埋。一是将粪便及其分泌物堆成较大体积的堆，外封2～3厘米厚泥皮；二是挖深1～2米、长宽3～5米的池子，将粪便及其分泌物堆积其中，积满后表层封以3～5厘米厚的泥土即可。封存1～2个月，其中的嗜热细菌繁殖可产生70℃以上的高热及游离氨等，可将病毒、细菌（芽孢除外）、寄生虫卵等病原体杀死，既达到消毒的目的，又保持了肥效。堆沤地

点，应选择一个比较僻静、远离水源的地点。

② 焚烧掩埋法　适用于处理被炭疽、气肿疽等芽孢菌污染的粪便、饲料、污物等。最好就地进行，也可就近选一僻静处。先挖1米以上深坑，倒入需处理物，再加上柴油或酒精等助燃剂进行焚烧。需处理物较多时，应分批投入，务必使之充分燃烧，然后填平土坑，夯实。

二、牛场免疫防疫措施

1. 免疫接种前的准备

（1）根据当地传染病的流行情况，制订相应的免疫接种计划，并按计划购置相应的生物制品等。

（2）对牛健康状况进行检查，完全健康的可进行免疫接种。衰弱、妊娠后期、患病的动物不能进行免疫接种。

（3）生物制品的运送和保存应严格按其使用说明进行。一般情况下，灭活疫苗、致弱菌苗、类毒素等应保存在2～8℃，防止冻结；弱毒疫苗应保存在0℃以下，冻结保存。

（4）生物制品在使用前，认真领会其使用说明，并看其是否超出有效期，是否变质、破损等。需要稀释的疫苗，应根据实际需要，正确的稀释成一定的浓度。稀释后的生物制品应在规定的时间内用完。

（5）组织好接种人员和护理人员等，确保接种顺利快速进行。

2. 常用疫苗种类及使用方法

（1）口蹄疫疫苗　目前免疫种类是O型、A型和亚洲Ⅰ型。对3～4月龄犊牛进行首免，30天后加强免疫一次。以后每6个月免疫一次。颈部肌内注射1毫升。每次免疫完成之后，为了了解免疫是否成功必须在免疫后30天时，随机收集50头免疫牛群血样，进行抗体滴度检测，如果口蹄疫抗体滴度99%的保护率达到90%时，说明免疫成功，如果低于90%说明存在问题需要重新免疫。

（2）牛巴氏杆菌灭活疫苗　预防牛出血性败血症（牛巴氏杆菌病）。非必需免疫种类，各场根据本场流行情况酌情选用。皮下注射或肌内注射，体重100千克以下的牛注射4 毫升，体重100千克以上的牛注射6 毫升。注射后21天产生可靠的免疫力，免疫期为9个月。

（3）布病疫苗　主要使用疫苗有A19、S2。A19 3 ～ 8月龄首免，第一次配种前再加强免疫1次，需注射免疫，不能用于妊娠牛。S2可以口服免疫，可以用于妊娠牛。

3. 注意事项

（1）免疫接种时应选择晴朗的天气，减少应激。

（2）免疫接种时应避免动物重复接种或遗漏接种。

（3）注射用具应严格灭菌，最好每头牛换一个针头。注射部位应认真用5%的碘酊棉球或70%的酒精棉球消毒。针筒排气溢出的疫苗，应吸积于灭菌棉棒上，并集中烧毁。用过的棉球应放入专用瓶中集中烧毁。未用完的活疫苗经灭菌后弃去。

（4）疫苗使用前应充分混匀。稀释疫苗时应严格无菌操作，稀释液的种类恰当，用量要准确，以确保每头牛获得足量疫苗。稀释后，瓶塞上固定一个灭菌的针头专供吸取疫苗。吸液后不拔出，用3 ～ 4层灭菌纱布包裹，以便再次吸液。注射动物后的针头不能用来吸液。

（5）在整个预防接种过程中，工作人员需穿工作服、胶靴，戴工作帽、口罩，工作前后洗手消毒。工作中不应吸烟及吃食物。

（6）接种疫苗后的牛应加强护理。必要时可添加抗应激的药物，反应特别严重的给予特别处理。

三、卫生防疫管理措施

① 进出场的车辆、人员要进行消毒。大门口应设消毒池。

② 牛场应设立定期卫生大扫除和消毒制度。夏季每周消毒

一次，冬季可两周消毒一次。

③ 最好实行自繁自养或全进全出的饲养制度。

④ 若要引进动物，必须到非疫区，经检疫合格后方可购入；购入牛只需隔离饲养1～2个月，检疫两次方可混群饲养。

⑤ 患病动物必须隔离饲养，同时要对全群进行消毒。

⑥ 疑似口蹄疫的必须立即上报当地兽医主管部门。

⑦ 病死动物必须进行无害化处理。

第二节　牛传染病防治

一、口蹄疫

1. 发生

口蹄疫俗名“口疮”“蹄癀”，是由口蹄疫病毒引起的一种急性、热性、高度接触性传染病，有强烈的传染性。口蹄疫病毒主要感染偶蹄兽，常见的是牛、羊、猪，人可感染。主要通过消化道和呼吸道，也可经损伤的黏膜和皮肤感染口蹄疫病毒。目前已知口蹄疫病毒有七个主型：A型、O型、C型、南非1型、南非2型、南非3型和亚洲Ⅰ型，各型之间临诊表现相同，但彼此均无交叉免疫性。我国流行口蹄疫的病毒型为O型、A型和亚洲Ⅰ型。本病具有流行快、传播广、发病急、危害大等流行特点，疫区发病率可达50%～100%，犊牛死亡率较高，其他则较低。本病传播虽无明显的季节性，但冬、春两季较易发生大流行，夏季减缓或平息。

2. 症状

潜伏期1～7天，平均2～4天。病牛精神沉郁，闭口，流涎，开口时有吸吮声，体温可升高到40～41℃。发病1～2天后，病牛齿龈、舌面、唇内面可见到蚕豆至核桃大的水疱

图6-1 口蹄疫鼻镜水疱
（胡士林 摄）

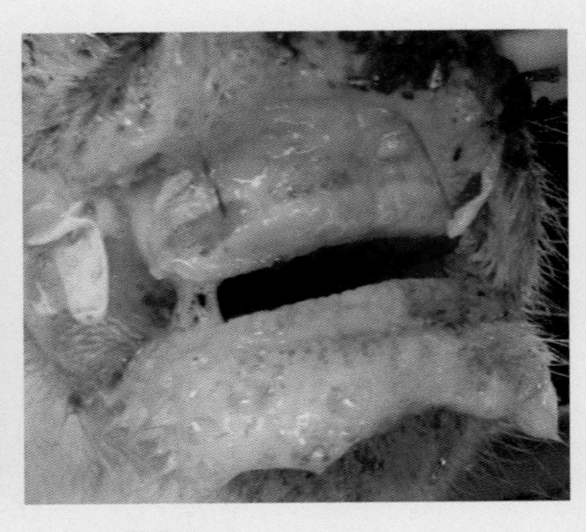

图6-2 口蹄疫口腔溃疡
（胡士林 摄）

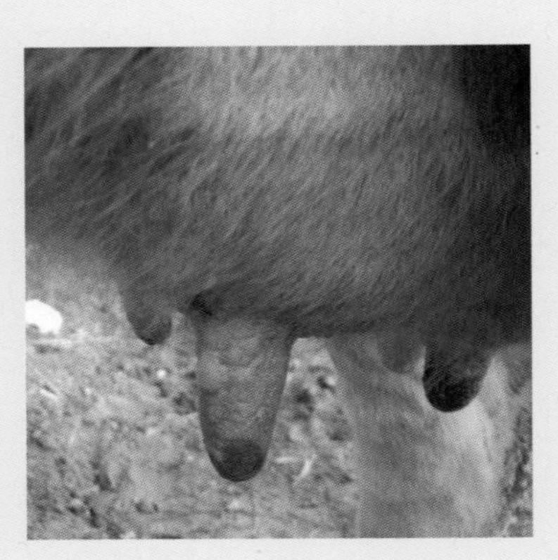

图6-3 口蹄疫乳房水疱
（胡士林 摄）

（图6-1、图6-2），涎液增多，并呈白色泡沫状挂于嘴边。采食及反刍停止。水疱约经一昼夜破裂，形成溃疡，呈红色糜烂区，边缘整体，底面浅平，这时体温会逐渐降至正常。在口腔发生水疱的同时或稍后，趾间及蹄冠的柔软皮肤上也发生水疱，也很快破溃，然后逐渐愈合。有时在乳头皮肤上也可见到水疱（图6-3）。本病一般呈良性经过，经一周左右即可自愈；若蹄部有病变则可延至2～3周或更久；死亡率1%～2%，该病型叫良性口蹄疫。

有些病牛在水疱愈合过程中，病情突然恶化，全身衰弱，肌肉发抖，心跳加快，节律不齐，食欲废绝，反刍停止，行走摇摆，站立不稳，往往因心肌炎引起心脏麻痹而突然死亡，这种病型叫恶性口蹄疫，病死率高达25%～50%。哺乳犊牛患病时，往往看不到特征性水疱，主要表现为出血性胃肠炎和心肌炎，死亡率很高。

3. 诊断

把握以下发病要点：①发病急、流行快、传播广、发病率高，但死亡率低，且多呈良性经过；②大量流涎，呈引缕状；③口蹄疮定位明确（口腔黏膜、蹄部和乳头皮肤），病变特异（水疱、糜烂）。④恶性口蹄疫时可见虎斑心。

4. 防制

口蹄疫是防疫法所列一类疫病的第一号，禁止治疗。发现疑似口蹄疫病例应立即上报当地兽医主管部门。对口蹄疫政府实行强制免疫，所有牛要做好O型、A型和亚洲Ⅰ型免疫。犊牛：90日龄左右初免，隔1个月后进行一次加强免，以后隔4～6个月免一次。发生疫情时，对疫区、受威胁区域的全部易感家畜进行一次加强免疫。边境地区受到境外疫情威胁时，要对距边境线30千米以内的所有易感家畜进行一次加强免疫。最近1个月内已免疫家畜可以不进行加强免疫。

二、牛流行热

1. 发生

牛流行热又称三日热或暂时热，是由牛流行热病毒引起的牛的一种急性热性传染病，以3～5岁牛多发。吸血昆虫（蚊、蠓、蝇）叮咬病牛后再叮咬易感的健康牛而传播，故疫情的发生与吸血昆虫的出没相一致。本病的发生具有明显的周期性和季节性，通常每3～5年流行一次，北方多于8～10月流行，南方可提前发生。

2. 症状

潜伏期3～7天。发病突然，体温升高达39.5～42.5℃，维持2～3天后，降至正常。在体温升高的同时，病牛流泪、畏光、眼结膜充血、眼睑水肿（图6-4）。呼吸迫促，80次/分钟以上，听诊肺泡呼吸音高亢，支气管呼吸音粗砺。食欲废绝，咽喉区疼痛，反刍停止。多数病牛鼻炎性分泌物成线状（图6-5），随后变为黏性鼻涕（图6-6）。口腔发炎、流涎，口角有泡沫（图6-7）。病牛呆立不动，强行行走，步态不稳，因四肢关节水肿、僵硬、疼痛而出现跛行，最后因站立困难而卧倒。有的便秘或腹泻。尿少，暗褐色。妊娠母牛可发生流产、死胎，泌乳量下降或停止。多数病例为良性经过，病程3～4天；少数严重者于1～3天死亡，病死率一般不

图6-4 流行热眼睑水肿（引自网络）

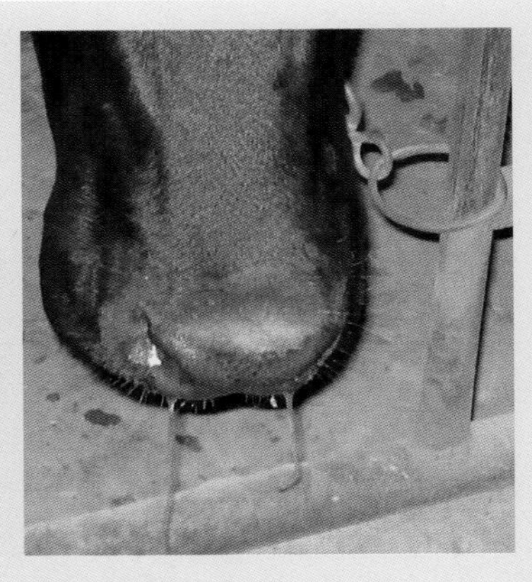

图6-5 流行热流鼻液（一）（引自网络）

图6-6 流行热流鼻液（二）（引自网络）

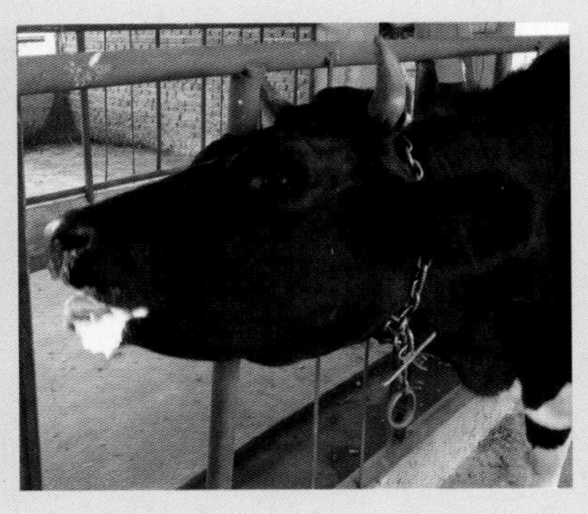

图6-7 流行热口角泡沫（引自网络）

超过1%。

3. 诊断

根据大群发生，迅速传播，有明显的季节性，多发生于气候炎热、雨量较多的夏季，发病率高，病死率低，结合临床上高热、呼吸迫促、眼鼻口腔分泌物增加、跛行等作出初步诊断。可采集发热初期的病牛血液进行病毒的分离鉴定。血清学实验通常采用中和试验和补体结合试验检测病牛的血清抗体。

4. 防治

早发现、早隔离、早治疗，合理用药，护理得当，是防治本病的重要原则。本病尚无特效治疗药物，只能进行对症治疗：解热止痛，抗菌消炎，控制继发感染。如用10%水杨酸钠注射液100 ～ 200毫升、40%乌洛托品50毫升、5%氯化钙150 ～ 300毫升、5%葡萄糖生理盐水3000毫升，静脉注射。肌内注射蛋清20 ～ 40毫升或安痛定注射液20毫升，喂青葱500 ～ 1500克等均有疗效。

三、牛病毒性腹泻–黏膜病

牛病毒性腹泻-黏膜病(BVD-MD) 由牛病毒性腹泻-黏膜病病毒（BVDV）引起急性、热性、接触性传染病。该病是以发热、黏膜糜烂溃疡、白细胞减少、腹泻、免疫耐受与持续感染、免疫抑制、先天性缺陷、咳嗽、妊娠母牛流产、产死胎或畸形胎为主要特征，是国际贸易必检病原之一。

1. 发生

牛病毒性腹泻-黏膜病病毒（BVDV）有垂直传播和水平传播两种传播途径。该病的水平传播也称急性感染、一过性感染，感染潜伏期一般为5 ～ 7天，感染后4 ～ 15天可排出病毒颗粒。普遍认为，急性感染后的排毒时间只有1周或更短，感染2 ～ 4周后血清抗体转为阳性，血清中的抗体可以维持1年以上。

垂直传播发生于妊娠早期，30～150天的胎儿免疫系统还没有完全建立，若此时母牛感染BVDV，病毒通过胎盘感染胎儿，胎儿将病毒视为自身物质，从而产生免疫耐受，动物出生后即成为BVDV持续感染牛（PI牛），另外PI牛妊娠后所生犊牛也为PI牛。PI牛死亡率较高，存活时间比较短，通常由于发育迟缓、繁殖障碍在2岁前主动或被动淘汰。约有10%的PI牛生长发育及生产性能无异常表现。PI牛终身带毒，是BVD-MD的天然保种库，可通过鼻液、唾液、尿液、眼泪和乳汁不断向外界排毒，是BVD-MD的主要传染源。此外，来自患病动物的血清、胚胎、器械，及含有牛源血清成分的生物制品均可能带有病毒。

牛病毒性腹泻-黏膜病病毒（BVDV）可在环境中存活数天，可在针头上存活3天以上，因此持续感染牛和易感牛使用同一个针头也可以传播病毒；直肠检查时的手套也可以传播病毒；新生牛出生后没有母源抗体保护，因此接触PI牛排出的尿液、粪便及其他分泌物后很容易发生急性感染。饲养密度过大、环境中悬浮颗粒过多、潮湿等都有利于病毒的生存及传播。因此易感牛接触到感染动物的粪便、尿液、鼻液以及被污染的饲料、用具都可以发生感染。

2. 症状

根据病程的长短和严重程度，临床上分为急性感染及免疫抑制、持续感染、繁殖障碍、血小板减少症和出血综合征。

（1）急性感染和免疫抑制　此类型最为常见，常突然发病，发病率高但致死率低。除具有免疫力的犊牛和成年牛外，病牛常出现典型的双相热，起初体温高达40～42℃，持续2～7天，精神轻度沉郁，采食量下降，之后体温转为正常，5～10天后再次出现高热。此时病牛有可能出现腹泻和胃肠道的侵蚀，也可能会在没有任何明显临床表现的情况下康复。自然状态下，多在6～18月龄牛群内暴发。除发热、沉郁外，早期临床症状还包括食欲和产奶量下降。初期的呼吸急促仅是散失热量的代偿表现，待体温再次升高时，食欲和产奶量才会显著下降。若此时出现胃肠道侵蚀，则出现食欲废绝。急性感染病例中，30% ～ 50%的牛会出现口腔糜烂（图6-8），病灶可出现在软腭、硬腭、舌的任何部位。在成年奶牛中，急性感染造成的蹄部损伤并不多见，病变多出现在冠状带和指(趾)间，以充血、糜烂为主，并最终导致跛行。腹泻也是急性感染的常见症状，初期以水样粪便为主（图6-9），个别严重病例粪便中出现黏液和血液。急性感染过程中，病毒主要在上呼吸道和淋巴样组织内进行复制繁殖，其可导致外周血白细胞明显减少，单核细胞和多核细胞功能降低，动物出现免疫抑制现象。这为其他病原体的侵入并大量繁殖创造了机会。此外，牛群内存在PI牛也是造成急性感染的重要原因。

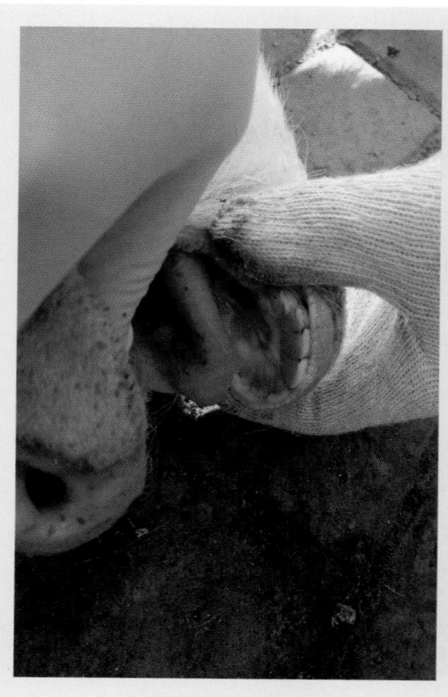

图6-8　口腔糜烂
(胡士林 摄)

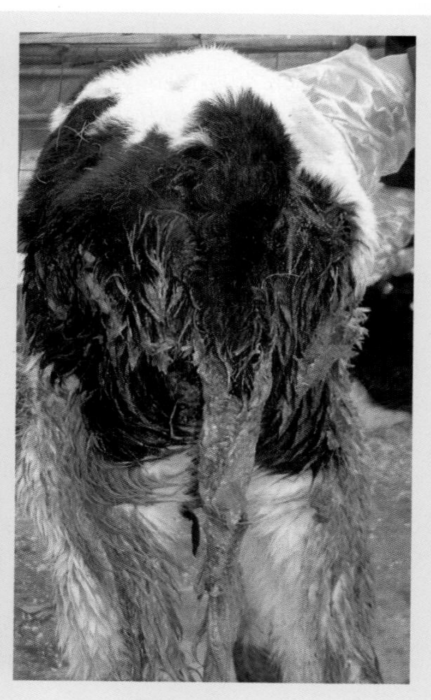

图6-9　腹泻
(胡士林 摄)

（2）持续感染　持续感染牛是牛群中主要的带毒者，并不断从体液中排毒。当与其他易感牛接触时，作为带毒者携带病毒并在牛群内和牛群间传播病毒。持续感染是BVD的一种重要的临床类型，也是BVDV在牛群内能持续存在的重要原因。BVDV-PI牛是由妊娠母牛在妊娠初期（30～150天）感染NCP-BVDV引起的。由于此时胎儿免疫器官尚未发育完全，对于经母体进入其体内的NCP-BVDV不能产生有效的免疫应答，最终形成具有高度特异性的免疫耐受，即对自身感染BVDV毒株不产生抗体且终生伴有病毒血症。国外研究表明，欧洲牛群BVDV-PI牛的阳性率为1%～2%，牛群内大约97%的BVDV-PI牛是由健康母牛由于急性感染NCP-BVDV所致，另外3%的BVDV-PI牛为PI牛所生。因此在防控BVD时应加强BVDV-PI牛的检测力度，淘汰PI牛是BVDV控制及清除的基础。BVDV-PI牛遭受非同源BVDV毒株攻击时也能产生相应抗体，对于自身BVDV能够起到部分中和作用，有时病毒血症甚至会一度消失，这给BVDV-PI牛的检测造成了一定的障碍。此外，没有免疫力的母牛或处于应激状态的母牛，在其受到病毒攻击时很容易发生垂直感染，这种由健康母牛导致的PI胎牛，以目前的检测方法尚不能在其出生前进行鉴别，因此引进妊娠牛时应谨慎。

（3）繁殖障碍　持续感染公牛的精液中也存在病毒，急性感染经过的公牛也可通过精液排毒，并且急性感染公牛精液排毒的时间很长，可持续几个月。BVDV急性感染导致公牛的繁殖障碍，表现为采精减少。母牛感染BVDV能引起不孕，胚胎死亡，产木乃伊胎、弱胎、畸形胎或死胎。

（4）血小板减少症和出血综合征　该病能引起血小板减少和出血综合征。血小板减少主要是由于外周循环中血小板受损程度增加和骨髓生成血小板的能力下降。

3. 病变

主要病变在消化道和淋巴组织。特征性损害是口腔（内唇、切齿齿龈、上颚、舌面、颊的深部）、食管黏膜有糜烂和溃疡（图6-10），直径1～5毫米，形状不规则，是浅层性的，食管黏膜糜烂沿皱褶方向呈直线排列。第四胃黏膜严重出血、水肿、糜烂和溃疡。蹄部、趾间皮肤糜烂、溃疡和坏死。肠系膜淋巴结肿胀。犊牛小脑发育不全，常大脑充血，脊髓出血。

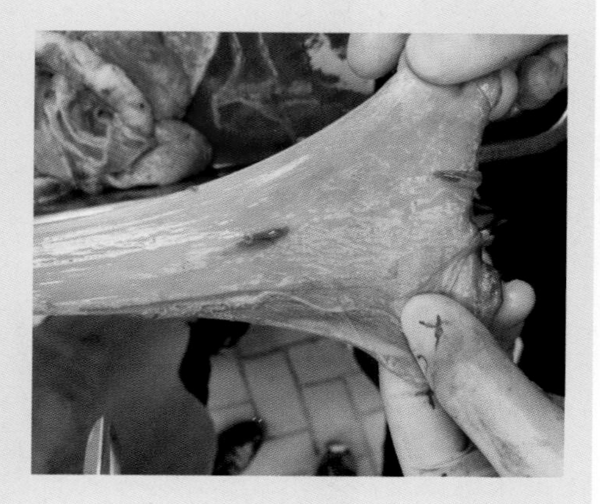

图6-10 食管黏膜溃疡
（胡士林 摄）

4. 诊断

根据症状和流行病学情况，可以作出初步诊断，用不同克隆DNA探针可检测BVDV，检查抗体方法有BVDV血清中和试验、ELISA等。NCP株可用免疫荧光和免疫酶检测感染细胞试验，也可用PCR试验扩增检测血清中BVDV核酸。

5. 防治

（1）防制措施　由于BVDV普遍存在，而且致病机制复杂，给该病的防制带来很大困难，目前尚无有效的控制方法，国外控制的最有效办法是对经鉴定为持续感染的动物立即屠杀及疫苗接种，但活苗不稳定，而且会引起胎儿感染，所以国外大多数学者主张采用灭活苗。防制本病应加强检疫，防止引入带毒牛、羊或造成本病的扩散。一旦发病，病牛隔离治疗或急宰；同群牛和有接触史的牛群应反复进行临床学和病毒学检查，及时发现病牛和带毒牛。持续感染牛应淘汰。

（2）治疗措施　本病在目前尚无有效疗法。应用收敛剂和补液疗法可缩短恢复期，减少损失。用抗生素或磺胺类药物，可减少继发性细菌感染。

硫酸庆大霉素120万国际单位后海穴注射；硫酸黄连素0.3～0.4克、10%葡萄糖注射液500毫升；0.2%环丙沙星葡萄糖注射液或诺氟沙星葡萄糖注射液300毫升；新促反刍液（5%氯化钙200毫升、30%安乃近30毫升、10%盐水30毫升），分三步静脉滴注。也可饮2%白矾水，灌牛痢方（白头翁、黄连、黄柏、秦皮、当归、白芍、大黄、茯苓各30克，滑石粉200克，地榆50克，金银花40克）均有疗效。

四、牛传染性鼻气管炎

牛传染性鼻气管炎是由牛传染性鼻气管炎病毒引起的牛的急性接触性传染病。本病以上呼吸道发炎、流鼻汁、呼吸困难、有时引起脑膜脑炎及生殖道感染等多种并发症为特征。

1. 发生

病毒侵入呼吸道黏膜或生殖道黏膜，并在此局部增殖，引发上呼吸道炎、阴道炎和包皮炎。感染牛通过鼻汁排出病毒。通常3月龄以上感染牛的呼吸道和生殖道经5～12天后病变减轻。若继发感染巴氏杆菌，则呼吸道症状加重，有时伴发支气管肺炎。体内没有母源抗体的新生犊牛病情严重，常导致败血症而死亡。

本病的主要传染源是病牛和带毒牛，隐性感染带毒牛在三叉神经节和腰、荐神经节中长期带毒，是最危险的传染源。病牛随呼吸道分泌物排出病毒，污染空气，经呼吸道传播。精液中的病毒经人工授精和交配也可传染，病毒可经胎盘侵入胎儿引起流产。牛是主要易感动物，不分年龄和品种均可感染，但尤以肉用牛多发，其中20～60日龄犊牛最易感，且病死率也较高，寒冷的季节多发。除丹麦和瑞士外，世界各国均发生过本病。

2. 症状

潜伏期一般为4～6天，有的可能达20天以上。本病最常见的为呼吸道型，还有脑膜脑炎型和生殖道型，这些型往往不同程度地同时存在，很少单独发生。

（1）呼吸道感染型　病牛高热，达39.5～42℃，精神委顿，食欲缺乏或废绝，鼻镜高度充血、发炎，称为“红鼻子”，鼻腔流出大量黏液脓性鼻汁，鼻黏膜高度充血，并散在灰黄色小豆大脓疱性颗粒，有时可见假膜或浅溃疡。呼吸急促，因上呼吸道及器官存留浆液性纤维性渗出物，呼吸受阻，导致呼吸困难。由于鼻腔黏膜坏死，呼出的气体有臭味，常有咳嗽。有的病例眼睑水肿，流泪，结膜高度充血，其表面形成粒状灰色的坏死膜，角膜轻度混浊（图6-11），但不出现溃疡。重症病例，发病后数小时内即死亡，大多数病程在10天以上。

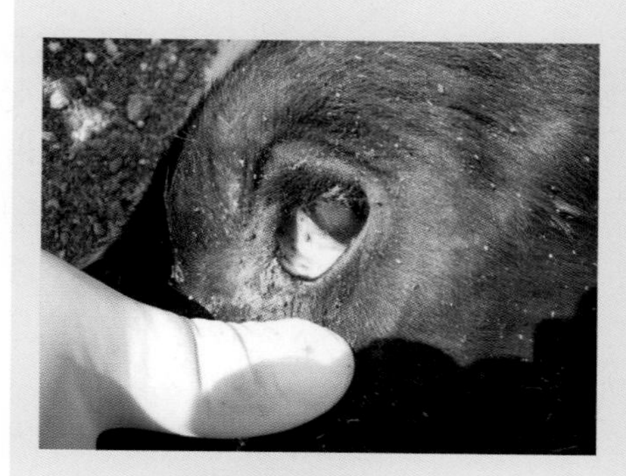

图6-11　角膜混浊（胡士林 摄）

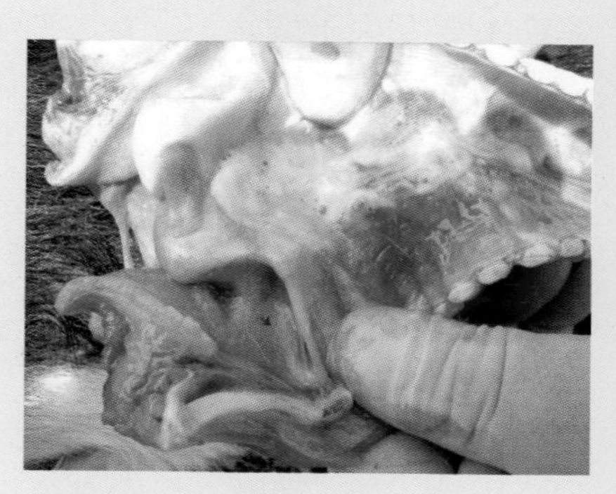

图6-12　喉头、气管黏膜出血，呈现卡他性炎症（胡士林 摄）

鼻、咽喉、气管黏膜见有卡他性炎症（图6-12），有的病例可见坏死性纤维素性假膜，并常见糜烂和溃疡。慢性病例在肺脏见有支气管肺炎（图6-13），甚至有化脓灶。皱胃黏膜有溃

图6-13　支气管肺炎（胡士林 摄）

疡，大肠、小肠有卡他性炎症。呼吸道上皮样细胞中有核内包涵体。

（2）脑膜脑炎型　主要发生于4～6月龄犊牛，病初体温升高，达40℃，流鼻汁，流泪，呼吸困难，随后表现肌肉痉挛，兴奋，惊厥，口吐白沫，最后不能站立，角弓反张，四肢划动，昏迷而死亡。具有非化脓性脑炎病理变化。

（3）生殖道感染型　病牛外阴部肿胀，频频摇尾，阴道黏膜充血，尿频、有痛感，阴道内见有黏液脓样分泌物。重症病例，阴门黏膜散发水疱或脓疱，破裂后形成溃疡和坏死假膜。流产主要发生于妊娠4～7个月的母牛，流产后约半数胎衣不下，流产胎儿皮肤水肿，肝、脾有坏死灶。本病型常与呼吸道感染型并发。公牛龟头、包皮上可见与阴道黏膜相同的病变。公牛患本病后，长期带毒和排毒，称为传染源。生殖道感染型有时伴随呼吸道型而发病。

3. 诊断

根据流行病学、症状和病理变化可作出初步鉴别判断。牛传染性鼻气管炎主要是以发热，流鼻汁，流泪，鼻镜高度充血，呼吸困难，鼻、咽喉、气管黏膜见有坏死性纤维素性假膜，并常见糜烂和溃疡为特征的呼吸道型传染病，另外还伴有结膜角膜炎和生殖道感染。

确诊需做病原学与血清学诊断。病原学诊断时可用拭子采集鼻腔、阴道和包皮中的分泌物分离病毒。也可从剖检病例上采集呼吸道黏膜、扁桃体、肺和器官淋巴结、流产胎儿的肝脏、肺、脾脏、肾脏或者胎盘小叶作为病毒分离材料。将拭子抽出液或脏器乳剂的上清液接种于敏感细胞。精液因具有细胞毒性，将其稀释10倍后接种细胞。用免疫血清或单克隆抗体做中和实验，以鉴定分离病毒株。血清学诊断时可用中和实验、ELISA、补体结合实验及琼脂扩散实验等检测血清抗体。采集发病初期和恢复期双份血清检测抗体效价上升4倍以上，则可判定感染本病。

4. 防治

尚无彻底治愈本病的方法。为了预防本病继发细菌感染而导致支气管肺炎，可使用磺胺类等抗生素药物。还可根据病情配合对症疗法。

本病的隐性感染率较高，形成传染源。因此，每年定期进行检疫是防治本病的重要措施。对检出的阳性牛要实行严格的隔离饲养或淘汰，对引进的牛要隔离观察70天，并进行检疫，结果为阴性的牛方可入群。种公牛应进行检疫，严格加强冻精检疫和监督，如为阳性，不能作种用。目前有些国家使用核酸探针或PCR方法检测潜伏感染牛，并使用不同的弱毒苗或灭活苗预防本病，但对孕牛不安全，并不能阻止野毒感染，只能起到防御临床发病的效果。因此，多数国家禁用这种疫苗。国际上推荐使用更安全、有效的基因缺失苗、亚单位疫苗、DNA疫苗等。

发生本病时，应采取隔离、封锁、消毒、淘汰病畜或将其扑杀等综合性措施。

五、布鲁杆菌病

1. 发生

布鲁杆菌病是由布鲁杆菌引起的一种人畜共患传染病。本病的易感动物范围很广，牛、羊、猪最易感，母畜较公畜易感，成年家畜较幼畜易感。病畜和带菌动物是本病的传染源，特别是受感染的妊娠母畜，在其流产或分娩时随胎儿、胎水和胎衣排出大量的布鲁菌，流产母畜的阴道分泌物、乳汁、粪、尿及感染公畜的精液内都有布鲁菌存在。主要经消化道感染，其次可经皮肤、黏膜、交配感染。吸血昆虫可传播本病。本病呈地方性流行。新疫区常使大批妊娠母牛流产；老疫区流产减少，但关节炎、子宫内膜炎、胎衣不下、屡配不孕、睾丸炎等逐渐增多。

2. 症状

潜伏期两周至半年。母牛流产是本病的主要症状，流产多发生于妊娠5 ～ 7个月，产出死胎或软弱胎儿（图6-14）。流产前阴道黏膜潮红肿胀，有粟粒大的红色结节，阴唇及乳房肿胀，不久即发生流产。母牛流产后常伴有胎 衣不下（图6-15）或子宫内膜炎，阴道内继续排出红褐色恶臭液体，可持续2 ～ 3周，或者子宫蓄脓长期不愈，甚至因慢性子宫内膜炎而造成不孕。患病公牛常发生睾丸炎或附睾炎，关节炎及局部肿胀，配种能力降低。同群家畜发生关节炎及腱鞘炎。

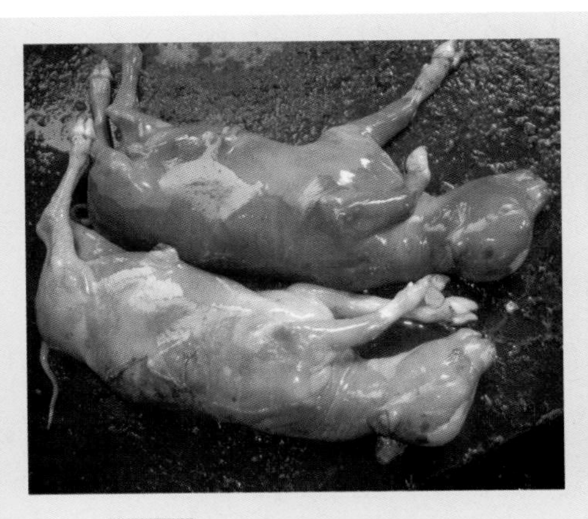

图6-14 布氏杆菌病流产胎儿（秦贞福 摄）

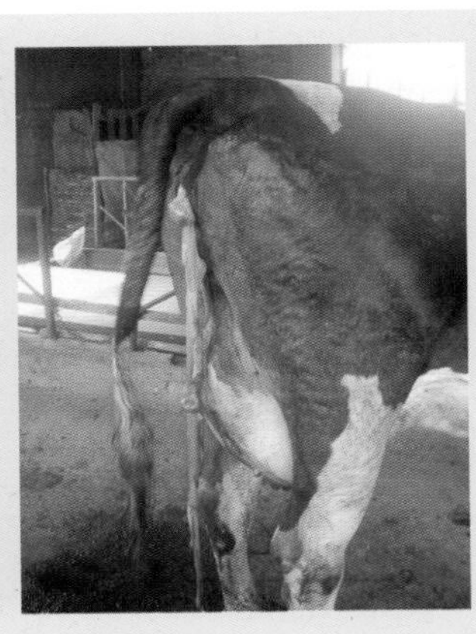

图6-15 布氏杆菌病胎衣不下（秦贞福 摄）

3. 诊断

根据流产及流产后的子宫、胎儿和胎膜病变，公畜睾丸炎及附睾炎，同群家畜发生关节炎及腱鞘炎，可怀疑为本病。

确诊可采集流产分泌物或胎儿第四胃内容物作病料涂片染色，布鲁菌为细小的短杆状或球杆状菌，不产生芽孢，多数情况下不形成荚膜，革兰染色阴性。以沙黄-美蓝（或孔雀绿）染色时，本菌染成红色，其他菌染成蓝色（或绿色）。检疫方法有虎红平板凝集试验、全乳环状试验、试管凝集试验、补体结合试验、酶联免疫吸附试验等。

4.防制

（1）未感染畜群　定期检疫，每年检疫两次。一旦发现阳性病例，根据感染率的高低，决定采取净化措施还是免疫防制措施，上策是检疫净化。防止本病传入的最好办法是自繁自养，必须引进种畜或补充畜群时，需经过隔离饲养两个月，并进行两次检疫均为阴性，方可混群。还应注意做好养殖场的平时消毒工作。

（2）发病畜群

① 净化措施　适合于阳性率不高的养殖场。牛在5～8月龄以上都应接受检疫，检出的阳性牛立即扑杀，同时全场进行大消毒。每隔1个月检疫一次，直至不再检出阳性牛。之后每年至少检疫两次。凡在疫区内接种过菌苗的动物应在免疫后12～36个月时检疫。

② 免疫措施　适合于阳性率比较高的养殖场。A_{19}3～8月龄首免，皮下注射5毫升，第一次配种前再加强免疫1次，不能用于妊娠牛。S_2苗适用于断乳后任何年龄的牛，最适宜口服，每头500亿活菌，免疫期2年。使用上述菌苗时，工作人员均应做好自身防护。

六、结核病

1. 发生

结核病是由牛分枝杆菌引起的人畜共患的慢性传染病。患病的畜禽和人，特别是开放型结核病患畜和人是本病的主要传染来源，通过其粪尿、乳汁、痰液以及生殖道分泌物等向外排菌，污染饲料、饮水、空气和环境而散播。主要通过呼吸道感染和消化道感染。也可以通过损伤的皮肤、黏膜或胎盘而感染。本病无明显的季节性和地区性，多为散发。不良的环境条件以及饲养管理不当，可促使结核病发生。如饲料营养不足，矿物质、维生素的不足；厩舍阴暗潮湿、牛群密度过大；阳光不足，缺乏运动，环境卫生差，不消毒，不定期检疫等。

2. 症状

潜伏期2周到数月，甚至长达数年。因牛患病器官的不同症状各异。大多数呈慢性经过，初期症状不明显，体温正常或微热，日渐消瘦。牛最常见的是肺结核、乳房结核和淋巴结核，有时可见肠结核、生殖器官结核、脑结核、浆膜结核及全身结核。各组织器官结核可单独发生，也可同时存在。

（1）肺结核　最常见，其他器官往往也来源于此。病初易疲劳，有短而干的咳嗽，尤其是起立、运动、吸入冷空气时易发咳嗽；渐变为脓性湿咳，有时从鼻孔流出淡黄色黏稠液，有腐臭味；呼吸急促，深而快，呼吸极度困难时，见伸颈仰头，呼吸声似“拉风箱”，听诊肺区常有啰音或摩擦音，叩诊呈浊音。病牛日渐消瘦，奶量大减。体表淋巴结肿大，有硬结而无热痛。体温一般正常或略升高。弥漫型肺结核体温升高至40℃，呈弛张热和稽留热。

（2）肠结核　多见于犊牛，病牛迅速消瘦，常有腹痛和顽固性腹泻，粪混有黏液和脓液。直肠检查可摸到肠黏膜上的小结节和边缘凹凸不平的坚硬肿块。

（3）淋巴结核　淋巴结肿大，随部位不同症状各异。

（4）乳房结核　乳房上淋巴结肿大，在乳房内可摸到局限性或弥漫性硬结，无热无痛。乳量渐减，乳汁稀薄，甚至含有凝乳絮片或脓汁，严重者泌乳停止。

3. 诊断

根据不明原因的渐进性消瘦、咳嗽、肺部异常、慢性乳腺炎、顽固性下痢、体表淋巴结慢性肿胀等可初步诊断。对有症状者，可采取分泌物或排泄物进行细菌学检验，革兰染色阳性菌，常用的方法为Ziehl-Neelsen抗酸染色法。显微镜下呈直或微弯的细长杆菌。死后根据特征性病变易确诊。结核菌素试验

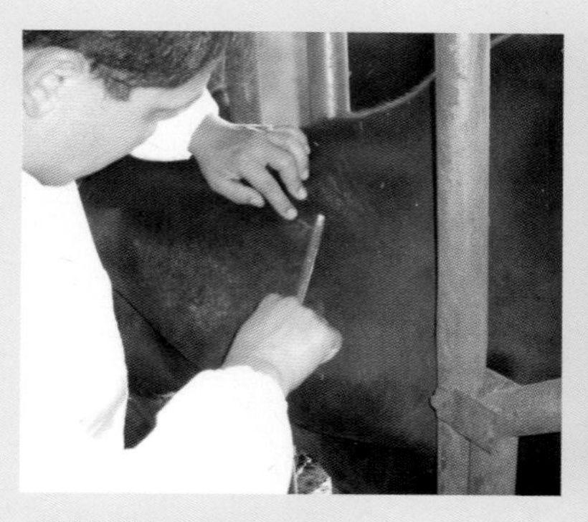

图6-16　结核菌素试验——注射部位剪毛（秦贞福 摄）

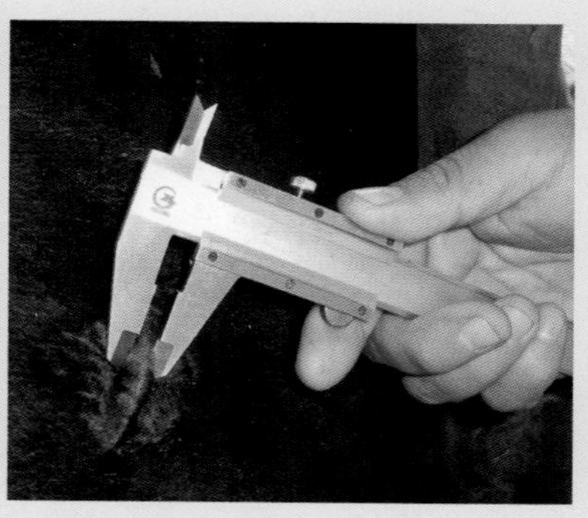

图6-17　结核菌素试验——游标卡尺测量皮皱厚度　（秦贞福 摄）

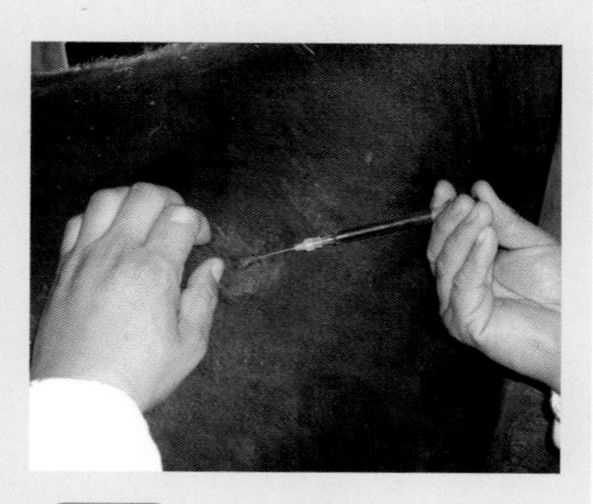

图6-18　结核菌素试验——皮内注射PPD（秦贞福 摄）

（图6-16～图6-18）是目前国内外应用最多的牛分枝杆菌检测方法，也是OIE推荐的牛结核病诊断方法。ELISA与胶体金试纸条法可进行抗体检测。

4. 防制

牛结核病一般不予治疗。通常采取加强检疫、防止疾病传入、扑杀病牛、净化污染群、培育健康牛群，同时加强消毒等综合性防疫措施。

（1）健康牛群（无结核病牛群）　是指截至目前尚未检出阳性牛的牛群。平时加强卫生防疫管理，防止疾病传入。每年春秋各进行一次变态反应方法检查。引进牛时，应首先就地检疫，确认为阴性方可购买；运回后隔离观察1个月以上，再进行一次检疫，确认健康方可混群饲养。禁止结核病人饲养牛群。若检出阳性牛，则该牛群应按污染牛群对待。

（2）污染牛群　已经检出阳性牛的牛群。每年应进行4次检疫。对结核菌素阳性牛立即扑杀。凡判定为疑似反应牛，在

25～30天进行复检，其结果仍为疑似反应时，可酌情处理。在健康牛群中检出阳性反应牛时，应在30～45天后复检，连续3次检疫不再发现阳性反应牛时，方可认为是健康牛群。每次检出阳性牛后应全场进行大消毒。

七、巴氏杆菌病

1. 发生

巴氏杆菌病主要是由多杀性巴氏杆菌引起的畜禽共患传染病，又称出血性败血症。病畜和带菌畜为传染来源，主要经消化道感染，其次通过飞沫经呼吸道感染，也可经皮肤伤口或蚊蝇叮咬感染。本菌为条件性致病菌，常存在于健康畜禽的上呼吸道和扁桃体，与宿主呈共栖状态。当牛饲养在不卫生的环境中，由于感受风寒、过度疲劳、饥饿等因素使机体抵抗力降低时，该菌乘虚侵入体内，经淋巴液进入血液引起败血症。该病常年可发生，在气温变化大、阴湿寒冷时更易发病；常呈散发性或地方流行性发生。

2. 症状

潜伏期2～5天。根据症状可分为败血型、水肿型和肺炎型。

（1）败血型　有的呈最急性经过，没有看到明显症状就突然倒地死亡。大部分病牛初期体温升高，达41～42℃。精神沉郁，反应迟钝，肌肉震颤，呼吸、脉搏加快，眼结膜潮红，鼻镜干燥，食欲废绝，反刍停止。腹痛、下痢，粪中混杂有黏液或血液，具有恶臭味。有时鼻孔和尿中有血。腹泻开始后，体温随之下降，迅速死亡。一般病程为12～24小时。

（2）水肿型　除呈现上述全身症状外，咽喉部、颈部及胸前皮下出现炎性水肿，初有热痛，后逐渐变凉，疼痛减轻。病牛高度呼吸困难，流涎，流泪，并出现急性结膜炎，往往窒息而死，病程12～36小时。

（3）肺炎型　主要表现纤维素性胸膜肺炎症状。病牛呼吸困难，痛苦干咳，有泡沫状鼻汁，后呈脓性。胸部叩诊有浊音，有疼痛反应。肺部听诊有支气管呼吸音及水泡音，波及胸膜时有胸膜摩擦音。有的病牛，尤其是犊牛会出现严重腹泻，粪便带有黏液和血块。病程一般为3～7天。

3. 诊断

根据流行病学、症状和病变可对牛出血性败血症作出初步诊断。确诊有赖于病原学检查，可采集心血、肝、脾、淋巴结、乳汁、渗出液等涂片染色，还可进行分离培养。多杀性巴氏杆菌是一种细小、两端钝圆的球状短杆菌，多散在、不能运动、不形成芽孢。革兰染色阴性；用碱性美兰着染血片或脏器涂片，呈两极浓染（图6-19），血琼脂平板37℃培养18～24小时长成淡灰白色、闪光的露珠状菌落（图6-20）。

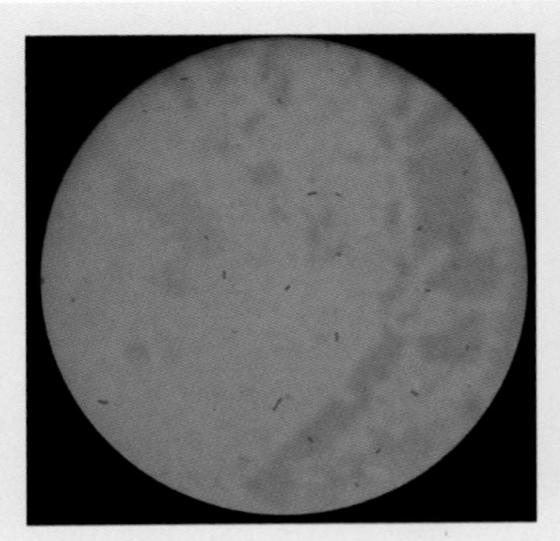

图6-19 巴氏杆菌美兰染色（胡士林 摄）

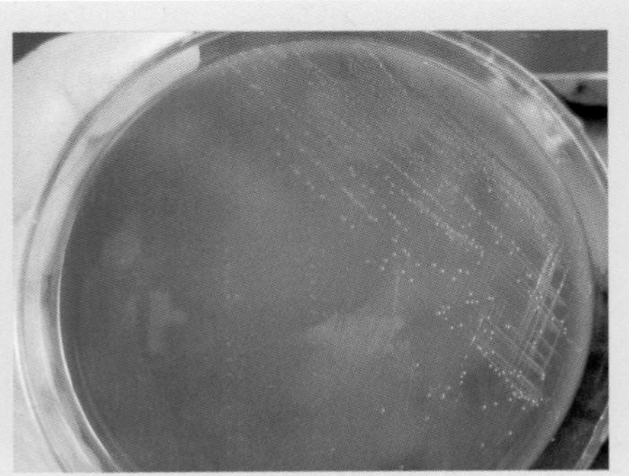

图6-20 巴氏杆菌菌落（胡士林 摄）

4. 防治

（1）预防措施　主要是加强饲养管理，消除发病诱因，增强抵抗力。加强牛场清洁卫生和定期消毒。每年春、秋两季定期预防注射牛出败氢氧化铝甲醛灭活苗，体重在100千克以下的牛，皮下注射或肌内注射4毫升，100千克以上者6毫升，免疫力可维持9个月。发现病牛立即隔离治疗，并进行消毒。

（2）治疗措施　早期应用血清、抗生素或抗菌药治疗效果好。血清和抗生素或抗菌药同时应用效果更佳。血清可用猪、牛出败二价或牛、猪、绵羊三价血清，作皮下注射、肌内注射或静脉注射，小牛20～40毫升，大牛60～100毫升，必要时重复2～3次；病愈牛全血500毫升静脉注射也可。抗生素常用土霉素8～15克，溶解在5%葡萄糖液1000～2000毫升中，静注，每日2次；10%磺胺嘧啶钠注射液200～300毫升，40%乌洛托品注射液5 毫升，加入10%葡萄糖溶液内静脉注射，每日2次；普鲁卡因青霉素300万～600万国际单位、链霉素300万～400万国际单位，肌内注射，每日1～2次；环丙沙星每千克体重2毫克，加入葡萄糖内静脉注射，每日2次。对症治疗对疾病恢复很重要，强心用10%樟脑磺酸钠注射液20～30毫升或安钠咖注射液20毫升，每日肌内注射2次；如喉部狭窄，呼吸高度困难时，应迅速进行气管切开术。

八、牛支原体肺炎

本病是由牛支原体引起的牛的一种具有接触传染性以坏死性肺炎为主要特征的传染病。临床上以呼吸系统症状为主，主要表现为发热、咳嗽、流鼻涕；剖检病变以坏死性肺炎为主（俗称“烂肺病”），可见明显坏死性、干酪样病灶。发病率为50%～100%，病死率高达10%～50%。

1.发生

牛支原体主要寄生在鼻腔，其次在乳腺。在环境中的存活力较其他支原体稍强，如在避免阳光直射条件下可存活数周。该病主要发生于6 月龄内犊牛，其中以1～2 月龄多发。国外有报道，在健康犊牛群中引入感染牛24小时后，就有犊牛从鼻腔中排出牛支原体，但大部分牛在接触感染牛7天后经鼻腔排出牛支原体。有的牛在接触感染牛2周后发病。感染牛支原体的牛可携带病原体数月甚至数年而成为一个传染源。主要传播途径是通过飞沫进行呼吸道传播，近距离接触、吮吸乳汁或生殖道接触等也可传播牛支原体。

牛支原体通常和其他病原体混合感染。常见的混合感染细菌有多杀性巴氏杆菌、化脓隐秘杆菌、溶血曼氏杆菌和昏睡嗜血杆菌。常见的混合感染病毒有牛疱疹病毒Ⅰ型或牛传染性鼻气管炎病毒、牛副流感病毒3型、牛病毒性腹泻病毒、牛呼吸道合胞体病毒、牛冠状病毒和牛呼肠孤病毒等。这些病毒可诱导免疫抑制，促使细菌性病原增殖并下行至肺，引致肺炎。长途运输、饲养方式、环境条件改变等应激因素是牛支原体肺炎的诱发因素。

2. 症状

发病初期体温升高至42℃左右，病牛精神沉郁，食欲减退，咳嗽，气喘，清晨及半夜或气温转凉时咳嗽剧烈，有清亮或脓性鼻汁（图6-21），严重者食欲废绝，病程稍长时患牛明显消瘦，被毛粗乱无光；有的患牛继发腹泻，粪水样或带血；有的患牛继发关节炎（图6-22），表现跛行、关节脓肿等症状；也有的病牛继发结膜炎，眼结膜潮红，有大量浆液性或脓性分泌物（图6-23）。严重者出现死亡，犊牛病情相对严重，病死率可达50％。

图6-21 脓性鼻汁
（胡士林 摄）

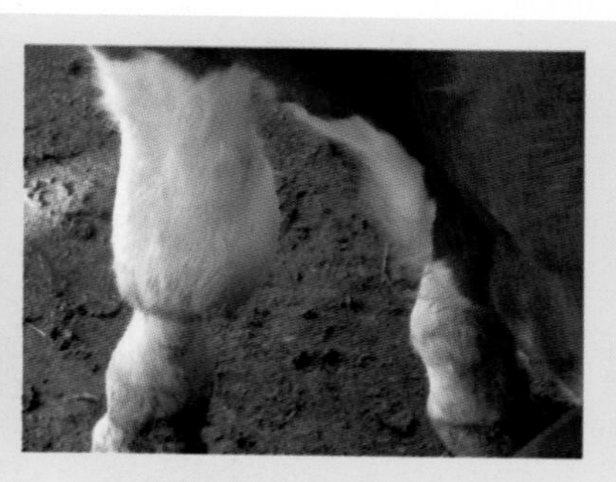

图6-22 关节肿胀
（胡士林 摄）

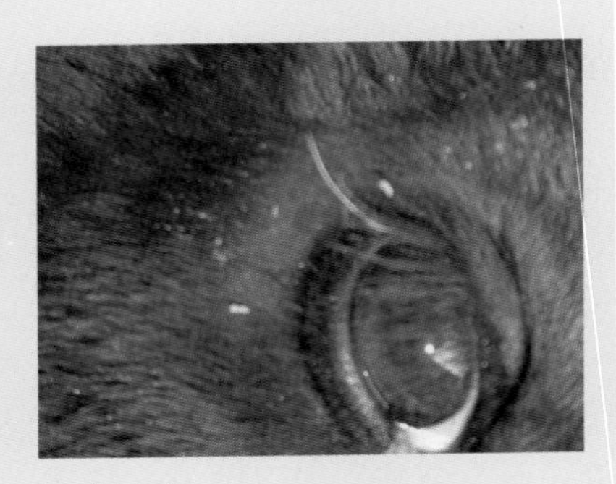

图6-23 结膜炎，流出黏液性分泌物 （胡士林 摄）

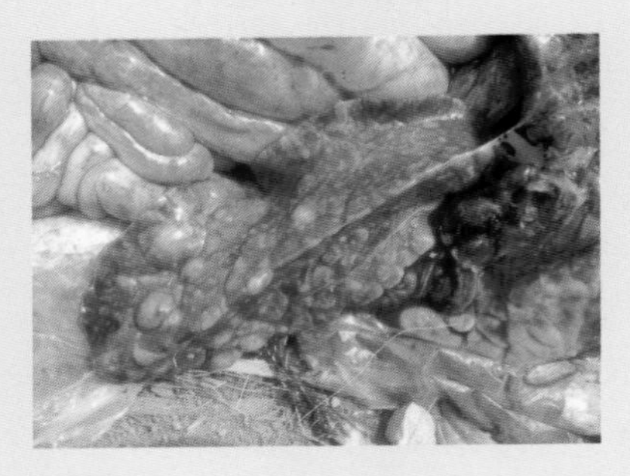

图6-24 肺部化脓性坏死灶 （胡士林 摄）

3. 病变

剖检病理变化主要集中在胸腔与肺部。肺和胸膜发生不同程度粘连，有少量积液；心包积水，液体黄色澄清；肺发生不同程度的病变，可能与病程及机体抵抗力有关。轻者可见肺尖叶、心叶及部分隔叶的局部红色肉变，或同时有化脓灶散在分布；严重者可见肺部广泛分布有干酪样或化脓性坏死灶，整个肺表面分布有大量黄白色、大小不一的结节状突起病灶（图6-24），小至绿豆大小，大至融合成一片，质地坚实，切面质脆。病牛的前胸和前肢皮下组织有黄绿色胶胨样物浸润；关节肿胀，关节腔内有大量黄绿色半透明液体。病理组织学观察可见支气管肺炎或化脓性坏死性肺炎，或凝固性坏死性肺炎的病理特征。

4. 诊断

根据流行特点和症状分析作出初步诊断。确诊可进行病原体的分离鉴定、血清学检测、基因诊断。

（1）病原分离鉴定　按照无菌操作规程将小块组织样本涂于类胸膜肺炎微生物（PPLO）和适当抗生素的固体培养基表面与体积分数为5%的CO_2的培养箱中，同时将小块组织样本投入到PPLO液体培养基中。2～3天后在光学显微镜低倍观察菌落形态，支原体菌落应具有“煎蛋样”典型特征，液体培养基由红色变为黄色且透亮。

（2）血清学检测　包括间接血凝试验、生长抑制试验及间接酶联免疫吸附试验等方法，用处理过的牛支原体全菌蛋白做包被抗原的间接ELISA是当今最主要的血清学检测方法。因血清中牛支原体抗体可以持续存在几个月，故血清学检测被认为是诊断牛支原体感染的手段之一，尤其对慢性感染或应用过抗生素的病例更加适合。

（3）基因检测方法　主要是PCR方法，具有高敏感性、特异性和准确性，可用于临床诊断和流行病学调查。

（4）免疫组化　免疫组化是一种敏感特异的鉴定病原的方法，该方法的主要优点在于可以检测到支原体抗原在体内的分布情况；特别是在其他方法表明牛支原体存在，但病原培养又为阴性时，免疫组化就显得更为重要。

5. 预防

虽然牛支原体是引起犊牛肺炎、乳腺炎和关节炎的主要致病菌，但目前还没有特别有效的牛支原体疫苗。

（1）加强牛群引进管理和检疫　不从疫区或发病区引进牛，尽量减少远距离运输，减少交易环节。牛群引进前应做好牛支原体病、牛结核、泰勒虫病等病的检疫检测，在产地完成预防接种，防止引进病牛或处于潜伏感染期的带菌牛。牛群引进后应进行隔离观察，确保无病后方可与健康牛混群，定期对牛群进行血清学检查以便及时掌握本病在牛群中的流行情况。在有条件的情况下，进行“自繁自养”，这是控制疾病流行较好的方法。育肥牛群采用全进全出制度，在空栏期要对牛舍进行彻底消毒。

（2）加强牛只的饲养管理，减少环境应激　保持牛舍通风良好、清洁、干燥。牛群密度适当，避免过度拥挤。不同年龄及不同来源的牛应分开饲养。适当补充精料与维生素及矿物质元素，保证日粮的全价营养。确保犊牛至少在运输前30天断奶，并已适应粗饲料与精饲料喂养。定期消毒牛舍，及时发现与隔离病牛，尽早诊断与治疗。

6. 治疗

“早诊断，早治疗”是有效控制本病的基本原则。早期应用牛支原体敏感的四环素类、替米考星或壮观霉素，对喹诺酮类药物（如环丙沙星、泰乐菌素类药物）也敏感。应充分考虑混合感染情况和牛体状况适时调整治疗方法。

九、肉牛运输应激综合征

1. 发生

肉牛运输应激综合征俗称“烂肺病”，是因长途贩运所致的多种应激原(如热、冷、风、雨、饥、渴、挤压、惊吓、颠簸、合群、调料、体力耗费、环境改变、潜在疾病等)导致机体抵抗力下降，病原微生物（如支原体、巴氏杆菌、大肠杆菌、副流感病毒、传染性鼻气管炎病毒等）乘虚而入，引起呼吸道、消化道乃至全身病理性反应的综合征。运输距离越长，应激反应越大；发病率高低与运输及饲养管理经验密切相关。肉牛运输应激综合征与其他传染病（如口蹄疫等）并发时，既损失惨重，又难以控制。双层车运输发病率高于单层车运输，小牛发病率明显高于大牛。

2. 症状

发病牛临床症状表现为体温升高、精神沉郁、食欲减退、被毛粗乱、咳嗽、气喘、流浆液性鼻液（图6-25）或脓性鼻液（图6-26）、腹泻、关节炎、血便、结膜炎、极度消瘦，甚至衰竭死亡。解剖后大部分牛肺部有干酪样坏死灶或化脓性坏死灶（图6-27），胸腔内有大量纤维性渗出液或脓性液体，有些

图6-25 流鼻液
(胡士林 摄)

图6-26 鼻孔流出痂块样脓性鼻涕说明肺部有溃烂（胡士林 摄）

图6-27 肺脓肿（胡士林 摄）

出现肺与胸腔粘连，以及消化道溃疡等。

3. 防制措施

本病的治本之策是自繁自养，避免长途运输。长途运输要做好综合防控措施。

（1）选好牛　找好交易市场和经纪人，选大牛（250千克以上）不选小牛（200千克以下）。选择经全面观察体温、大小便、饮食、反刍、精神、鼻头均无异常的牛。

（2）运输前的准备　备齐各种手续和出境证件。准备好运输工具，用前车辆严格消毒，车厢扎车架，车架要牢固、结实，护栏要高。车厢底部垫草或土，其中垫土效果好，沙壤土更好，厚度以15～20厘米为宜。尽量不用双层车（上层发病率高）。选择有经验的技术人员做运输牛只途中饲养管理，降低牛的应激反应。根据运输路程远近，准备适量的饲料和饮水。饲料以干草为主，每天按照3～4千克准备。运输前2～3天，每头牛每天口服或注射维生素A25万～100万国际单位。维生素A、维生素E、维生素C等能增强机体免疫力和抗感染能力。装运前3～4小时，停喂具有轻泻性的饲料（如麸皮、青绿饲料），不能过量饮水，否则容易引起牛只腹泻，排尿过多，污染车厢，增加体重损失。运输前2小时，喂口服补液盐2000～3000毫升，配方为：食盐3.5克、氯化钾1.5克、小苏打2.5克、葡萄糖20克，加凉开水至1000毫升。选择适宜的运输时间，长途运输引种时，宜选择春秋季节、风和日丽的天气进行。冬夏季节运输牛群时，要做好防寒保暖和降暑工作。密切注意天气预报，根据合适的气候情况决定运输时间。

（3）到场后的饲养管理　卸车入圈后先休息2～3小时。给牛创造舒适的环境，牛舍要干净、干燥，保持环境安静，不要立即拴系，尤其在原产地是散放的牛，一般应在到场后2～3周再考虑拴系比较好。第一次饮水量限制在15～20千克，加人工盐100克/头或少量麸皮；之后每隔3～4小时给予一次限制性饮水，饮水中可适量添加电解多维、黄芪多糖或微生态制剂。第一天限量饲喂优质干草，4～5千克/头。

第2天起可自由饮水，逐渐增加干草喂量，第4天起开始饲喂精饲料，每天1千克。第2周逐渐加料至正常水平，逐渐加喂酒糟和青贮。集中进行健康观察。饲草料过渡需2周以上。

第3周对过渡平稳的牛可实施驱虫或免疫。驱虫可用贝尼尔和阿苯达唑或伊维菌素，可分别进行。免疫主要是做好口蹄疫免疫。

（4）病牛及时隔离治疗　经过长途运输之后的牛，在到场后第2天往往会出现鼻镜发红，如无并发感染，此症状可在一周之内逐渐消退。运输应激综合征的发病一般从第2周开始。所以到场后的第1周应每天对牛群消毒2～3次，密切注意观察牛群，发现流鼻涕、发热牛应予立即隔离治疗。第2周每天消毒1～2次，以后酌情逐渐减少至每周1～2次。治疗病牛可用长效土霉素，每千克体重15～25毫克，或环丙沙星，每千克体重5～10毫克，肌内注射，连用1～2周。重症者可肌内注射地塞米松1～2次，每次10～20毫克。根据情况采取解热镇痛、止咳平喘、止血、止泻、补液、增强抵抗力等措施。

十、附红细胞体病

奶牛附红细胞体病是由牛温氏附红细胞体寄生于奶牛红细胞表面及血浆中引起的一种血液传染病。临床上以发热、贫血、黄疸为特征。

1. 发生

附红细胞体病的流行范围很广，无地域性分布特征。在我国，附红细胞体对人畜感染均存在，而且地域分布也很广，从东到西，从南到北，无明显的地区限制。附红细胞体对干燥和化学药剂抵抗力弱，一般常用消毒药在几分钟内即可将其杀死，但对低温抵抗力强。在4℃下保存可存活30天，−78℃保存可达100天以上。

附红细胞体的宿主有绵羊、山羊、牛、猪、马、驴、骡、狗、猫、鸡、兔、鼠、鸟类和人等。有人认为，附红细胞体有相对宿主特异性，感染牛的附红细胞体不能感染山羊、鹿和去脾的绵羊。本病的传播途径尚不完全清楚。传播方式有接触传播、血源传播、垂直传播及昆虫媒介传播等。本病多发于夏秋或雨水较多的季节，其他季节也有发生。

2. 症状

多数呈隐性经过，在受应激因素刺激下可出现临床症状。牛发病后，精神沉郁，食欲减退或废绝，体温41℃，呼吸急促，心跳加快，反刍和嗳气停止，流涎；可视黏膜苍白、黄染，血液稀薄、不易凝固。有时粪便带暗红色血液，尿呈淡黄色。妊娠牛发生流产、早产、胎衣不下等。

3. 病变

黏膜、浆膜黄染，肝、脾肿大，肝脏有脂肪变性，胆汁浓稠，肺、心、肾有不同程度的炎性变化。

4. 诊断

依据临床症状、剖检变化可作出初步诊断。确诊需进行实验室诊断。病原体检查可取感染附红细胞体的末梢血或静脉血，按常规方法制片，姬姆萨染色或瑞氏染色法染色，镜检

（图6-28）。附红细胞体形态多样，多数为环形、球形和卵圆形，少数呈顿号形和杆状。温氏附红细胞体多呈圆盘形，直径0.3 ～ 0.5微米。附红细胞体既可附着于红细胞表面，又可游离于血浆中。革兰染色阴性，姬姆萨染色呈紫红色，瑞氏染色为淡蓝色。诊断牛附红细胞体病主要应注意与梨形虫病、钩端螺旋体病相区别。

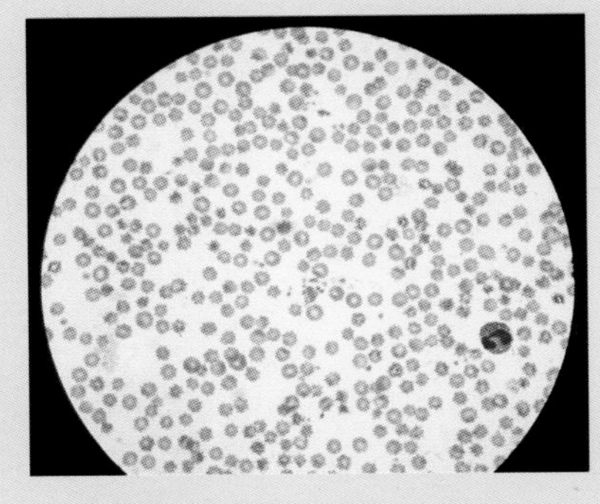

图6-28　牛附红细胞体病血液涂片染色（胡士林　摄）

5. 防治

（1）防制措施　加强饲养管理，保持畜舍适宜的温度、湿度，加强通风，保持空气清新，环境安定，减少应激因素。定期消毒驱虫，杀灭蚊、蝇、虱。做好针头、注射器的消毒工作，杜绝共用一个注射针头。

（2）治疗措施　可使用咪唑苯脲、血虫净（贝尼尔）、914、长效土霉素等药物进行杀虫，同时采取补液、强心等对症治疗措施。

十一、牛肠毒血症

牛梭菌性肠毒血症，又名软肾病，是一种急性毒血症，是由D型魏氏梭菌在牛肠道中大量繁殖产生毒素所引起的。其临床特征为腹泻、惊厥、麻痹和突然死亡。病变特征是肾脏软化如泥。

1. 发生

D型魏氏梭菌为革兰阳性菌，有芽孢，能产生外毒素。本属细菌以芽孢的形式广泛分布于自然界，各种动物特别是草食动物的肠道内、土壤表层尤其是动物粪便污染的土壤内都有大量菌体存在，可随尘埃飞扬散布。都能产生耐热的外毒素。致病力来自于外毒素。当条件适宜时，细菌快速繁殖并产生大量毒素。高浓度的毒素改变了肠道的通透性，毒素经肠道黏膜吸收进入血液，引起全身毒血症，发生中毒性休克死亡。过食、多雨季节、气候骤变、地势低洼、球虫感染等，都易诱发本病。

2. 症状

本病常发生于成年乳牛，犊牛较少发病。泌乳牛晚上一切正常，早晨已死亡的情况常有发生。病程急速，发病突然，出现症状后很快死亡。

临床症状分为两种类型：一类以抽搐为特征；另一类以昏迷和静静地死去为特征。抽搐型和昏迷型症状的区别主要与吸收毒素的多少有关。前者在死亡前奶牛倒地、四肢划动、肌肉震颤、眼球转动、磨牙，口水增多，头颈抽搐后仰，体温降低，反应迟钝，常在4小时内死亡。后者现步履蹒跚，侧身卧地，感觉迟钝，快速脱水，体温降低，在昏迷中死亡。

急性病例尿中含糖量增高达2% ～ 6%，具有一定诊断意义。

3. 病变

突然倒毙的病牛无可见特征性病变。通常尸体营养良好，死后迅速发生腐败。最特征性病变为肾表面充血，略肿，质脆软如泥（图6-29）。真胃和十二指肠黏膜常见急性出血性炎症（图6-30 ～图6-32），故有“血肠子病”之称。腹膜、膈膜和腹肌有大的斑点状出血。心内外膜小点出血（图6-33）。肝肿大，

图6-29 肠毒血症软肾
（胡士林 摄）

图6-30 肠毒血症空肠外观
（胡士林 摄）

图6-31 肠毒血症空肠内容物（胡士林 摄）

图6-32 肠毒血症真胃出血（胡士林 摄）

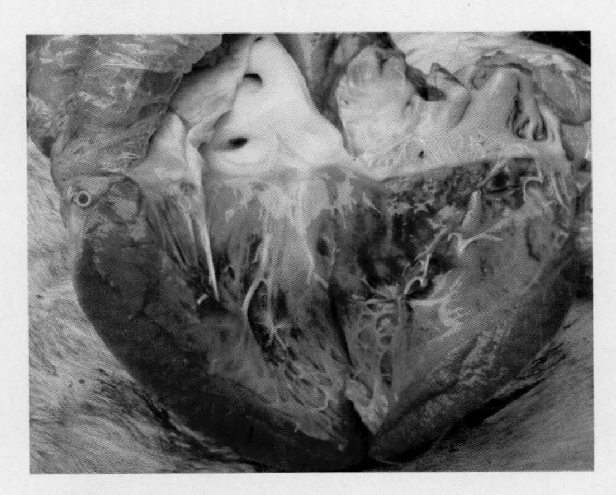

图6-33 肠毒血症心内膜出血（胡士林 摄）

质脆，胆囊肿大，胆汁黏稠。全身淋巴结肿大充血，胸腹腔有多量渗出液，心包液增加，常凝固。

4. 诊断

根据病史、体况、病程短促和死后剖检的特征性病变，可作出初步诊断。确诊有赖于细菌的分离和毒素的鉴定。

（1）采取病料　采取有严重炎症的一段回肠（约10厘米），两端结扎，保留肠内容物于其中。同时采取肝脏和脾脏作细菌学检查。

（2）毒素检查　取出内容物，可加生理盐水1～3倍稀释，滤纸过滤或3000转/分离心5分钟，取上清液，给家兔静脉注射2～4毫升。若肠内毒素含量高，小剂量可使实验动物于10分钟内死亡；若含量低，于注射后0.5～1小时卧下，表现轻度昏迷，呼吸加快，经1小时可能恢复。正常肠道内容物注射后不起反应。

5. 防治

（1）针对病因加强饲养管理，防止过食，精料、粗料、青料搭配，合理运动等。

（2）疫区应在每年发病季节前，注射梭菌Aipha-7联苗，皮下注射2毫升。3月龄犊牛首次免疫后需要在6月龄加强免疫一次，以后一年一次。

（3）急性病例常无法医治，病程缓慢的可采取抗毒、抗炎、保护心脏、解除代谢性酸中毒及大量补液等措施。

第三节　牛寄生虫病防治

一、蠕虫病

1. 肝片吸虫病

（1）发生　肝片吸虫病是由肝片吸虫寄生于牛、羊、鹿、骆驼等反刍动物的肝脏胆管中引起的蠕虫病。牛、羊等反刍动物为终末宿主，中间宿主为椎实螺。人可感染。肝片吸虫卵随牛、羊粪便排出，在温度、水和中间宿主椎实螺等条件满足的情况下，依次变成毛蚴、尾蚴、囊蚴。牛、羊吃了囊蚴就可感染肝片吸虫病。依次大量吃进囊蚴，可引起急性发病，多在夏、秋季。成虫引起的慢性发病，多在冬、春季节。南方温暖季节较长，感染季节也较长。多雨年份能促进本病的流行。

（2）症状

① 急性型　病初病牛精神沉郁，体温升高，很快发生贫血，肝区扩大，触压和叩打有痛感。结膜由潮红黄染转为苍白黄染。消瘦，腹水。常在3 ～ 5日死亡或转为慢性。

② 慢性型　病畜食欲减退或消失，逐渐消瘦，贫血，黏膜苍白，眼睑、颌下、胸下和腹下水肿，最后由于极度衰竭而死亡。

（3）诊断　如果是在本病的流行地区或该动物来自本病的流行地区，又在本病的发病季节，临床上表现长期消瘦、贫血、反复呈现消化不良，治疗效果不明显，即应考虑是否患有肝片吸虫病。动物死后剖检时，若在肝胆管内发现虫体即可确诊，虫体呈扁平叶状，活体为棕褐色，福尔马林浸泡后为灰白色（图6-34）。可取粪便用水洗沉淀法检查虫卵，虫卵为长椭圆形、黄褐色（图6-35）。

图6-34　肠肝片吸虫，经福尔马林浸泡之后颜色消退（胡士林 摄）

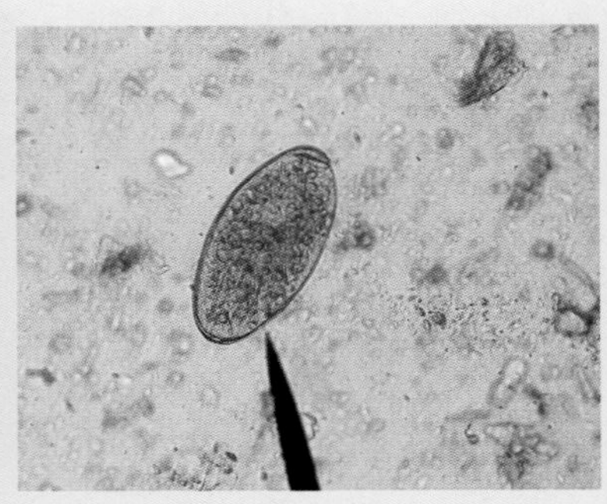

图6-35　肝片吸虫虫卵（胡士林 摄）

（4）治疗　可根据实际情况选用以下药物：三氯苯唑（肝蛭净），每千克体重10毫克，1次口服，该药对肝片吸虫成虫和幼虫均有高效。丙硫咪唑（抗蠕敏），每千克体重10～15毫克。

（5）预防　在本病流行地区，应尽量选择在高燥地带建立牧场和放牧。每年可在秋末冬初和冬末春初时期进行两次全群预防性驱虫。消灭中间宿主是防制本病的重要环节，可根据各种中间宿主的生物学特性采用化学、物理、生物等方法进行，但应充分考虑对环境的影响。对病畜和人应及时驱虫治疗。人畜粪便应尽量收集起来，进行生物热处理以消灭其中的虫卵。

2. 莫尼茨绦虫病

（1）发生　莫尼茨绦虫病是由莫尼茨绦虫寄生于牛、羊的小肠所引起的蠕虫病。虫卵随粪便排出，被中间宿主地螨吞食，在地螨体内发育形成似囊尾蚴。牛、羊在吃草时吞食了带有似囊尾蚴的地螨即可感染莫氏绦虫。本病主要危害1.5～8月龄犊牛。莫尼茨绦虫在我国的东北、西北和内蒙古的牧区流行广泛，在华北、华东、中南及西南各地也经常发生。

（2）症状　轻度感染时无明显临床症状。严重感染时，幼畜消化不良，便秘或腹泻。慢性臌气，贫血，消瘦。有的有神经症状，呈现抽搐、痉挛及回旋病样症状。有的由于大量虫体聚集成团，引起肠阻塞、肠套叠、肠扭转，甚至肠破裂。严重病例最后衰竭而死。

（3）诊断　根据流行地区资料，结合临床症状怀疑为本病时，注意观察粪便表面是否有黄白色孕卵节片，有者即可确诊。剖检小肠发现虫体或用药后虫体随粪便排出也可确诊，虫体乳白色，扁平带状，虫体分节，长为1～6米（图6-36）。取粪便用饱和盐水浮集法检

图6-36　莫尼茨绦虫
（胡士林 摄）

查虫卵，可见到特征性虫卵，虫卵呈不正圆形、四角形、三角形，卵内有梨形器。

（4）治疗　可选用丙硫苯咪唑，剂量为每千克体重10～20毫克，驱虫前应禁食12小时以上，驱虫后留于圈内24小时以上，以免污染牧场。氯硝柳胺（灭绦灵）每千克体重50毫克，制成10%混悬液灌服。

（5）预防　对犊牛，在春季放牧后4～5周进行成虫期前驱虫，间隔2～3周后再驱虫1次；成年牛每年可进行2～3次驱虫；放牧应避免到地螨容易滋生的有灌木丛或小树林的牧场。注意驱虫后粪便应做无害化处理。

3. 捻转血矛线虫病

（1）发生　捻转血矛线虫病是由捻转血矛线虫寄生于牛、羊皱胃引起的蠕虫病。虫卵随宿主粪便排出，污染土壤和牧场，在适宜的温度、湿度下，经数日发育成感染性幼虫（第三期幼虫）。牛、羊吞食了感染性幼虫后，幼虫在皱胃里经半个多月直接发育为成虫。捻转血矛线虫病在我国西北、内蒙古、东北广大牧区普遍流行。

（2）症状　病牛食欲减退，消瘦，贫血，精神委顿，放牧时离群。胃黏膜损伤、出血和炎症影响消化功能和吸收功能。严重感染时出现下痢，多黏液，有时混有血液，最后多因极度衰弱而死亡。

（3）诊断　本病无特征性症状，如果根据流行病学和慢性消耗性症状怀疑为本病时，应采取新鲜粪便检查虫卵，椭圆形，灰白色或无色，壳薄而光滑，内含16～32个胚细胞（图6-37）。剖检皱胃内发现虫体，呈细线状，雌虫吸血后，易见红色肠管被白色的生殖器官所缠绕的外观（图6-38）。

（4）治疗　可选用丙硫苯咪唑，每千克体重10～15毫克，1次口服；伊维菌素，每千克体重0.2毫克，皮下注射。

（5）预防　避免到低洼潮湿的牧场放牧。建立清洁的饮水点。合理地补充精料和矿物质，增强抵抗力，并有计划地进行分

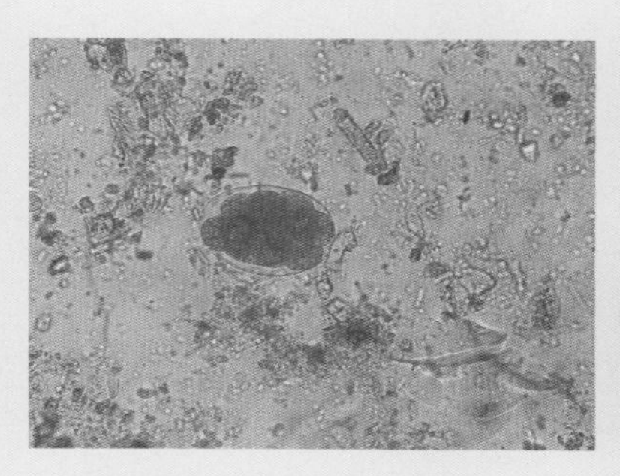

图6-37 捻转血矛线虫虫卵
（胡士林 摄）

图6-38 捻转血矛线虫
（胡士林 摄）

区轮牧。在严重流行地区，每年进行牧后和出牧前的全群驱虫。

二、蜘蛛昆虫病

1. 硬蜱

（1）发生 硬蜱俗称“壁虱”“草爬子”“狗豆子”，属节肢动物门、蛛形纲、蜱螨目、硬蜱科的虫体，是牛、羊等家畜体表的一类吸血性外寄生虫。虫体呈红褐色，背腹扁平，呈长卵圆形，绿豆粒大小，雌虫吸饱血后可胀大至花生仁大小（图6-39、图6-40）。硬蜱的发育属不完全变态，要依次经过卵、幼虫、若虫、成虫四个阶段。雌蜱饱血后落地产卵，产卵后死亡。

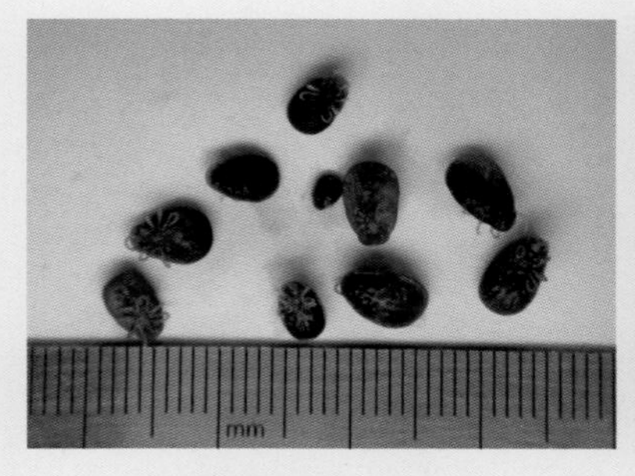

图6-39 硬蜱（一）
（胡士林 摄）

图6-40 硬蜱（二）
（胡士林 摄）

幼虫、若虫、成虫都需在动物体上吸血，对动物构成危害。

（2）危害　直接危害是吸血导致贫血、皮肤炎症，干扰正常采食和休息。唾液中的神经毒素可导致宿主运动神经传导障碍，引起上行性肌肉麻痹现象，称为蜱瘫痪，临床常见牛面神经麻痹。间接危害是可传播多种疾病。既有机械性传播（如鼠疫、布氏杆菌病、野兔热），又有生物性传播（如泰勒虫）。

（3）防制　畜体灭蜱主要采用药物灭蜱，在蜱活动季节，每天刷拭动物体。可选用0.05%～0.1%溴氰菊酯，大动物每头500毫升，小动物每头200毫升，每隔3周向动物体表喷洒1次。越冬之前可进行药浴。畜舍灭蜱把畜舍内墙抹平，向槽、墙、地面等裂缝撒杀蜱剂，用新鲜石灰、黄泥或水泥堵塞畜舍墙壁的缝隙和小洞。舍内经常喷洒药物，如0.05%～0.1%的溴氰菊酯、石灰粉、2%敌百虫水等，同时清除杂草和石块。

2. 螨病

（1）发生　疥癣病又称螨病、疥虫病、疥疮，俗称癞。是由疥螨科和痒螨科的虫体寄生于牛的皮内或皮表引起的一种慢性皮肤病。全部发育过程分为虫卵、幼虫、若虫、成虫四个阶段，平均15～21天完成一个发育周期。牛疥螨寄生于皮肤的深层，牛痒螨寄生于皮肤的表面。病牛与健康牛互相接触感染是主要的感染方式，也可通过带有螨虫或螨卵的饲槽、饮水器、鞍具等进行传播。流行季节自秋末开始，冬季和春季是主要发病季节。饲养管理不当是螨病流行的重要诱因，当畜舍阴暗潮湿、畜群过于拥挤、牛皮肤卫生状况不良、营养缺乏、体质瘦弱等都能诱发螨病（动物体表常有螨虫潜伏），且使病情更加严重。

（2）症状　剧痒，患部皮肤渗出、脱毛、老化、形成痂皮以及逐渐向外周蔓延，迅速消瘦是其共同症状。牛痒螨病初期见于颈、肩和垂肉，严重时波及全身，病牛常舔患处，其痂垢较硬并有皮肤增厚现象（图6-41）。牛疥螨病多始于牛的面部、尾根、颈、背等被毛较短处，后逐渐蔓延至全身。

（3）诊断　根据临床症状、流行病学资料进行综合分析，

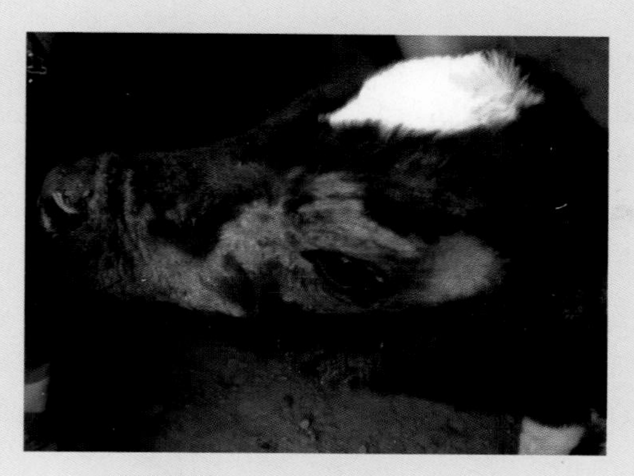

图6-41 螨病症状（胡士林 摄）

作出初步诊断。确诊需在患病部位的边缘刮取皮屑进行病原检查。刮取皮屑时，需将皮肤刮至冒血为止。疥螨近似圆形，0.3 ～ 0.5毫米。附肢粗短，第三、四对附肢不伸出体缘之外（图6-42）。痒螨近似椭圆形，0.5 ～ 0.9毫米。附肢细长而突出虫体边缘（图6-43）。

（4）防治　局部涂擦常用2%敌百虫溶液，0.1% ～ 0.2%杀虫脒溶液，0.1%溴氰菊酯水溶液。全身用药可用伊维菌素，每

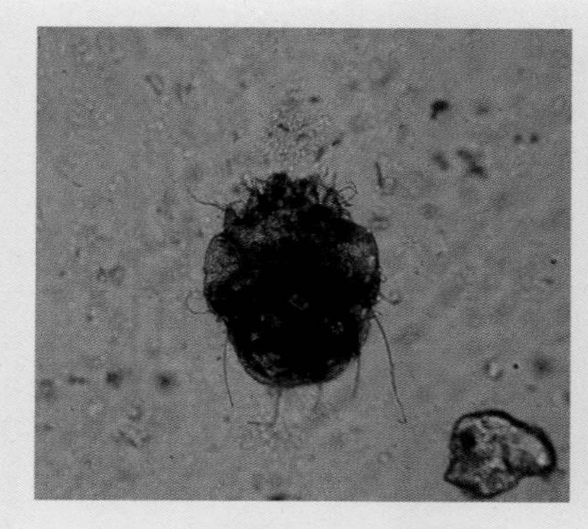

图6-42 疥螨（胡士林 摄）

图6-43 痒螨（胡士林 摄）

千克体重0.2毫克颈部皮下注射，碘硝酚每千克体重10毫克。要经常检查畜群有无发痒、掉毛现象，及时发现，隔离饲养并治疗。引入家畜应严格检查，事先了解有无螨病的发生和存在，并隔离，确实无螨再并入群中。畜舍应宽敞、干燥、透光、通风良好；畜群数量适中，密度适宜；注意消毒和清洁卫生。

3. 牛皮蝇蛆病

牛皮蝇蛆病是由皮蝇科、皮蝇属昆虫的幼虫寄生于牛的皮下而引起的一类蝇蛆病。临床上以皮肤痛痒、局部结缔组织增生和皮下蜂窝织炎为特征。

（1）病原　有2种，即牛皮蝇和纹皮蝇。成虫较大，体长各15毫米、13毫米，有足3对和翅1对，体表被有密绒毛，翅呈淡灰色，外观似蜜蜂。口器退化，不能采食，也不叮咬牛只。虫卵黄白色。第三期幼虫呈深褐色，长25 ～ 28毫米，外形较粗壮，体分11节，无口前钩，体表有很多节和小刺，最后两节腹面无刺，有2个后气孔，气门板为漏斗状，色泽随虫体渐趋成熟，由淡黄色、黄褐色变为棕褐色。

（2）发育史　两种皮蝇的发育规律大致相同。属完全变态。成虫野居，营自由生活，不采食，也不叮咬动物，只是飞翔、交配、产卵，成蝇仅生活5 ～ 6天，在牛的被毛上产完卵后即死亡。牛皮蝇的虫卵单个黏附在牛毛上，而纹皮蝇的虫卵则成串粘在牛毛上。虫卵经4 ～ 7天孵出第一期幼虫，幼虫由毛囊钻入皮下。第二期幼虫（图6-44）沿外围神经的外膜组织移行2个月后到椎管硬膜的脂肪组织中，在此停留约5个月，尔后从椎间孔爬出，到腰背部皮下（少数到臀部或肩部皮下）成为第三期幼虫

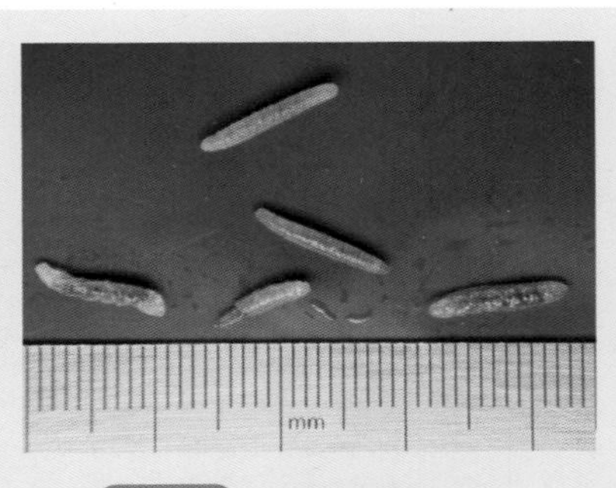

图6-44　牛皮蝇二期幼虫
（胡士林 摄）

（图6-45），在皮下形成指头大瘤状突起，上有0.1 ～ 0.2毫米的小孔。第三期幼虫长大成熟后从牛皮中钻出，落地入土化蛹，蛹期1 ～ 2个月，最后蛹可化为成虫（图6-46），整个发育期为1年。

图6-45 牛皮蝇三期幼虫
（胡士林 摄）

图6-46 牛皮蝇成虫
（胡士林 摄）

（3）流行病学　牛皮蝇成蝇的出现时间随季节、气候不同而略有差异，一般牛皮蝇成虫出现于6 ～ 8月，纹皮蝇成虫则出现于4 ～ 6月。成蝇一般在晴朗无风的白天侵袭牛只，在牛毛上产卵。

（4）症状　成虫虽不叮咬牛，但雌蝇飞翔产卵时可引起牛只恐惧不安而使正常的生活和采食受到影响，日久牛只变消瘦，有时牛只出现“发狂”症状，偶尔跌伤或孕畜流产。幼虫钻入皮肤，引起皮肤痛痒，精神不安，幼虫在体内移行，造成移行部组织损伤，特别是第三期幼虫在背部皮下时，引起局部结缔组织增生和皮下蜂窝织炎，有时继发感染可化脓形成瘘管，直到幼虫钻出，才开始愈合。皮蝇幼虫的毒素，可引起贫血，患畜消瘦，肉质降低，乳畜产乳量下降，背部幼虫寄生处留有瘢痕，影响皮革价值。个别患畜幼虫误入延脑或大脑脚寄生，可引起神经症状，甚至造成死亡。偶尔可见幼虫引起的变态反应。

（5）诊断　幼虫出现于背部皮下时，易于诊断。最初在牛背部皮肤上可触诊到隆起，上有小孔，隆起内含幼虫，用力挤压出虫体，即可确诊。

（6）治疗　消灭幼虫可用药物或机械方法，采用手指挤压或向肿胀部及小孔内涂擦或注入2%敌百虫、4%蝇毒磷、皮蝇磷等药物，以杀灭幼虫，防止幼虫落地化蛹。皮下注射伊维菌素，每千克体重0.2毫克，有良好的治疗效果。

（7）预防　在牛皮蝇、纹皮蝇产卵季节经常擦拭牛体，可减少感染。

三、梨形虫病

1. 牛环形泰勒虫病

（1）发生　牛环形泰勒虫病是由牛环形泰勒虫寄生于牛巨噬细胞、淋巴细胞和红细胞引起的原虫病。牛环形泰勒虫病是一种季节性很强的地方性流行病，流行于西北、华北、东北地区。多呈急性经过，发病率高，死亡率高。传播媒介为残缘璃眼蜱，是圈舍蜱。本病多发于舍饲牛，每年5～8月多发，6～7月为高峰期。1～3岁牛发病多，犊牛和成牛多为带虫者，带虫免疫不稳定，从非疫区引入的牛易于发病且病情严重。

（2）症状　潜伏期14～20天，多呈急性经过。体温升高，40～42℃，呈稽留热。体表淋巴结肿大，并有疼痛感。食欲废绝，异食，呼吸、心跳加快。可视黏膜除充血、肿胀外，后苍白、黄染，伴有出血斑点，红细胞低至200万～300万/毫米^3。粪干而黑，有时带黏液和血，后期腹泻，迅速消瘦。病情恶化时，在眼睑、尾根等皮肤较薄处可见粟粒至扁豆大的深红色出血斑点。慢性病牛长期消瘦，生产性能低下。

（3）诊断　根据流行病学特点、临诊症状、病理变化作出初步诊断，确诊须做血液寄生虫学检查。耳背处剪毛、消毒，用消毒过的针头或小宽针刺破静脉，取冒出的第二滴血，按常规推制成血片并晾干。姬氏染色，用油镜镜检，寄生于红细胞内的配子体有环形、椭圆形、逗点形、杆形、十字形等，但环形泰勒虫以环形和卵圆形为主。淋巴结穿刺涂片检查石榴体，寄生于巨噬细胞和淋巴细胞内进行裂体增殖所形成的多核虫体，呈圆形、椭圆形或肾形。病死牛剖检可发现皱胃黏膜充血、肿胀，溃疡中央凹下呈暗红色或褐红色，周围黏膜充血、出血，构成细窄的暗红色带（图6-47、图6-48）。

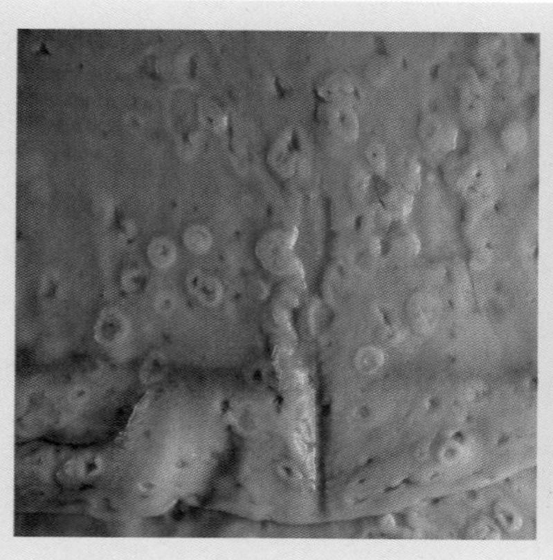

图6-47 皱胃溃疡，福尔马林浸泡标本(胡士林 摄)

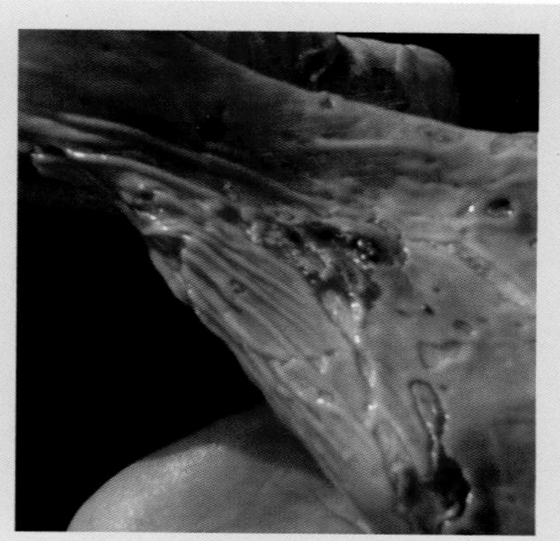

图6-48 皱胃溃疡(胡士林 摄)

（4）治疗 贝尼尔（三氮脒、血虫净），每千克体重7毫克，配成7%溶液，深部肌内注射，每天1次，连用3天。磷酸伯氨喹啉，每千克体重0.75毫克，口服，每天1次，连服3天。抗菌消炎、退热、输血、止血、强心、补液。输血：500～2000毫升/头，每天或隔天一次，3～5次。

（5）预防 牛环形泰勒虫裂殖体胶冻细胞苗，接种20天后产生免疫力，免疫期在1年以上。仅限在流行区使用。在流行区内，根据发病季节，在发病前使用磷酸伯氨喹啉或三氮脒，预防期约1个月，亦有较好的效果。灭蜱以及在发病季节应尽量避开山地、次生林地等蜱滋生地放牧。在引进牛时，应进行体表蜱及血液寄生虫学检查，防止将蜱和虫体带入。

2. 牛巴贝斯虫病

（1）发生　牛巴贝斯虫病是由双芽巴贝斯虫和巴贝斯虫寄生于动物的红细胞内引起的血液原虫病。牛双芽巴贝斯虫和牛巴贝斯虫在我国传播者为微小牛蜱。放牧牛群多发生，舍饲牛发病较少。多在7～9月发生和流行。2岁以内的犊牛发病率高，但症状轻，死亡率低；成年牛发病率低，但症状较重，死亡率高。当地牛对本病有抵抗力，良种牛和外地引入牛易感性较高，症状严重，病死率高。

（2）症状　潜伏期为8～15天。病初表现高热稽留，体温可达40～42℃，脉搏和呼吸加快，精神沉郁，食欲减退甚至废绝，反刍迟缓或停止，便秘或腹泻，乳牛泌乳减少或停止，妊娠母牛常发生流产。病牛迅速消瘦，贫血，黏膜苍白或黄染（图6-49）。由于红细胞被大量破坏而出现血红蛋白尿（图6-50），尿色可由淡红色、深红色逐渐加深至酱油色。治疗不及时的重症病牛可在4～8天死亡，死亡率可达50%～80%。慢性病例，体温在40℃上下持续数周，食欲减退，渐进性贫血和消瘦，需经数周或数月才能健康。幼龄病牛中度发热仅数日，轻度贫血或黄染，退热后可康复。

（3）诊断　根据流行病学特点、临诊症状、病理变化作出

图6-49　黄染
（秦贞福 摄）

图6-50　血红蛋白尿（引自潘耀谦 奶牛疾病诊治彩色图谱）

初步诊断。确诊须做血液寄生虫学检查。采血与染色方法同牛环形泰勒虫病。双芽巴贝斯虫每个红细胞内有1～2个虫体，多位于红细胞中央。典型的双梨籽形虫体以其尖端相连呈锐角。牛巴贝斯虫每个红细胞内多为1～3个虫体，多位于红细胞边缘。典型的双梨籽形虫体以其尖端相连呈钝角。

（4）治疗　咪唑苯脲，每千克体重1～3毫克，配成10%的水溶液肌内注射。三氮脒（贝尼尔、血虫净），每千克体重3.5～3.8毫克，配成5%～7%的溶液深部肌内注射。及时辅以退热、强心、补液、健胃等对症疗法对于病牛的康复十分重要。

（5）预防　夏、秋季可用1%～2%敌百虫溶液喷洒。避免在蜱易滋生的草地上放牧，必要时改为舍饲，铲除牛舍附近的杂草，喷洒灭蜱药物。在发病季节，可用咪唑苯脲进行预防，预防期一般为3～8周。对外地调进的牛，特别是从疫区调进时，一定要检疫后隔离观察，患病者或带虫者应进行隔离治疗。

第四节　牛营养代谢病防治

一、酮病

1. 发生

酮病是碳水化合物和脂肪代谢紊乱所引起的一种全身功能失调的代谢性疾病。

（1）原发性营养性酮病　即饲料供应过少，饲料品质低劣、饲料单纯，日粮处于低蛋白质、低能量的水平下，致使母畜不能摄取必需的营养物质，所以也称为消耗性、饥饿性酮病。

（2）自发性酮病　指按正常饲养方式饲喂，日粮处于高能量、高蛋白质的条件下，这种在饲料充足而又高产的奶牛发生的酮病，称之为“有生产者的醋酮血病”。这类酮病的发生可能与机体消化、代谢功能障碍有关，即不能使摄入的充足的碳水化合物转变为葡萄糖所致。

（3）继发性酮病　奶牛由于患前胃弛缓、瘤胃臌气、创伤性网胃炎、真胃移位、胃肠卡他、子宫炎、乳腺炎及其他产后疾病，往往引起母牛食欲减退或废绝，由于不能摄取足够的食物，机体得不到必需的营养所致。

（4）食物性或生酮性酮病　饲料性质能引起酮病的发生。当供给含丁酸多的饲料，所含丁酸经瘤胃壁或瓣胃壁吸收后引起发病。青贮饲料比干草含生酮物质要多，而由多汁饲料制成的青贮饲料含生酮物质高于其他青贮饲料。

2. 症状

（1）临床型酮病　根据症状表现不同可分为消化型和神经型两种。通常同时存在。

① 消化型　主见食欲降低或废绝。病初，病牛食欲减退，乳产量下降。通常先拒食精料，尚能采食少量干草，继而食欲废绝；异食，患牛喜喝污水、尿汤，舔食污物或泥土；反刍无力，口数不定，或少于30次，或多于70次，瘤胃弛缓、蠕动微弱；粪便干而硬、量少；有的伴发瘤胃臌胀；体重明显减轻，消瘦，皮下脂肪消失，皮肤弹性减退；精神沉郁，对外反应微弱，不愿走动。体温、脉搏、呼吸正常；随病时延长，体温稍有下降（37.5℃），心跳增速（100次/分钟），重症患牛全身出汗，似水洒身，尿量减少，呈淡黄色水样，易形成泡沫，有特异的丙酮气味。乳量下降，轻症者呈持续性；重症者，乳量突然骤减或无乳，并具有特异的丙酮气味。一旦乳量下降后，虽经治愈，但乳产量多不能完全恢复到病前水平。

② 神经型　主见有神经症状。病状突然发作，特征症状是患牛不认其槽，于棚内乱转；目光怒视，横冲直撞，四肢叉开或相互交叉，站立不稳，全身紧张，颈部肌肉强直，兴奋不安，也有的举尾于运动场内乱跑，阻挡不住，饲养员称之为“疯牛”；空嚼磨牙，流涎，感觉过敏，乱舔食皮肤，吼叫，震颤，神经症状发作持续时间较短，为1～2小时，但8～12小时后，

仍有再次复发现象；有的牛不愿走动，呆立于槽前，低头耷耳，眼睑闭合，似睡样，对外反应淡漠，呈沉郁状（图6-51）。

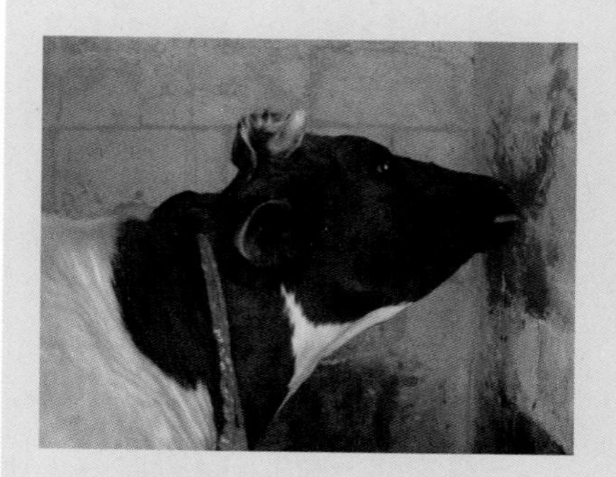

图6-51 神经型酮病
（秦贞福 摄）

（2）亚临床型酮病　仅见酮体升高和低血糖，也有部分牛血糖在正常范围内，缺乏明显的临床症状；或者仅见乳产量有所下降，食欲降低，进行性消瘦是其重要特征，呈慢性经过，病程可持续1～2个月，尿检酮体定性反应为阳性或弱阳性。

3. 诊断

确诊时应对病牛作全面了解，要询问病史、查母牛产犊时间、产乳量变化及日粮组成和喂量，同时对血酮、血糖、尿酮及乳酮作定量和定性测定，要全面分析，综合判断。

（1）酮粉法　亚硝基铁氰化钠、无水碳酸钠、硫酸铵按照1 ∶ 20 ∶ 20的比例研磨，混匀，棕色瓶避光保存（可以保存两个月）。取酮粉2克，滴加2～3滴尿液，5分钟内观察尿液颜色变化，变为深紫红色者为阳性。

（2）羟丁酸脱氢酶法（图6-52）。

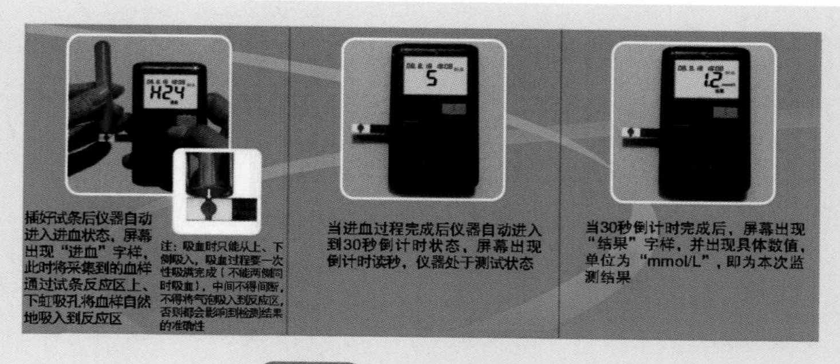

图6-52 羟丁酸脱氢酶法

4. 防治

（1）治疗原则　提高血糖浓度，减少脂肪动员，促进酮体的利用，增进瘤胃的消化功能，提高采食量。

（2）治疗方法　常用的方法有以下几种。

① 替代疗法　即葡萄糖疗法，静脉注射50%葡萄糖500～1000毫升，对大多数病牛有效。因一次注射造成的高血糖是暂时性的，其浓度维持仅2小时左右，所以应反复注射。

② 激素疗法　应用促肾上腺皮质激素（ACTH）200～600国际单位，一次肌内注射。可的松1000毫克肌内注射对本病效果较好，注射后40小时内，患牛食欲恢复，2～3天后泌乳量显著增加，血糖浓度增加，血酮浓度降低。

③其他疗法　对神经性酮病可用水合氯醛内服，首次剂量为30克，随后用7克，每日两次，连服数日。提高碱储，可用5%碳酸氢钠液500～1000毫升，一次静脉注射。

（3）预防措施

① 加强干奶期母牛的饲养　应防止干奶期母牛过肥，应限制或降低高能浓厚饲料的进食量，增加干草喂量。

② 分群管理　根据奶牛不同生理阶段进行分群管理，同时应随时调整营养比例。饲料要稳定，防止突然变更；饲料品质要好，严禁饲喂发霉变质饲料。

③ 加强运动，增加全身张力　舍饲母牛每日必须有一定的运动时间，减少产后子宫弛缓、胎衣不下的发生，增进食欲。

④ 建立酮体监测制度　对乳酮、尿酮应定期检查。产前10天，隔1～2天测尿酮pH值一次；产后1天可测尿pH值、乳酮。隔1～2天测一次，凡阳性反应，除加强饲养外，立即对症治疗。

⑤ 定期补糖、补钙　对年老、高产、食欲缺乏及有酮病病史的牛只，于产前1周开始补20%葡萄糖液和20%葡萄糖酸钙液各500毫升，一次静脉注射，每日或隔日一次，共补2～4次。

二、生产瘫痪

1. 发生

生产瘫痪也称乳热和临床分娩低钙血症。

奶牛生产瘫痪与其体内钙的代谢密切相关，血钙下降为其主要原因。导致血钙下降的原因主要有：钙随初乳丢失量超过了由肠吸收和从骨中动员的补充钙量；由肠吸收钙的能力下降；从骨骼中动员钙的储备的速度降低。奶牛生产瘫痪是一种相当独特的内分泌功能紊乱，营养水平很大程度上又影响着钙-激素的调节。因此，饲养管理不当是引起本病发生的根本原因，具体表现是日粮不平衡，钙、磷含量及其比例不当。

2. 症状

（1）典型生产瘫痪

① 前驱症状　呈现出短暂的兴奋和搐搦。病牛敏感性增强，四肢肌肉震颤，食欲废绝，站立不动，摇头、伸舌和磨牙。行走时，步态踉跄，后肢僵硬，共济失调，易摔倒。被迫倒地后，兴奋不安，极力挣扎，试图站立，当能挣扎站起后，四肢无力，步行几步后又摔倒卧地。也有见只能前肢直立，而后肢无力者，呈犬坐样（图6-53）。

② 瘫痪卧地　几经挣扎后，病牛站立不起便安然卧地。卧地有伏卧和躺卧两种姿势。伏卧的牛四肢缩于腹下，颈部常弯向外侧，呈“S”状（图6-54），有的常把头转向后方，置于一侧肋部，或置于地上，人将其头部拉向前方后，松手又恢复原状。躺卧病牛，四肢直伸，侧卧于地。鼻镜干燥，耳、鼻、皮肤和四肢发凉，瞳孔散大，对光反射减弱，对感觉反应减弱至消失，肛门松弛，肛门反射消失。尾软弱无力，对刺激无反应，系部呈佝偻样（图6-55）。体温可低于正常体温，为37.5 ～ 37.8℃。心音微弱，心率加快可达90 ～ 100次/分钟。瘤胃蠕动停止，粪便干、便秘。

③ 昏迷状态　精神高度沉郁，心音极度微弱，心率可增至

图6-53 犬坐样姿势（秦贞福 摄）

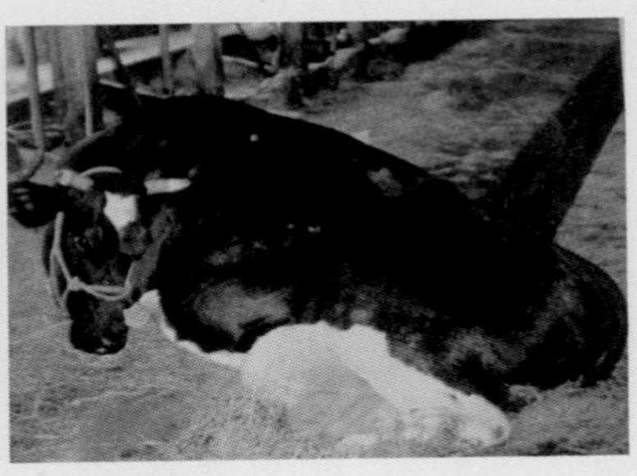

图6-54 瘫痪（引自潘耀谦 奶牛疾病诊治彩色图谱）

图6-55 瘫痪，系部呈佝偻样（引自肖定汉 奶牛病学）

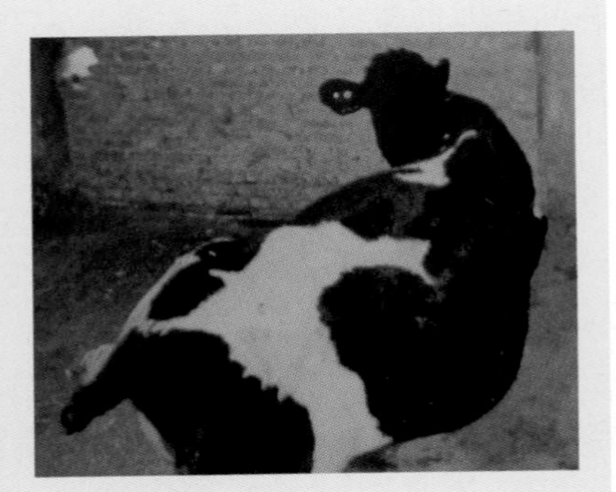

图6-56 非典型性生产瘫痪（引自肖定汉 奶牛病学）

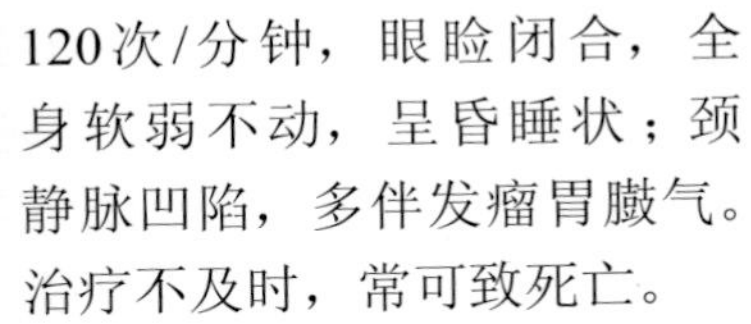

120次/分钟，眼睑闭合，全身软弱不动，呈昏睡状；颈静脉凹陷，多伴发瘤胃臌气。治疗不及时，常可致死亡。

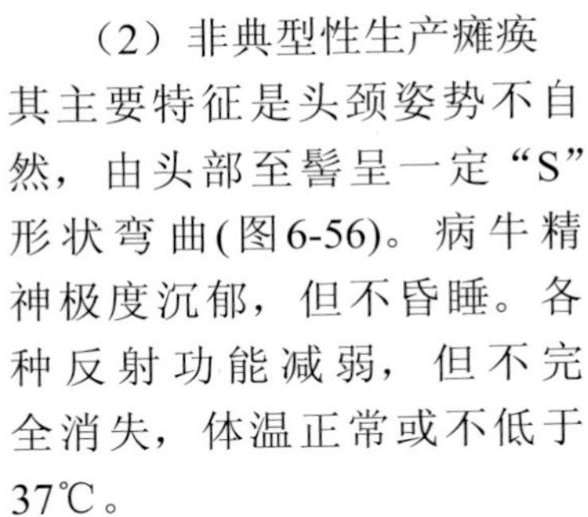

（2）非典型性生产瘫痪 其主要特征是头颈姿势不自然，由头部至髻呈一定“S”形状弯曲(图6-56)。病牛精神极度沉郁，但不昏睡。各种反射功能减弱，但不完全消失，体温正常或不低于37℃。

3. 诊断

产犊后不久发病，常在产后1～3天瘫痪；体温低于正常，38℃以下；心跳加快至100次/分钟；卧地后知觉消失、昏睡、便秘、系部佝偻等，根据上述特征可作出初步诊断。

4. 治疗

（1）钙剂疗法　常用的是20%～25%葡萄糖酸钙液500～800毫升，或2%～3%氯化钙液500毫升，一次静脉注射，每日2次或3次。典型的产后瘫痪病牛在补钙后，表现出肌肉震颤、打嗝、鼻镜出现水珠、排粪、全身状况改善等。多次使用钙剂而效果尚不显著者，可用15%磷酸二氢钠注射液200～500毫升、硫酸镁注射液150～200毫升，一次静脉注射。与钙交替使用，能促进痊愈。

（2）乳房充气法　将患牛乳房洗净，外露4个乳头，用酒精棉球擦净乳头，将消毒过的导乳管插入乳头内，并接乳房送风器，向内打气。打气时先向接近地面的乳区内打气，然后再向上面的乳区内打气。为防止注进的空气逸出，打满气的乳区将其乳头用绷带扎紧。打入气体量以乳房皮肤紧张，乳区界线明显为准。气体量不足，影响疗效；气体量过多，易引起乳腺腺泡损伤。

5. 预防措施

（1）加强干奶期母牛的饲养，增强机体的抗病力，控制精饲料喂量，防止母牛过肥。

（2）充分重视矿物质钙、磷的供应量及其比例。一般认为，饲料中钙、磷比在2∶1的范围。

（3）加强对临产母牛的监护，提早采取措施，阻止病牛的出现。

（4）注射维生素D_3。对临产牛可在产前8天开始肌内注射维生素D_3制剂1000万国际单位，每日一次，直到分娩为止。

（5）静脉补钙、补磷。对于年老、高产及有瘫痪病史的牛，产前7天静脉补钙、补磷有预防作用。其处方是：10%葡萄糖酸钙1000毫升、10%葡萄糖液2000毫升、5%磷酸二氢钠液500毫升、氢化可的松1000毫克、25%葡萄糖液1000毫升、10%安钠咖注射液20毫升，一次静脉注射。

三、骨软症

1. 发生

骨软症是成年动物钙、磷代谢障碍的一种慢性全身性疾病。主要由于饲料中磷含量不足，导致钙、磷比例不平衡而发生骨软症。随泌乳量增加，饲养管理不当，发病增多。以年老而又高产的母牛易发。

2. 症状

病初无明显症状；患牛异食，常舔食墙壁、牛栏、泥土，喝粪汤尿水，或有时食欲降低、降乳、发情配种延迟等；当脱钙时间持续，则见骨骼变形，表现为尾椎被吸收，最后第1尾椎或第2尾椎吸收消失，甚至多数尾椎排列不齐、变软或消失。蹄生长不良，磨灭不整，蹄变形，呈翻蜷状。严重者，两后肢跗关节以下，向外倾斜，呈“X”形(图 6-57)，患畜弓腰，后肢抽搐，常见提肢弹腿。患畜两后肢伸于后方，不愿行走，行走时，呈拖拽其两后肢状，饲养员通常称其为“翻蹄亮掌拉拉胯”。蹄质变疏、呈石灰粉末状，跛行。经常卧地不起，步行时常可听到肢关节有破裂音，即“吱吱”声。弓腰，拉胯，后肢摇摆。

图6-57 骨软症，两后肢呈“X”形（秦贞福 摄）

3. 诊断

据其症状，如蹄变形、尾椎吸收、后肢抽搐、乳量下降、胎次高的奶牛易发，并结合饲料调查分析饲料中钙、磷含量不足及两者之间的比例不当可以确诊。长骨X线检查，显示骨质密度降低，皮层变薄，最后1～2尾椎骨被吸收而消失。

4. 治疗

（1）饲料可补磷酸氢钙，每日30 ～ 50克，连服数日。

（2）静脉注射20%磷酸二氢钠液300 ～ 500毫升或3%次磷酸钙液1000毫升，每日一次，连续注射5 ～ 7天。

（3）维生素AD注射液15000 ～ 20000国际单位、维丁胶性钙20毫升，一次肌内注射，隔日一次，连续3 ～ 5天。

5. 预防

（1）奶牛饲养过程中，应充分重视矿物质的供应与比例，其钙磷比以1.4 ： 1为宜。

（2）对于已发现脱钙现象而表现出症状的高产牛为防止疾病恶化，促使机体恢复，可提早停乳。

（3）为保证蹄的健康，防止蹄变形加剧，坚持定期修蹄。

（4）日粮呈高精料而干草、块根缺乏，易引起酮病的发生。由于酮病的发生可继发骨质营养不良。所以应控制日粮，防止和减少酮病的发生，减少继发性骨质营养不良的出现。

四、佝偻病

1. 发生

佝偻病是指犊牛在生长过程中，由于矿物质钙、磷和维生素D缺乏所致的成骨细胞钙化不全、软骨肥大及骨骺增大的营养不良性疾病。

仔畜断乳过早，饲喂缺乏维生素D的饲料，日光照射不足以及消化道疾病等，都可导致维生素D缺乏。此时，机体对钙、磷的吸收减少，随粪尿排出的钙、磷增加，导致血清钙、磷的水平降低，焦磷酸酶、成骨细胞及破骨细胞的活性降低，故使磷酸钙难以在骨间质中沉积而不能将骨基质转化为骨质，发生佝偻病。

2. 症状

一般表现：精神沉郁，消化功能紊乱，异食癖，如舐墙壁、食褥草、吃粪、喝尿及污水。营养不良，消瘦，贫血，生长发育缓慢。

特征变化：四肢各关节肿大，特别是腕关节和跗关节最为明显，四肢长骨弯曲变形，肋和肋软骨连结处肿大呈串珠样；脊柱变形；由于骨及关节的变化，从而影响全身的变化。站立时，拱背。两前肢腕关节外展呈“O”形；两后肢跗关节向内收呈“X”状，运步强拘，起立和运动困难，跛行，喜卧不起，牙齿发育不良，咀嚼困难；胸廓变形，鼻、上颌肿大、隆起，颜面增宽，呈“大头”。呼吸困难。重病牛有神经症状，搐搦，痉挛，易发生骨折，韧带剥脱。

3. 治疗

对病牛应尽早治疗，在饲养上喂给豆科牧草及其籽实、优质干草和骨粉。同时，可用维生素D_2（骨化醇）200万～400万国际单位，肌内注射，隔日一次，3～5次为1个疗程；维生素A、维生素D 50万～100万国际单位，一次肌内注射；维丁胶性钙5～10毫升，一次肌内注射，每日一次，连续注射。

4. 预防

加强妊娠后期母牛的饲养管理，防止犊牛先天性骨发育不良。加强犊牛的护理，尽早培养采食能力，饲料应是适口性好、品质好的，以保证蛋白质、矿物质及维生素的供给；犊牛舍应干燥、通风，并且日光充足。

第五节　牛中毒病防治

一、氢氰酸中毒

1. 发生

氢氰酸中毒是由于家畜采食富含氰苷的青饲料植物，在胃内生成游离的氢氰酸而引发中毒。主要由于采食或误食富含氰苷或可产生氰苷的饲料所致。

（1）高粱及玉米的新鲜幼苗均含有氰苷，特别是再生苗含氰苷更高。

（2）亚麻籽含有氰苷，榨油后的残渣（亚麻籽饼）可作为饲料；经过蒸煮后榨油，氰苷含量少，而机榨不经过蒸煮，则亚麻籽饼内氰苷含量较高，易引起中毒。

（3）豆类　海南刀豆、狗爪豆等都含有氰苷，如不用水浸泡亦可引起中毒。

（4）蔷薇科植物　桃、李、梅、杏、枇杷、樱桃的叶和种子中含有氰苷，当喂饲过量时，均可引起中毒。

（5）木薯　木薯不剥皮、不加水浸泡直接饲喂，很容易引起中毒。

2. 症状

本病发病迅速，采食富含氰苷饲料后15～20分钟就可表现症状。开始表现腹痛不安，站立不稳，全身肌肉震颤，呼吸急促，可视黏膜鲜红，静脉血液亦呈鲜红色。短时间内出现极度呼吸困难，心动过速，流涎，流泪，异常排粪、排尿，后肢麻痹而卧地不起，肌肉自发性收缩，甚至发展为全身性抽搐，出现角弓反张。后期全身极度衰弱，体温下降，眼球颤动，瞳孔散大，张口呼吸，终因呼吸麻痹而死亡。

3. 诊断

根据采食生氰植物的病史，发病突然且病程进展迅速，黏膜和静脉血鲜红，呼吸极度困难，神经肌肉症状明显，体温正常或偏低，剖检血液及组织鲜红色，即可作出初步诊断。氢氰酸定性与定量检验是确定诊断的依据。

4. 治疗

（1）治疗原则　应尽早应用特效解毒药，同时配合排毒与对症、支持疗法。

（2）治疗措施　发病后立即用亚硝酸钠2克配成5%溶液静脉注射；随后再注射5%～10%硫代硫酸钠溶液100～200毫升。也可用美蓝溶液代替亚硝酸钠。同时可配合应用0.5%高锰酸钾溶液或3%双氧水适量洗胃，或10%亚硫酸铁80 ~ 100毫升，活性炭250 ~ 500克内服。

5. 预防

尽量限用或不用氢氰酸含量高的植物饲喂动物，不可避免时，可采取以下处理措施。

（1）氰苷在40 ~ 60℃时易分解为氢氰酸，其在酸性环境中易挥发，故对青菜、叶类可蒸煮后加醋以减少CN^-的含量。

（2）木薯、豆类饲料在饲用前，须用流水或池水浸渍、漂洗1天以上；或边煮边搅拌至熟后利用，以使氰苷酶灭活、氢氰酸蒸发。

（3）亚麻籽饼应粉碎后干喂，或者进行敞盖搅拌煮熟后现煮现喂，避免较长时间的浸泡软化产生过多的氢氰酸。

二、亚硝酸盐中毒

1. 发生

亚硝酸盐中毒，是一次性食入大量富含硝酸盐的饲料引起的胃肠道炎症性疾病。

在自然条件下，亚硝酸盐是硝酸盐在硝化细菌的作用下还原为氨的过程的中间产物，故其发生和存在取决于硝酸盐的数量与硝化细菌的活跃程度。家畜饲料中，各种鲜嫩青草、作物秧苗及叶菜类等均富含硝酸盐。在重氮肥或农药的情况下，如大量施用硝酸铵、硝酸钠等盐类，使用除草剂或植物生长刺激剂后，可使菜叶中的硝酸盐含量增加。如将幼嫩青饲料堆放过久，特别是经过雨淋或烈日暴晒者，极易产生亚硝酸盐。牛采食的硝酸盐，可在瘤胃微生物的作用下形成亚硝酸盐。也可因误饮含硝酸盐过多的田水或割草沤肥的坑水而引起中毒。

2. 症状

多发生于精神良好、食欲旺盛者，发病急，病程短。急性型病例除显示不安外，呈现严重的呼吸困难，脉搏急速细弱，全身发绀，体温正常或偏低，躯体末梢部位厥冷。耳尖、尾端的血管中血液量少而凝滞，呈黑褐红色。肌肉战栗或衰竭倒地，末期出现强直性痉挛。牛自采食后1～5小时发病。除以上症状外，有流涎、腹痛、腹泻，甚至呕吐等症状。但仍以呼吸困难、肌肉震颤、步态摇晃、全身痉挛等为主要症状。

3. 诊断

（1）症状诊断　亚硝酸盐急性中毒的潜伏期为0.5～1小时，3小时达到发病高峰，之后迅速减少，并不再有新病例出现。这一发病规律可结合病史调查，如饲料种类、质量、调制等，提出怀疑诊断。根据可视黏膜发绀、呼吸困难、血液褐色、抽搐、痉挛等特征性临床症状，即可作出初步诊断。

（2）实验室诊断　毒物分析及变性血红蛋白含量测定，有助于本病的诊断。

（3）特殊诊断　美蓝等特效解毒药进行抢救治疗，疗效显著时即可确诊。

4. 治疗

（1）治疗原则　特效解毒，催吐、下泻、促进胃肠蠕动和灌肠、输液，重症病畜还应采用强心、补液和兴奋中枢神经等支持疗法。

（2）治疗措施　立即应用特效解毒剂美蓝或甲苯胺蓝，同时应用维生素C和高渗葡萄糖。1%美蓝液（美蓝1克，纯酒精10毫升，生理盐水90毫升），每千克体重0.1～0.2毫升，静脉注射；5%甲苯胺蓝，每千克体重0.1～0.2毫升，静脉注射或肌内注射；5%维生素C液60～100毫升，静脉注射；50%葡萄糖液300～500毫升，静脉注射。此外，向瘤胃内投入抗生素和大量饮水，阻止细菌对亚硝酸盐的还原作用。

5. 预防

（1）确实改善青绿饲料的堆放和蒸煮过程。实践证明，无论生、熟青绿饲料，采用摊开敞放是一个预防亚硝酸盐中毒的有效措施。

（2）接近收割的青饲料不能再施用硝酸盐等化肥农药，以避免提高其中硝酸盐或亚硝酸盐的含量。对可疑饲料、饮水，实行临用前的简易化验。

三、非蛋白氮中毒

1. 发生

利用非蛋白氮作为牛的补充饲料，是解决牛蛋白质不足的极好途径，迄今已为养牛生产普遍采用。然而，在饲喂非蛋白氮化合物时，由于喂量过大或饲喂方法不当，致使瘤胃内氨释放量过多，血氨过高而发生中毒。其中毒的临床特征是呼吸困难和强直性痉挛。

用于牛饲养的非蛋白氮主要有以下几种。

①尿素[$(NH_2)_2CO$]，白色晶体，含氮45%～47%。含氮量高，1千克尿素等于2.62～2.87千克蛋白质。尿素喂量大约为日粮干物质的1%，或精料的3%，或日粮蛋白质总量的20%～25%。每头牛每日喂量，育成牛为30克，育肥牛为80～100克，泌乳牛为50～80克。也可按体重大小估计喂量：136～226千克体重的牛喂45克，226～363千克体重的牛喂91克，363千克以上体重的牛喂136克。

② 磷酸氢二铵[$(NH_4)_2HPO_4$]，白色微带黄色颗粒，具氨味，含氮9%～20%，含磷48%～50%，不能单独饲喂，以免造成日粮中磷过高。与尿素按1：（2～2.5）混合使用，效果较好。

③ 亚硫酸铵或硫酸铵，白色结晶粉，含氮21%，含硫25.9%。工业生产的亚硫酸铵因含有毒杂质，故不能用作饲料，只能用作肥料。

④ 磷酸氢二铵，硫酸铵只能和尿素混合使用。其比例为1：（2～2.5）（尿素）。

氨，分无水氨和氨水两种。这是目前处理粗饲料秸秆最常用的原料。此外，在制作青贮时，也有加入氨的。经氨处理的饲料被称之为氨化秸秆、氨化青贮等。氨水(NH_4OH)，液态含氮17%～20%。无水氨的用量可按秸秆重的3%通入，氨水用量是按与秸秆重量1 ∶ 1的比例喷洒3%浓度的氨水。

在兽医临床上，常因误食硫铵、磷酸氢二铵等而引起中毒。尿素中毒主要是作为非蛋白氮源添加使用不当所致，常见问题如下。

① 饲料中突然加喂大量尿素，牛瘤胃不适应。

② 喂量过大，超过了正常耐受量。

③ 尿素溶解在水中而饮喂，使其过于集中，并很快分解吸收。

④ 尿素一次集中喂给，或在饲料中拌不均匀，或青贮中尿素集中等，都易造成瘤胃中的尿素浓度过大，分解氨过多。

⑤ 尿素添加剂潮湿变软或雨淋，加喂时采食量过大。

在正常情况下，瘤胃微生物群能利用无机氮构成自身蛋白(菌体蛋白)，而成为牛主要的蛋白来源。进入瘤胃中的非蛋白氮在瘤胃微生物的作用下，分解为氨和二氧化碳。所分解的氨一部分转为氨基酸被微生物所利用，另一部分经瘤胃、网胃壁吸收，进入血液，经肝脏形成尿素随尿排出体外。当瘤胃内尿素浓度过高时，在脲酶的作用下，尿素在瘤胃内分解速度加快，在每小时达100毫克／100克瘤胃内容物，尿素分解产生氨的速度为瘤胃中氨被同化速度的4倍。瘤胃液因其分解产氨，pH值升高超过6.5时，促使氨被吸收的速度加快。当血液中氨浓度在2毫克／100毫升以上时，即引起严重中毒；当血氨浓度为5毫克／100毫升时，即引起牛中毒死亡。

2. 症状

中毒症状出现的早、晚及病情的轻重程度，不仅与饲喂尿素的量有关，而且也与机体的状况、日粮配合等因素有关。如在饲喂尿素的同时加喂大豆粉，大豆粉中的脲酶能促进尿素分解成氨，加速中毒；尿素放在糖蜜里饲喂，能增强机体对尿素喂量的耐受性；饥饿时，机体对尿素耐受性降低；犊牛因瘤胃发育不全，饲喂后易引起中毒。中毒呈急性经过，常于采食后30～60分钟出现症状。病牛不安，呻吟，步态不稳，共济失调；继而见食欲废绝，反刍停止；牙关紧闭，伴有瘤胃臌气；

体温升高，心跳加速，每分钟达120～150次，心音混浊不清，节律不齐；呼吸急迫；肌肉震颤，腹痛，吼叫，全身痉挛、强直，张口呼吸，浑身出汗，流涎，四肢无力，卧地不起，四肢划动，多于食入尿素后4小时而窒息死亡。

3. 诊断

本病可根据有饲喂尿素过量或突然加喂尿素的经过；呼吸困难和强直性痉挛的典型表现；剖检见瘤胃pH值升高及肺水肿等，可以初步作出诊断。而血氨的升高超过正常值（0.6毫克/100毫升以上），即可确诊。

4. 治疗

（1）中和瘤胃氨　可灌服弱酸：食醋1500～4000毫升，一次灌服；5%醋酸1000～3000毫升，一次灌服。

（2）静脉注射5%糖盐水或硫代硫酸钠液　先放血200～300毫升，再使用5%葡萄糖生理盐水2000～3000毫升、维生素C 5克、10%樟脑磺酸钠20毫升，一次静脉注射，或用5%～10%硫代硫酸钠100～200毫升，一次静脉注射。

（3）洗胃或瘤胃切开法　为了迅速将瘤胃内容物排出，减少氨的继续吸收，可将大孔的胃管插入瘤胃将其内容物导出，或直接切开瘤胃，取出胃内容物，这是极为确切和有效的治疗措施。

5. 预防

严格控制喂量、坚持正确的饲喂方法，是控制和预防本病的关键措施。

（1）尿素只能作为氮源以补充蛋白质的不足，一般喂量不能超过日粮中总氮量的1/3；在蛋白质充足的情况下，不需补充尿素，以防止蛋白质加速尿素分解产氨而发生中毒。

（2）严格控制喂量，每100千克体重喂量为20～50克，每头成年母牛，每日最高喂量不能超过300克，一般控制在150克左右为宜。

（3）初次饲喂时，喂量要少，使瘤胃微生物有一个适应过程，量由少到多，逐渐增至全量，千万不能一次立即大量供给。

（4）尿素吸水性很强，极易分解释放出氨，因此不能溶于水中喂饮；不能单独饲喂时，可溶于清水或糖稀中拌料、拌草或洒在饲草上；喂后不能立即饮水；全天量应分开饲喂。

（5）犊牛、年幼育成牛，因瘤胃微生物发育不全，不要加喂。

四、霉菌毒素中毒

1. 霉菌和霉菌毒素

霉菌是一种真菌，它在生长过程中产生长细丝(即菌丝)。不含有叶绿素，它可在无自然光的条件下生长。霉菌的生长是从单细胞开始的，直至生成具有分枝状菌丝的生物体。菌丝对于真菌的生存和传播是非常重要的。菌丝的网状结构称为菌丝体。这种网状结构有利于谷粒的“黏结”，从而导致谷物结团，难以分离。谷物中的霉菌还会产生孢子(分生孢子)，后者能够在田间或谷仓中通过空气进行传播。这些孢子聚集在一起形成霉菌的特征颜色。孢子通过风和雨进行被动传播。昆虫也可能通过把孢子黏附在身体上而充当这些真菌的载体。昆虫还会通过破坏籽实的外保护层来增加真菌生长的表面积。孢子可以静静潜伏数月或数年，直至出现适合真菌生长的适宜条件。真菌生长的第一个阶段肉眼是看不见的。大多数谷物真菌是相对非特异的，它们可以生长在几种不同种类的植物上，能利用不同的有机物质来获取能量。

无论在田间还是在储存过程中，霉菌在谷物中的生长都是很普遍的。大多数霉菌生长的适宜条件是有1% ～ 2%的氧、20 ～ 30℃的温度和13% ～ 18%的相对湿度。昆虫和螨类(节肢动物)会通过对谷物造成物理损伤使霉菌更容易侵入裸露的胚乳，从而在促进霉菌生长中起到很重要的作用。不仅如此，昆虫和螨类的传代活动还会引起受感染谷物的湿度和温度提高，这也会有利于真菌的生长。昆虫和螨类还会携带菌的孢子，而它们的排泄物是霉菌生长的一种额外底物。霉菌的生长会破坏谷物中的养分，还能导致对动物、人类和植物产生较大毒性的次级代谢物。

霉菌毒素是霉菌产生的次级代谢产物：初级代谢物是那些真菌和其他生物生长所必需的化合物。次级代谢物是在指数生长期的最后一个阶段所产生的。

对于动物或人类，霉菌毒素主要能导致肝脏和肾脏的病变，一些霉菌毒素还是神经毒素或是通过干扰细胞内蛋白质的合成，导致皮肤过敏以及严重的免疫缺乏症来发挥不利影响。

在人类和动物食品链中涉及的产毒素真菌主要有三大类：曲霉、镰孢菌和青霉。

曲霉属产生的重要的霉菌毒素包括黄曲霉毒素B_1、黄曲霉毒素B_2、黄曲霉毒素G_1和黄曲霉毒素G_2、赭曲霉毒素A、柄曲霉素和环匹克尼酸。

黄曲霉毒素主要是由黄曲霉(*A.flavus*)、寄生曲霉(*A.parasiticus*)和模式曲霉(*A.nominus*)产生，被认为是人类和许多种动物的强致癌物质。哺乳动物或人类若摄入含有黄曲霉毒素B_1、黄曲霉毒素B_2、黄曲霉毒素G_1和黄曲霉毒素G_2的食物，会通过乳汁分泌黄曲霉毒素M_1或黄曲霉毒素M_2。赭曲霉毒素A由赭曲霉菌A(*A.ochraceus*)和一些青霉种属产生的。是一种强肾脏毒素、致畸剂和致癌物质。环匹克尼酸主要是由黄曲霉和一些青霉种属产生的，会引起胃肠道的坏死。

展青霉毒素会对神经系统和胃肠道产生不利影响，它是由一种水果真菌展青霉(*P.exrpansum*)产生的。

橘霉素是一种肾脏毒素，主要是由橘青霉、展青霉和疣孢青霉产生的。

尽管曲霉和青霉都是非常重要的产毒素霉菌，但镰孢菌对全球来讲是最有经济影响的。

镰孢菌在农田土壤中的数量可以非常高，在收获前的谷物中最为普遍，会产生各种各样的霉菌毒素。其中最为重要的是单端孢霉烯、烟曲霉毒素、玉米赤霉烯酮、串珠镰孢毒素和萎蔫酸。镰孢属可以在玉米残留物中存活，它可能是感染谷物籽实最重要的菌种来源。

玉米赤霉烯酮(Zearalenone，ZEA)又称F-2毒素，主要是由禾谷镰刀菌等产生一种真菌毒素，广泛存在于霉变玉米、小麦、谷物等粮食中。ZEA具有较强的生殖发育毒性、免疫毒性及致癌性等，可造成动物雌激素亢进症，导致动物不孕或流产。鉴于ZEA的严重危害性，目前已有很多国家限定粮食中ZEA残留限量为30～1000微克/千克，我国规定其在小麦和玉米中残留限量不得超过60微克/千克。

烟曲霉毒素在亚热带和热带地区生长的谷物中较为常见，因为这些地区气温较高，生长季节相对较长。

萎蔫酸可能是分布最广的霉菌毒素，是由镰孢属的真菌产生的。萎蔫酸与其他的镰孢毒素有协同作用。

联合国粮农组织(FAO)的调查表明，世界粮食供应的25%受霉菌毒素的污染。世界范围内，养禽业每年因霉菌毒素对饲料的污染造成的经济损失就有几亿美元。霉菌毒素污染的饲料对动物生产性能带来的负面影响有些是察觉不到的，有些却是破坏性的，它不同程度地降低动物的生产性能和生长发育。

1977年联合国粮农组织、世界卫生组织(WHO)、联合国环境规划署(UNEP)召开了首届关于霉菌毒素的会议，综述了霉菌毒素在全世界各种日用品中的分布情况。只报道了7种在食品和饲料中自然发生的重要的霉菌毒素：黄曲霉毒素、赭曲霉毒素A、展青霉毒素、玉米赤霉烯酮、单端孢霉烯、橘霉毒素和青霉酸。

全世界没有哪个地区能逃过霉菌毒素这个隐形杀手。黄曲霉毒素是分布最广泛的霉菌毒素，通常在温暖潮湿的气候条件下（如拉丁美洲、亚洲和非洲国家，美国的南部地区和澳大利亚的某些地区）黄曲霉毒素污染是非常普遍的。即使在正常年份，美国南部地区每年大约有20%的玉米被黄曲霉毒素污染，而在气候异常的年份发生黄曲霉毒素污染的比例会更高。对印度、巴基斯坦、埃及和南非的大量调查发现，混合饲料和饲料原料里黄曲霉毒素的含量通常会很高。在印度南部全年气候以炎热、潮湿，从一些饲料原料和全价饲料中检测出了黄曲霉毒素、赭曲霉毒素A和T-2毒素。然而，这些地区冬季高湿的气候又适宜另一些霉菌毒素（如玉米赤霉烯酮、呕吐毒素、T-2毒素和赭曲霉毒素A）的产生。

对我国的配合饲料和饲料原料的调查表明，有88%、84%、77%和60%的玉米样品分别含有T-2毒素、黄曲霉毒素、烟曲霉毒素和赭曲霉毒素A，所有的玉米样品都含有玉米赤霉烯酮和呕吐毒素，90%以上的混合饲料样品都含有以上6种主要霉菌毒素。

2. 黄曲霉毒素中毒

（1）发生　黄曲霉毒素中毒是由于长期或大量摄食经黄曲霉污染的饲料所致的中毒性疾病。各种饲料如干花生苗、花生饼、玉米粉、谷类、豆类及其饼类、棉籽粉、酒糟，以及储藏过的混合饲料，由于保管、储存不当，在高温、高湿的环境条件下，黄曲霉极易生长，产生黄曲霉毒素。最易感染黄曲霉的是花生、玉米、黄豆等，最适宜黄曲霉繁殖的温度是24～30℃，相对湿度是80%。

（2）症状

① 急性中毒　牛食欲废绝，精神沉郁，拱背，惊厥，磨牙，转圈运动，站立不稳，易摔倒。黏膜黄染，结膜炎甚至失明，对光过敏反应，颌下水肿；腹泻呈里急后重，脱肛，虚脱；约于48小时内死亡。

② 慢性中毒　犊牛表现为食欲缺乏，生长发育缓慢，惊恐、转圈或无目的地徘徊，腹泻，消瘦。成年牛表现前胃弛缓，精神沉郁，采食量减少，奶产量下降，黄疸；妊娠牛流产，排足月的死胎，或早产。因奶中含有黄曲霉毒素，故可引起哺乳犊牛中毒。由于毒素抑制淋巴细胞活性，损伤免疫系统，故机体抵抗力降低，易引起继发症。

（3）诊断　首先作饲料调查。观察饲料种类、储存及喂量，并应结合病史、发病情况、症状及病理变化，可初步作出诊断。确诊应测毒素（包括饲料、胃内容物、血、尿和粪便的AFT含量），进行饲料中黄曲霉的分离、培养和鉴定等。

（4）防治　当怀疑为黄曲霉毒素中毒时，全场应立即停喂所怀疑的饲料，改换其他饲料。对牛群应加强检查，及时发现病牛，尽早治疗。用半胱氨酸或蛋氨酸，每千克体重200毫克，一次腹腔注射；或硫代硫酸钠，每千克体重50毫克，一次腹腔注射。5%葡萄糖生理盐水配合使用苯巴比妥、蛋氨酸、硫代硫酸钠，静脉注射，也有治疗作用。

（5）预防

① 本病预防的关键是做好饲料的防霉工作，加强饲料的收获、储存工作，防止霉败。采用气体法、固体防霉剂法和电离辐射法等科学储存手段。勿使其遭受雨淋、堆积发热，以防止霉菌生长繁殖。饲料中添加丙酸钠或丙酸钙1～2千克/吨，可安全存放8周以上。美国用焦亚硫酸、丙酸、富马酸、山梨酸等复合酸抑制剂效果好。

② 定期化验　饲料中黄曲霉毒素≤20微克/千克。成年牛日粮中黄曲霉毒素B_1含量不超过100微克／千克，就不致发生黄曲霉毒素中毒。

③ 发霉脱毒饲料应与未污染的饲料搭配利用，其日粮饲喂量也要加以限制。仓库如被黄曲霉菌污染，可用福尔马林熏蒸（按每立方米空间用5%福尔马林溶液2.5毫升，高锰酸钾2.5克，水12.5毫升的剂量）或过氧乙酸喷雾（每立方米空间用5%过氧乙酸溶液2.5毫升的剂量），以彻底消毒，消灭霉菌孢子。用氨处理黄曲霉毒素污染的饲料，在276千帕气压下，72～80℃条件下，可使去毒效果达到98%以上，并使饲料中含氮量增多，不破坏赖氨酸，饲喂日粮安全又增加营养。或用5%～8%石灰水浸泡3～5小时，流水冲洗。有物理吸附法，使用白陶土或活性炭、沸石吸附剂效果较好，0.5%沸石连续水洗法：具体做法是将玉米、豆类、麦类等经加工粉碎后置于缸内，加水5～8倍搅拌使其沉淀，再换清水多次，至浸泡水呈无色时便可供饲用。高温处理法：160～180℃处理10分钟可脱毒，但饲喂时补充维

生素、微量元素。

④ 饲料中添加脱霉剂。主要有黏土吸附剂类和酵母细胞壁提取物两大类，可根据情况选用。

3. 玉米赤霉稀酮中毒

（1）发生　玉米赤霉烯酮中毒为采食了被镰刀菌污染的饲料后引起的以小母牛乳腺增大、阴户肿大、不孕，母牛受胎率下降、胚胎早期死亡、流产等繁殖功能障碍为主要特征的一种中毒性疾病。

（2）症状　牛玉米赤霉烯酮中毒的主要表现为雌激素综合征。中毒牛表现食欲降低，体重减轻，兴奋不安，敏感，慕雄狂。阴户肿胀，阴道黏膜潮红，流出黏液，频做排尿姿势，子宫肥大，卵巢纤维样变性。乳牛奶量减少，青年牛乳腺增大，阴户肿大。母牛繁殖功能障碍，表现为受胎率低下、胚胎早期死亡、流产等。

（3）诊断　根据有采食发霉饲料的病史，结合会阴部充血肿胀、乳房肿大、流产等症状，更换无污染饲料后发病停止，病情逐渐减轻可初步诊断。确诊必须进行玉米赤霉烯酮含量测定，测定方法有高液相色谱法、气相色谱法、毛细电泳法、酶联免疫吸附法等。

（4）治疗　本病尚无特效治疗药物。发病后立即停用霉变饲料，供给青绿多汁的饲料。一般在更换饲料后7～15天临床症状消失。

第六节　牛呼吸系统疾病防治

一、感冒

1. 发生

临床上以咳嗽，流鼻液，羞明流泪，前胃弛缓为特征。感冒是因受寒冷的刺激而引起的以上呼吸道炎症为主的急性热性全身性疾病。本病的根本原因是各种因素导致的机体抵抗力下降。本病无传染性，各种动物均可发生，但以幼弱动物多发；一年四季都可发生，但以早春和晚秋、气候多变季节多发。最常见的原因如下。

（1）寒冷因素的作用，如厩舍条件差，贼风侵袭；家畜突然在寒冷的条件下露宿，采食霜冻冰冷的食物或饮水。

（2）过劳或长途运输，使役家畜出汗后被雨淋、风吹等。

（3）营养不良、维生素、矿物质、微量元素的缺乏。体质衰弱或长期封闭式饲养，缺乏耐寒训练。

2. 症状

发病较急，患畜精神沉郁，食欲减退或废绝，呈现前胃弛缓症状。有的体温升高，皮温不整，多数患畜耳尖、鼻端发凉。结膜潮红或轻度肿胀，羞明流泪。咳嗽，鼻塞，病初流浆性鼻液，随后转为黏液或黏液脓性。呼吸加快，肺泡呼吸音粗砺，若并发支气管炎时，则出现干性或湿性啰音。心跳加快。本病病程较短，一般经3～5天，全身症状逐渐好转，多取良性经过。治疗不及时特别是幼畜易继发支气管肺炎或其他疾病。

3. 治疗

治疗原则是以解热镇痛、抗菌消炎控制继发感染为主，辅以调整胃肠功能。

（1）解热镇痛

① 30%安乃近注射液20～40毫升，肌内注射，1～2次/天。

② 复方氨基比林注射液20～50毫升，肌内注射，1～2次/天。

③ 柴胡注射液20～40毫升，肌内注射，1～2次/天。

（2）抗菌消炎控制继发感染

① 10%磺胺嘧啶钠溶液200～300毫升，加于5%～10%葡萄糖液中静脉注射，1～2次/天。

② 青霉素，每千克体重1万～2万国际单位，肌内注射，一天2～3次，连用2～3天。

4. 预防

患畜应充分休息，多给饮水，营养不良家畜应适当增加精料，增强机体耐寒性锻炼，防止家畜突然受寒。

二、支气管炎

1. 发生

支气管炎是动物支气管黏膜表层或深层的炎症，临床上以咳嗽、流鼻液和不定热型为特征。各种动物均可发生，但幼龄和老龄动物比较常见。寒冷季节或气候突变时容易发病。

（1）感染　主要是受寒感冒，导致机体抵抗力降低，一方面病毒、细菌直接感染，另一方面呼吸道寄生菌或外源性非特异性病原菌乘虚而入。也可由急性上呼吸道感染的细菌和病毒蔓延而引起。

（2）物理、化学因素　吸入过冷的空气、粉尘、刺激性气体等（如二氧化硫、氨气、氯气、烟雾等）均可直接刺激支气管黏膜而发病。投药或吞咽障碍时由于异物进入气管，可引起吸入性支气管炎。

（3）过敏反应　常见于吸入花粉、有机粉尘、真菌孢子等引起气管-支气管的过敏性炎症。

（4）继发性因素　在流行性感冒、口蹄疫等疾病过程中，常表现支气管炎的症状。另外，喉炎、肺炎及胸膜炎等疾病时，由于炎症扩展，也可继发支气管炎。

2. 症状

（1）急性支气管炎　病的初期有短而痛的干咳，随后变为长而无痛的湿咳。病初流浆液性鼻液，随后变为黏液性或黏液脓性鼻液，咳嗽后流出量增多。胸部听诊肺泡呼吸音增强，可闻及各种啰音。支气管黏膜肿胀并分泌黏稠的渗出物时，为干性啰音；支气管内有多量稀薄的渗出物时，可听到湿性啰音。

全身症状轻微，体温稍升高0.5～1.5℃，一般持续2～3天后下降。呼吸、脉搏稍增数。

（2）细支气管炎　全身症状较重，患畜精神沉郁，食欲减退或废绝，体温升高1～2℃，脉搏增数，呼吸高度困难，结膜呈蓝紫色，有时咳嗽，胸部听诊，肺泡呼吸音增强，可听到干性啰音及小水泡音。胸部叩诊，音响比正常清朗。继发肺气肿时，呈过清音，肺叩诊界后移。X射线检查，肺纹理增强，无病灶性阴影。

（3）慢性支气管炎　病程长，病情不定，时轻时重，患畜常发干咳，尤其是在运动、采食、夜间或早晨气温较低时，咳嗽较多。气温剧变时，症状加重。胸部听诊可长期听到啰音。无并发症时，一般全身症状不明显。后期，由于支气管黏膜结缔组织增生肥厚，支气管管腔变狭窄，则长期呼吸困难。

（4）腐败性支气管炎　除具有急性支气管炎症状外，全身症状加剧，呼出气带恶臭，流污秽不洁的并有腐败臭味的鼻液。

3. 诊断

急性支气管炎的特点是全身症状轻，频发咳嗽，流鼻液，肺部出现干性或湿性啰音，叩诊一般无变化。慢性支气管炎的特点是病程长，长期咳嗽，常拖延数月甚至数年。听诊肺部有干性啰音，极易继发肺气肿。

4. 治疗

治疗原则主要是消除病因，祛痰镇咳，解热镇痛，抗菌消炎控制继发感染，加强护理。

（1）祛痰镇咳　对咳嗽频繁、支气管分泌物黏稠的患畜，可口服溶解性祛痰剂，如氯化铵10～20克，口服，每日1～2次。若分泌物不多，但咳嗽频繁且疼痛者，可选用镇咳剂，如复方樟脑酊30～50毫升，口服，每日1～2次。

（2）抗菌消炎控制继发感染　可选用抗生素或磺胺类药物。

① 青霉素，每千克体重牛1万～2万国际单位，肌内注射，

每日2次，连用2～3天。

② 10%磺胺嘧啶钠溶液，100～150毫升。肌内注射或静脉注射，每日1～2次。

③ 青霉素100万国际单位、链霉素100万国际单位、1%普鲁卡因溶液15～20毫升，将抗生素溶于普鲁卡因内，直接向气管内注射，每日1次。

（3）中药疗法　可选用紫苏散或款冬花散。

三、支气管肺炎

1. 发生

支气管肺炎又称为小叶性肺炎，是病原微生物感染引起的以细支气管为中心的个别肺小叶或几个肺小叶的炎症。主要是不良因素的刺激，如受寒感冒、饲养管理不当、某些营养物质缺乏、长途运输等使机体抵抗力降低，特别是呼吸道的防御功能降低，导致呼吸道黏膜上的寄生菌或外源侵入病原微生物的大量繁殖，引起炎症过程。

支气管肺炎大多是由支气管黏膜的炎症蔓延至肺泡而发病。因此，凡是引起支气管炎的原因，都可以引发支气管肺炎。一些化脓性疾病如牛的子宫炎等，病原菌可以通过血液循环途径进入肺脏而致病。

2. 症状

病初表现干而短的疼痛性咳嗽，逐渐变为湿而长的咳嗽，疼痛减轻或消失，并有分泌物被咳出。病牛精神沉郁，食欲减退或废绝，结膜潮红或发绀，体温升高1.5～2.0℃，多呈弛张热型，脉搏高达60～100次/分钟，呼吸高达40～100次/分钟。发炎面积越大，呼吸困难越严重。可以出现呼吸性酸中毒，严重的出现肌肉抽搐、昏迷等症状。尿呈酸性，轻度脱水，有时便秘，牛、羊多站立不动，泌乳量下降。当病灶位于肺的表面时，可发现一个或多个局灶性的小浊音区，融合性肺炎则出现大片浊音区；病灶较深时，则浊音区不明显。胸部听诊，在病灶部位，病初肺泡呼吸音减弱，可听到捻发音，当肺泡和支气管内充满渗出物时，则肺泡呼吸音消失。因炎性渗出物的性状不同，随着气流的通过，还可听到干性啰音或湿性啰音。病变周围健康的肺组织，肺泡呼吸音增强。X线检查：可见到散在的炎症病灶部呈现阴影，此种阴影大小不等，似云絮状。当病灶发生融合时，则形成较大片的云絮状阴影，但密度多不均匀。

3. 诊断

根据咳嗽、弛张热型，胸部叩诊有岛屿状浊音区，胸部听诊有捻发音、啰音，肺泡呼吸音减弱或消失；血液学检查，白细胞总数增多；X线检查出现散在的局灶性阴影等，可以诊断。

4. 治疗

治疗原则为加强护理，抗菌消炎，祛痰止咳，制止渗出，治疗继发性前胃弛缓。

（1）抗菌消炎　可选用抗生素或磺胺类药物，有条件的可在治疗前取鼻分泌物作细菌的药敏试验，以便对症用药。青霉素500万国际单位、链霉素200万～400万国际单位，肌内注射，2次/天；或肌内注射卡那霉素0.4克或丁胺卡那霉素4～5克。

（2）解热镇痛　体温过高时，可加用解热药，如复方氨基比林、安痛定及安乃近等注射液。

（3）祛痰止咳　咳嗽频繁，分泌物黏稠时，可选用溶解性祛痰剂，如氯化铵30克，内服；剧烈频繁的咳嗽，无痰干咳时，可选用镇痛止咳剂，复方甘草合剂，牛100～150毫升，杏仁水30～60毫升，口服，每天1～2次。

（4）制止渗出　静脉注射10%氯化钙100～150毫升。

（5）中药疗法　用麻杏石甘汤合黄连解毒汤加味。

四、大叶性肺炎

1. 发生

大叶性肺炎是一种呈定型经过的肺部急性炎症，病变始于局部肺泡，并迅速波及整个或多个大叶，又称为纤维素性肺炎。某些局限于肺脏的特殊传染病（如牛的传染性胸膜肺炎，巴氏杆菌病及由肺炎双球菌引起的肺炎），其主要病理过程为大叶性肺炎。也可能是一种变态反应性疾病，可因内中毒、自体感染或由于受寒感冒、过度疲劳、胸部创伤、有害气体的强烈刺激等因素引起。

2. 症状

病初，体温迅速升高到40～41℃及以上，呈稽留热型，一般持续6～9天，以后迅速降至常温。脉搏加快，一般初期体温升高1℃，脉搏增加10～15次/分钟，体温继续升高2～3℃时，脉搏则不再增加，后期脉搏逐渐变小而弱。呼吸迫促，呼吸频率可达60次/分钟，呈混合性呼吸困难，黏膜潮红或发绀。初期出现短而干的痛咳，溶解期则变为湿咳。病初，有浆液性、黏液性或黏液脓性鼻液，在肝变期鼻孔中流出铁锈色或黄红色鼻液。患畜精神沉郁，食欲减退或废绝，反刍停止，泌乳降低，患畜因呼吸困难而采取站立姿势，并发出呻吟声或磨牙。随着病程出现阶段性叩诊音，可持续3～5天，常出现在肩前叩诊区。大叶性肺炎继发肺气肿时，叩诊肺边缘呈过清音，肺界向后下方扩大。先出现干性啰音，后有湿性啰音，或捻发音，肺泡呼吸音减弱甚至消失。X线检查：充血期可见肺纹理增重，肝变期发现肺脏有大片均匀的浓密阴影，溶解期表现散在不均匀的片状阴影。2～3周后，阴影完全消散。

3. 诊断

主要根据稽留热型，铁锈色鼻液，不同时期肺部叩诊和听诊的变化即可诊断。血液学检查，白细胞总数显著增加，核左移。X射线检查肺部有大片浓密阴影，有助于确诊。

4. 治疗

治疗原则主要是加强护理，促进溶解，消除炎症，控制继发感染，制止渗出和促进炎性产物吸收。治疗继发性前胃弛缓，增强机体抗病力。

（1）抗菌消炎　可用抗生素或磺胺类药物，有条件的可在治疗前取鼻分泌物作细菌的药敏试验，以便对症用药。四环素或土霉素，按每千克体重15～25毫克，溶于5%葡萄糖生理盐水500～1000毫升，分2次静脉注射，疗效显著，可静脉注射头孢菌素。病的初期应用九一四（新胂矾纳明）效果很好，按每千克体重0.015克，溶于5%葡萄糖生理盐水200～500毫升，1次静脉注射，间隔3～4天再注射1次，常在注射0.5小时后体温便可下降0.5～1℃，最好在注射前0.5小时先行皮下注射或肌内注射强心剂（樟脑磺酸钠或苯甲酸钠咖啡因），待心功能改善后再注入九一四。

（2）解热镇痛、祛痰止咳、制止渗出　同支气管肺炎。

（3）促进炎性渗出物吸收　可用速尿，每千克体重0.5～1毫克，肌内注射或静脉注射。

（4）中药治疗　用清瘟败毒散。

五、犊牛呼吸道疾病

1. 发生

（1）发病诱因　通风条件差、臭气、污浊微生物密度高，高湿低温、低湿高温，昼夜温差变化大。分群太早，被慢性感染犊牛传染，断奶太早，采食量不足。过量饲喂牛奶，尿多，环境湿度高，快速生长免疫功能跟不上，缺乏维生素A、维生素E、硒等。天气骤变、热应激、转群、突然变更饲料等。

（2）病原体感染　主要有牛支原体、巴氏杆菌、化脓棒状杆菌、嗜血性睡眠杆菌、传染性鼻气管炎病毒（疱疹病毒Ⅰ型）、副流感病毒3型、牛呼吸道合胞体病毒、牛黏膜病病毒、牛腺病毒、呼肠弧病毒等。犊牛呼吸道病多为混合感染，多发生于4～8周龄，肺炎高峰在4～6周龄。

2. 症状

发热达41℃，鼻孔有分泌物，水样或黏稠带脓（图6-58），呼吸困难。干咳，活动之后明显，有时伴有腹泻。肺炎常是继发性的，肺炎分为慢性肺炎、亚临床型、急性型和致命性肺炎（图6-59）。患慢性肺炎的犊牛很少能完全康复，即使康复不应再做后备牛使用。

3. 诊断

根据流鼻液、咳嗽、呼吸困难等症状初步诊断为呼吸系统疾病，再根据热型、干性啰音或湿性啰音、叩诊的变化、血液学检查、X射线检查等判断发病部位。可采集病料进行病原学检测、血清学检测等确定病原种类。

4. 防控

（1）保证营养全面，保证摄入足够的初乳，还要保证所有牛都能得到充足、高质量的食物。

（2）舒适干净的环境　每天更换垫草、垫料。保证犊牛舍通风，保持空气清新干燥。

（3）减少应激　通常要保证去势、断角、断奶的间隔在2周以上；在易发肺炎时不能断奶，逐步断奶是比较好的方法，尤其是对于24小时牛奶定量供应系统下的小牛。

（4）及时有效的治疗，抗生素使用原则：以控制支原体为主，兼顾控制继发性细菌性感染。

图6-58　流鼻液
（胡士林 摄）

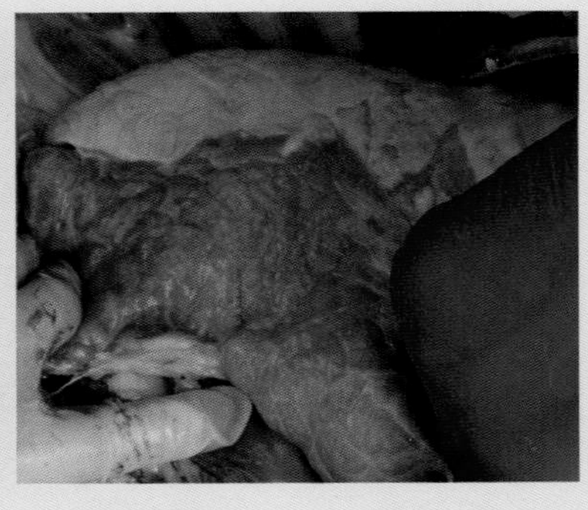

图6-59　牛支原体肺炎
（胡士林 摄）

第七节 牛消化系统疾病防治

一、瘤胃疾病

1. 前胃弛缓

（1）发生 前胃弛缓发病原因主要是饲养管理不当。长期饲喂粉状饲料或精饲料，或突然食入过量的适口性好的饲料；食入过量不易消化的粗饲料，如麦糠、秕壳、半干的山芋藤、紫云英、豆秸等；饲喂变质或冰冻饲料；突然改变饲养方式，饲料突变，频繁更换饲养员和调换圈舍，劳役与休闲不均等；误食塑料袋、化纤布，或分娩后的母牛食入胎衣；矿物质和维生素缺乏，特别是缺钙时，血钙水平低，致使神经-体液调节功能紊乱，引起单纯性消化不良。此外，治疗用药不当，如长期大量服用抗菌药物，瘤胃内正常微生物区系受到破坏，而发生消化不良。应激因素的影响在本病的发生上起着重要作用。

继发性前胃弛缓常继发于热性病以及多种传染病、寄生虫病和某些代谢病（骨软症、酮病）过程中。

（2）症状

① 急性型 病畜食欲减退或废绝，反刍减少、短促、无力，嗳气增多并带酸臭味；奶牛和奶山羊泌乳量下降；体温、呼吸、脉搏一般无明显异常。瘤胃蠕动音减弱，蠕动次数减少；触诊瘤胃，其内容物黏硬或呈粥状。病初粪便变化不大，随后粪便变为干硬、色暗，被覆黏液。如果伴发前胃炎或酸中毒时，病情急剧恶化，呻吟，磨牙，食欲废绝，反刍停止，排棕褐色糊状恶臭粪便；精神沉郁，黏膜发绀，皮温不整，体温下降，脉率增快，呼吸困难，鼻镜干燥，眼窝凹陷。

② 慢性型 通常由急性型前胃弛缓转变而来。病畜食欲不定，发生异嗜；反刍不规则，短促、无力或停止，嗳气减少。

病情时好时坏，日渐消瘦，被毛干枯、无光泽，皮肤干燥、弹性减退；精神不振，体质虚弱。瘤胃蠕动音减弱或消失，内容物黏硬或稀软，瘤胃轻度臌胀；老牛病重时，呈现贫血与衰竭，并常有死亡发生。

（3）诊断　病畜食欲减退或废绝，反刍减少，嗳气增多，瘤胃蠕动微弱。瘤胃胀满；瓣胃容积显著增大，瓣叶间内容物干燥。瘤胃液pH值下降至5.5以下；纤毛虫活力降低，数量减少至每毫升7.0万；糖发酵能力降低。

（4）治疗

① 兴奋胃肠蠕动功能

a. 五酊合剂：番木鳖酊20毫升、豆蔻酊20毫升、龙胆酊20毫升、缬草酊20毫升、橙皮酊20毫升、常水500毫升，混合1次内服（牛），每日2次，连用2～5天。

b. 加味扶脾散：党参50克、黄芪50克、茯苓40克、厚朴40克、陈皮40克、槟榔50克、枳壳30克、肉桂20克、苍术30克、白芍30克、甘草20克、神曲50克，共为末，开水冲，候温灌服。凉后加入消化酶制剂适量，效果更好。

c. 应用10%氯化钠注射液或促反刍液静脉注射。促反刍液：10%氯化钠注射液100～200毫升、20%安钠咖注射液10毫升、10%的氯化钙注射液100毫升，混合后静脉注射，1次/天。

d. 应用拟胆碱药：新斯的明10～20毫克或毛果芸香碱30～100毫克，皮下注射。但对心脏功能不全或妊娠的母牛，禁用拟胆碱类药物，防止虚脱和流产。

② 缓泻和止酵　可用硫酸镁（或硫酸钠）500克，鱼石脂20克，75%酒精100毫升，温水8000～10000毫升，混合溶解后1次胃管投服（牛）。

③ 对症治疗　当出现心脏衰弱和自体中毒时，可用25%葡萄糖注射液1000毫升，20%安钠咖注射液20毫升，5%维生素C注射液20毫升，混合后1次静脉注射。配合应用5%碳酸氢钠注射液500毫升，静脉注射。

（5）预防　本病预防的关键在于加强饲养管理，合理配合日粮，不突然改变饲料，不喂霉变饲料和不洁的饮水；舍饲家畜要有适当的运动和光照。役畜不可劳役过度。

2. 瘤胃积食

（1）发生　瘤胃积食又称急性瘤胃扩张，主要是由于贪食大量粗纤维饲料或容易臌胀的饲料（如豆秸、山芋藤、老苜蓿、花生蔓、紫云英、谷草、稻草、麦秸、甘薯蔓等），缺乏饮水，难于消化所致；过食麸皮、棉籽饼、酒糟、豆渣等，也能引起瘤胃积食。因误食大量塑料薄膜而造成积食的情况也时有发生。突然改变饲养方式以及饲料突变、饥饱无常、饱食后立即使役或使役后立即饲喂等，都能影响瘤胃消化功能，引起本病的发生。各种应激因素的影响，如过度紧张、运动不足、过于肥胖或中毒与感染等。也常常继发于前胃弛缓、创伤性网胃腹膜炎、瓣胃阻塞、皱胃阻塞等疾病过程中。

（2）症状　常在饱食后数小时内发病。病畜不安，目光凝视，拱背站立，回顾腹部或后肢踢腹，间或不断起卧；食欲废绝、反刍停止、虚嚼、磨牙、时而努责，常有呻吟、流涎、嗳气，有时作呕或呕吐。病畜便秘，粪便干硬，色暗，间或发生腹泻。腹部膨胀，左肷部充满，触诊瘤胃，病畜表现敏感，内容物坚实或黏硬，指压留痕，有的病例呈粥状（图6-60）；瘤胃蠕动音减弱或消失。重症后期，瘤胃积液，呼吸急促，脉率增快，黏膜发绀，眼窝凹陷，呈现脱水及心力衰竭症状。病畜衰弱，卧地不起，陷于昏迷状态。

图6-60　瘤胃积食（引自赵德明译 奶牛疾病学）

（3）诊断　根据本病的主要症状：病畜不安，食欲废绝，反刍停止，瘤胃蠕动音减弱或消失，触诊瘤胃内容物坚实，结合“过食病史”即可确诊。

（4）治疗　首先绝食1～2天，给予清洁饮水。但如果吃了大量容易臌胀的饲料，则要限制饮水。促进瘤胃蠕动，加速瘤胃内容物排出。对轻度积食的病牛，可进行瘤胃按摩，每次20～30分钟，每天3～4次，结合灌服酵母粉（250～500克）或适量温水，并进行适当牵遛运动，则效果更好；对较重的病例，需内服泻剂，并配合使用止酵剂。可用硫酸钠（或硫酸镁）300～500克、液体石蜡（或植物油）500～1000毫升、鱼石脂20克、酒精50毫升、温水5～8升，一次内服。

增强瘤胃蠕动功能，促进反刍，除可进行瘤胃按摩外，可使用瘤胃兴奋药、促反刍液（见前胃弛缓）、拟胆碱药等进行治疗。对病程长伴有脱水和酸中毒的病例，需强心补液，解除酸中毒。对危重病例，当认为使用药物治疗效果不佳时，或怀疑为食入塑料薄膜而造成的顽固病例，且病畜体况尚好时，应及早施行瘤胃切开术，取出瘤胃内容物，用1%温食盐水冲洗，并接种健畜瘤胃液。

（5）预防　加强饲养管理，防止突然变换饲料或过食；按日粮标准饲喂；避免外界各种不良因素的影响和刺激。

3. 瘤胃臌气

（1）发生　瘤胃臌气又称瘤胃臌胀，主要是因采食大量容易发酵的饲草、饲料而引起。饲料突变，饲喂后立即使役或使役后马上喂饮，特别是舍饲转为放牧时，更容易导致急性瘤胃臌胀的发生。常继发于前胃弛缓、创伤性网胃炎、瓣胃阻塞、食管阻塞等疾病。

（2）症状　急性瘤胃臌胀，通常在采食易发酵饲料后不久发病，甚至在采食中发病。表现不安或呆立，回顾腹部，反刍和嗳气停止，食欲废绝。腹部迅速膨大，左肷窝明显突起，严重者高过背中线（图6-61、图6-62）。腹壁紧张而有弹性，叩诊呈鼓音；瘤胃蠕动音初期增强，常伴发金属音，后期减弱或消失。因腹压急剧增高，病畜呼吸困难，严重时伸颈张口呼吸，呼吸数增至60次/分钟以上；心悸，脉率增快，可达100次/分钟以上。病的后期，心力衰竭，静脉怒张，呼吸困难，黏膜发绀；目光恐惧，全身出汗，站立不稳，步态蹒跚，最后倒地抽搐，终因窒息和心脏麻痹而死亡。慢性瘤胃臌胀，病情弛张，瘤胃中度膨胀，时长时消，常为间歇性反复发作，呈慢性消化不良症状。

（3）诊断　急性瘤胃臌胀，根据采食大量易发酵性饲料后很快发病，腹部臌大，左肷凸出，以及呼吸极度困难，血液循环障碍，确诊不难。插入胃管是区别泡沫性臌胀与非泡沫性臌胀的有效方法。此外，也可用瘤胃穿刺方法进行鉴别。泡沫性臌胀，只能断断续续地从套管针内排出少量气体，针孔常被堵塞而排气困难；非泡沫性臌胀，则排气顺畅，臌胀明显减轻。

（4）治疗　根据病情的缓急、轻重以及病性的不同，采取相应有效的措施进行排气减压。

图6-61　瘤胃臌气（一）
（秦贞福　摄）

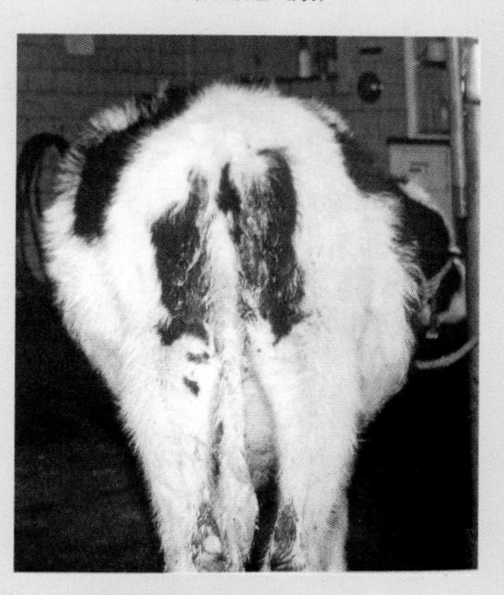

图6-62　瘤胃臌气（二）
（引自赵德明译　奶牛疾病学）

对较轻的病例，可使病畜保持前高后低的体位，在小木棒上涂鱼石脂（对役畜也可涂煤油）后衔于病畜口内，同时按摩瘤胃，促进气体排出。严重病例，当有窒息危险时，应实行胃管放气或瘤胃穿刺放气（间歇性放气），但这两种方法仅对非泡沫性臌胀有效。排气后可直接通过胃管或穿刺针向瘤胃内灌入或注入止酵剂、消沫剂。非泡沫性臌胀可用鱼石脂15克、松节油30毫升、95%酒精40毫升穿刺放气后瘤胃内注入；泡沫性臌胀可用二甲基硅油3～5克配成2%～5%酒精溶液一次灌服。也可用松节油20～60毫升，临用时加3～4倍植物油稀释灌服。排除胃内容物，可用盐类或油类泻剂（如硫酸镁）800克加常水3000毫升溶解后，一次灌服。增强瘤胃蠕动，促进反刍和嗳气，可使用瘤胃兴奋药、拟胆碱药等进行治疗。此外，调节瘤胃内容物pH值可用3%碳酸氢钠溶液洗涤瘤胃。当药物治疗效果不显著时，特别是严重的泡沫性臌胀，应立即施行瘤胃切开术，取出其内容物。

慢性瘤胃臌胀多为继发性瘤胃臌胀。除应用急性瘤胃臌胀的疗法缓解臌胀症状外，还必须彻底治疗原发病。

（5）预防　加强饲养管理。禁止饲喂霉败饲料，尽量少喂堆积发酵或被雨露浸湿的青草。在饲喂易发酵的青绿饲料时，应先饲喂干草，然后再饲喂青绿饲料。由舍饲转为放牧时，最初几天要先喂一些干草后再出牧，并且还应限制放牧时间及采食量。不让牛进入苕子地、苜蓿地暴食幼嫩多汁豆科植物。舍饲育肥动物，应该在全价日粮中至少含有10%～15%的粗料。

4. 瘤胃酸中毒

（1）发生　瘤胃酸中毒时给牛饲喂大量谷物（如大麦、小麦、玉米、稻谷、高粱及甘薯干），特别是粉碎后的谷物，在瘤胃内高度发酵，产生大量的乳酸而引起瘤胃酸中毒。舍饲肉牛、肉羊若不按照由高粗饲料向高精饲料逐渐变换的方式，而是突然饲喂高精饲料时，易发生瘤胃酸中毒。现代化奶牛生产中常因饲料混合不匀，而使采入精料含量多的牛发病。饲养管理不当造成牛闯进饲料房、粮食或饲料仓库或晒谷场，短时间内采食了大量的谷物或豆类、畜禽的配合饲料，而发生急性瘤胃酸中毒。

（2）症状　最急性病例，往往在采食谷类饲料后3～5小时无明显症状而突然死亡，有的仅见精神沉郁、昏迷，而后很快死亡。轻微瘤胃酸中毒的病例，病畜表现神情恐惧，食欲减退，反刍减少，瘤胃蠕动减弱，瘤胃胀满；呈轻度腹痛（间或后肢踢腹）；粪便松软或腹泻。若病情稳定，无须任何治疗，3～4天后能自动恢复进食。

中等瘤胃酸中毒病例，精神沉郁（图6-63），鼻镜干燥，食欲废绝，反刍停止，空口虚嚼，流涎，磨牙，粪便稀软或呈水样，有酸臭味。体温正常或偏低。如果在炎热季节，患畜暴晒于阳光下，体温也可升高至41℃。呼吸急促，50次/分钟以上；脉搏增数，达80～100次/分钟。瘤胃蠕动音减弱或消失，听-叩结合检查有明显的钢管叩击音。以粗饲料为日粮的牛、羊在吞食大量谷物之后发病，触诊时，瘤胃内容物坚实，呈面团感。吞食少量谷物之后而发病的病畜，瘤胃并不胀满。过食黄豆、苕籽者不常腹泻，但有明显的瘤胃酸胀。病畜皮肤干燥，弹性降低，眼窝凹陷，尿量减少或无尿；血液暗红，黏稠。病畜虚弱或卧地不起。

图6-63　瘤胃酸中毒，牛精神沉郁（秦贞福 摄）

重剧性瘤胃酸中毒的病例，病畜蹒跚而行，碰撞物体，眼反射减弱或消失，瞳孔对光反射迟钝；卧地，头回视腹部，对任何刺激的反应都明显下降；有的病畜兴奋不安，向前狂奔或转圈运动，视觉障碍，以角抵墙，无法控制。随病情发展，后肢麻痹、瘫痪、卧地不起；最后角弓反张，昏迷而死。

（3）诊断　根据脱水，瘤胃胀满，卧地不起，具有蹄叶炎和神经症状，结合过食豆类、谷类或含丰富碳水化合物饲料的病史，可作出诊断。

（4）治疗　应用5%碳酸氢钠注射液1500～2000毫升，静脉注射。复方氯化钠注射液、生理盐水、5%葡萄糖等，每日8000～10000毫升分2～3次静脉注射。高糖注射液和维生素C注射液静脉注射。用1%氯化钠溶液或1%碳酸氢钠溶液，或1：5石灰水上清液，反复洗胃，直至瘤胃内pH值接近7为止。重症瘤胃酸中毒，尽快施行瘤胃切开术，取出瘤胃内容物，并移植健康瘤胃液2～4升，加少量碎干草效果更好。

（5）预防　主要是加强饲养管理，合理调制饲料，防止过食谷物等精料。精料饲喂量高的牛场，日粮中可加入2%碳酸氢钠、0.8%氧化镁和碳酸钙，使瘤胃内容物保持在pH值6以上。对偷食过多谷物精料的牛，在出现酸中毒症状之前应及时洗胃。

二、皱胃变位

皱胃的正常解剖学位置改变，称为皱胃变位。按其变位的方向分为左方变位和右方变位两种类型，习惯上把左方变位称为皱胃变位，而把右方变位称为皱胃扭转。在兽医临床上，绝大多数病例是左方变位，且成年高产奶牛的发病率高，发病高峰在分娩后6周内。犊牛与公牛较少发病。

1. 左方变位

皱胃通过瘤胃下方移到左侧腹腔，置于瘤胃和左腹壁之间，称为左方变位（图6-64、图6-65）。

（1）发生　皱胃左方变位主要与皱胃弛缓和机械性转移两方面因素有关。皱胃弛缓时，皱胃功能不良，导致皱胃扩张和充气，容易因受压而游走变位。造成皱胃弛缓的原因可包括一些营养代谢性疾病或感染性疾病（如酮病、低钙血症、生产瘫痪、牛妊娠毒血症、子宫炎、乳腺炎、胎衣不下、消化不良），以及喂饲较多的高蛋白质精料或含高水平酸性成分饲料（如玉米青贮等）。此外，由于上述疾病可使病畜食欲减退，导致瘤胃体积减小，促进皱胃变位的发生。皱胃机械性转移，认为是妊娠子宫逐渐增大而沉重，将瘤胃从腹腔底抬高，而致皱胃向左方移位。分娩时，由于胎儿被产出，瘤胃恢复下沉，致使皱胃被压到瘤胃与左腹壁之间。此外，爬跨、翻滚、跳跃等情况，也可能造成发病。

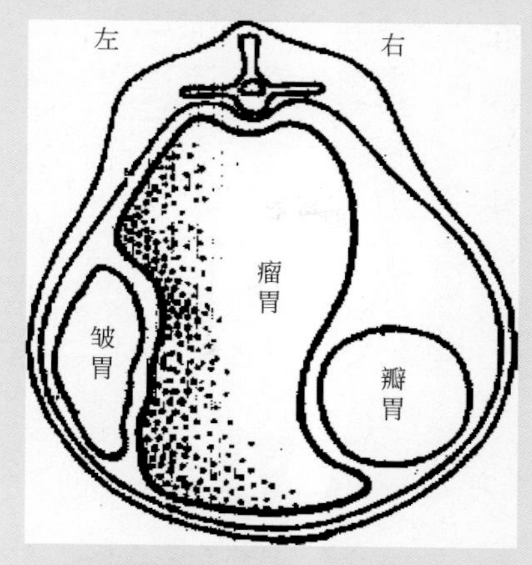

图6-64 皱胃左方变位
（第十一胸椎横断面）

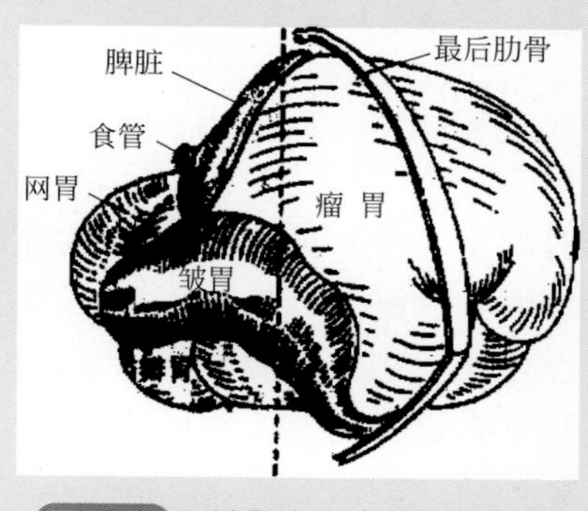

图6-65 皱胃左方变位的平切面

（2）症状 病初前胃弛缓，食欲减退，厌食精料，青贮饲料的采食量往往减少，多数病牛只对粗饲料仍保留一些食欲，产奶量下降1/3～1/2。通常排粪量减少，呈糊状，深绿色。随着病程的发展，左腹膨大，左侧肋弓突起（图6-66），瘤胃蠕动音减弱或消失。在左腹听诊，能听到与瘤胃蠕动时间不一致的皱胃蠕动音。在左腹部后3个肋骨区域内叩诊（病的初期应结合听诊），可听到高亢的鼓音或典型的钢管音（类似叩击钢管的铿锵音）。在左侧肋弓下进行冲击式触诊可听到振水音（液体振荡音）。直肠检查，可发现瘤胃背囊明显右移。有的病牛可出现继发性酮病，呼出的气体和乳汁带有酮味。

（3）诊断 根据左腹膨大，特定部位听诊与叩诊音的特点，可作出初步诊断。在左腹听到高亢鼓音或钢管音的区域内进行穿刺检查，穿刺液呈酸性反应（pH值为1～4），棕褐色，缺乏纤毛虫，表明穿刺液取自皱胃，据此可作出明确诊断。

（4）治疗　目前治疗皱胃左方变位的方法有滚转复位法、真胃盲针固定法和手术疗法。

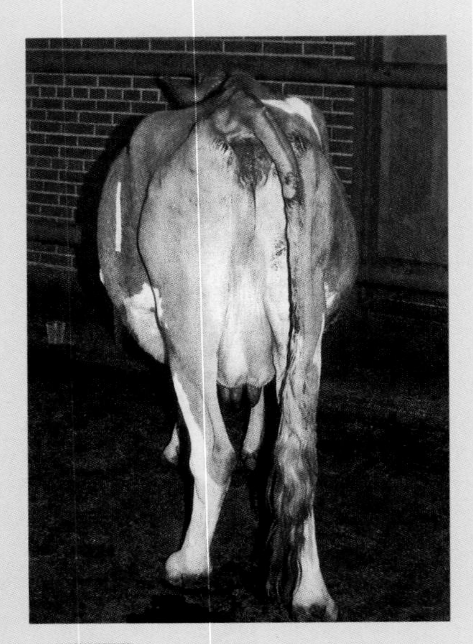

图6-66　皱胃左方变位，左腹凸起（引自赵德明译 奶牛疾病学）

① 滚转复位法　饥饿1～2天并限制饮水，使瘤胃容积缩小；使牛右侧横卧1分钟，将四蹄缚住，然后转成仰卧1分钟，随后以背部为轴心，先向左滚转45º，回到正中，再向右滚转45º，再回到正中（左右摆幅90º）。如此来回地向左右两侧摆动若干次，每次回到正中位置时静止2～3分钟；将牛转为左侧横卧，使瘤胃与腹壁接触，转成俯卧后使牛站立。也可以采取左右来回摆动3～5分钟后，突然停止。在右侧横卧状态下，用叩诊和听诊结合的方法判断皱胃是否已经复位。然后让病牛缓慢转成正常卧地姿势，静卧20分钟后，再使牛站立。治疗过程中，适时口服缓泻剂与制酵剂，应用促反刍药物和拟胆碱药物，静脉注射钙剂和口服氯化钾，以促进胃肠蠕动，加速胃肠排空，消除皱胃弛缓。滚转法治疗后，让动物尽可能地采食优质干草，以促进胃肠蠕动，增加瘤胃容积，从而防止左方变位的复发。

② 真胃盲针固定法　是用套管针穿刺真胃，将固定线送入真胃内的方法。真胃盲针固定是在滚转整复的基础上实施真胃固定的手术方法，也是保守疗法的一种。该方法用时短、费用低。在滚转整复后于腹底部相距4～6厘米处，分别向真胃内植入T形固定线。

③ 手术疗法　适用于病后的任何时期，疗效确实，是根治疗法。

（5）预防　合理配合日粮，日粮中的谷物饲料、青贮饲料和优质干草的比例应适当；对发生乳腺炎或子宫炎、酮病等疾病的病畜应及时治疗；在奶牛的育种方面，应注意选育后躯宽大、腹部较紧凑的奶牛。

2. 右方变位（皱胃扭转）

皱胃从正常的解剖位置以顺时针方向扭转到瓣胃的后上方，而置于肝脏与腹壁之间，称为皱胃右方变位（图6-67）。主要与皱胃弛缓有关，与分娩关系不大。

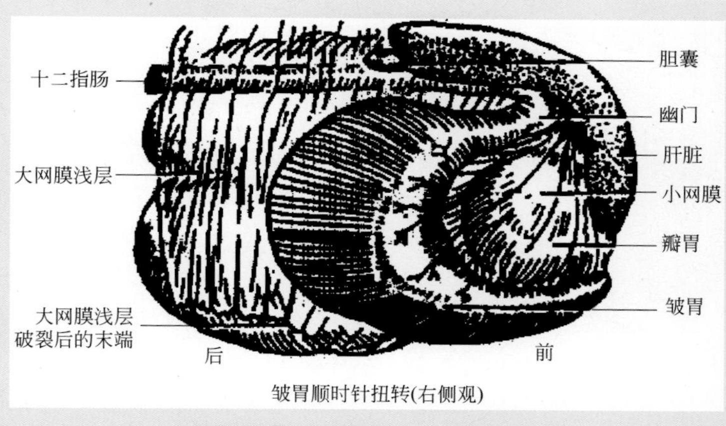

图6-67　皱胃右方变位剖面图

（1）症状　皱胃右方变位病情急剧，突然发生腹痛，背腰下沉，呻吟不安，后肢踢腹。食欲减退或废绝，泌乳量急剧下降，体温一般正常或偏低，心率加快，呼吸数正常或减少。瘤胃蠕动音消失，粪便呈黑色、糊状，混有血液。可见右腹膨大或肋弓突起（图6-68），冲击式触诊可听到液体振荡音。在听诊右腹同时叩打最后两个肋骨，可听到典型的钢管音。直肠检查，在右腹部触摸到臌胀而紧张的皱胃（图6-69）。从臌胀部位穿刺皱胃可抽出大量带血色液体（图6-70），pH值1～4。

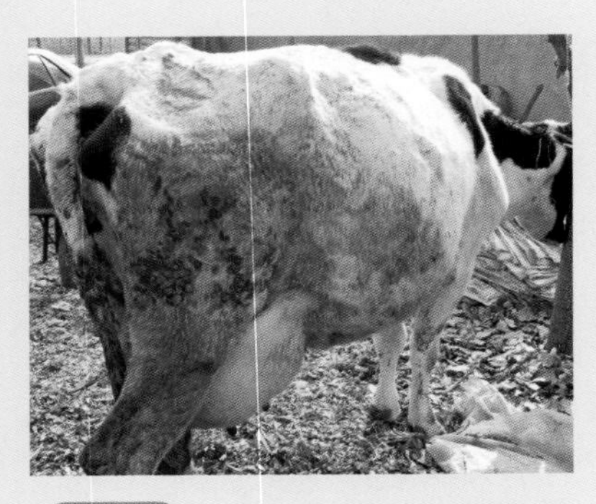

图6-68 皱胃右方变位，右腹凸起（秦贞福 摄）

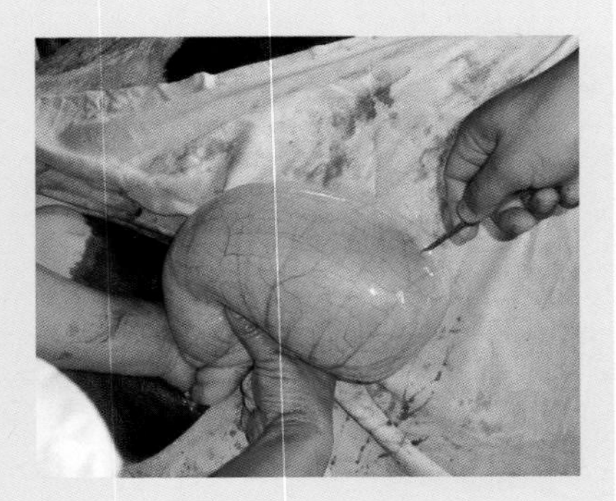

图6-69 皱胃积气（秦贞福 摄）

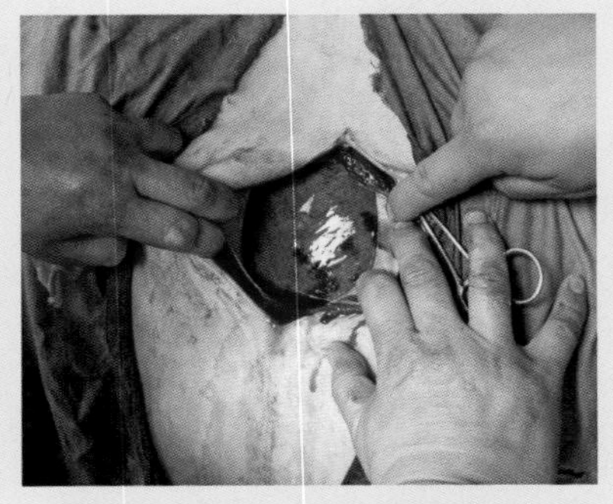

图6-70 皱胃黏膜肿胀出血（秦贞福 摄）

（2）治疗　皱胃扭转主要采用手术方法治疗。在右腹部第3腰椎横突下方10～15厘米处作垂直切口，导出皱胃内的气体和液体；纠正皱胃位置，并使十二指肠和幽门通畅；然后将皱胃在正常位置加以缝合固定，防止复发。治疗中应根据病牛脱水程度，进行补液和强心。同时治疗低钙血症、酮病等并发症。

（3）预防　皱胃右方变位的预防与皱胃左方变位的预防措施相似。

三、犊牛腹泻

犊牛腹泻是指正在哺乳期的犊牛，由于肠蠕动亢进，肠内容物吸收不全或吸收困难，致使肠内容物与多量水分被排出体外，粪便呈稀薄水样，犊牛表现脱水、酸中毒等症状。本病一年四季均可发生，以1月龄内的犊牛发病率和死亡率最高。

1. 发生

（1）饲养管理不当　母牛产前营养不良，犊牛初乳不足；缺乏微量元素或矿物质；母牛乳房不洁，奶质不卫生，或喂给犊牛患乳腺炎母牛的乳汁；犊牛圈舍阴暗潮湿、不洁、通风不良。

（2）应激反应　犊牛突然受冷或热刺激；长途运输、环境突变、惊吓、噪声过大、饲喂过饱等均可作为腹泻的诱因。

（3）某些传染病或寄生虫病感染　犊牛感染肠道病毒（轮状病毒、冠状病毒和星状病毒等）、细菌（大肠杆菌、沙门菌等）、寄生虫（犊牛在胚胎期由母体感染蛔虫，或犊牛感染球虫、绦虫等）均可导致腹泻。

2. 症状

因饲养管理、应激而发生的消化不良性腹泻可发生于各年龄阶段的犊牛，主要集中于3周龄前犊牛。发病后由于体液和电解质丧失而致机体脱水（图6-71），大量使用抗生素不见明显疗效。病犊精神沉郁，鼻镜处有很多干痂。排粪减少，仅排不成形的、黄色脓性粪便（图6-72），粪便内含有黏液。病犊不愿站立，走路蹒跚，腹围增大，体温升高，听诊心跳稍快，肠音很高。劣质代乳品引起的腹泻，病牛表现为精神、食欲正常，饮食后胀肚，喜卧，会阴、尾部常被粪便污染，有异食癖；过多饲喂母乳全奶引起的腹泻，病牛表现为精神萎靡，厌食，粪便多而恶臭，并带有很多黏液；缺硒引起的腹泻，常反复发作，经久不愈，病牛机体抵抗力差，常易患呼吸道炎症，听诊心音混浊有杂音。

图6-71　犊牛腹泻脱水
（胡士林　摄）

图6-72　犊牛腹泻
（胡士林　摄）

3. 治疗

治疗原则为清理肠道、促进消化、消炎解毒、防止脱水、调节胃肠功能，目前多采用水电解质疗法。

（1）适量补液　补液量应根据脱水量和临床症状来决定，有口服补液及静脉补液两种方法。

口服补液适用于有食欲、脱水量在体重6%～8%的犊牛。方剂：碳酸氢钠108.9克，氯化钠113.6克，氯化钾50.3克，葡萄糖535.2克，甘氨酸224克，以上药剂混合。按混合物38.3克加水1000克的比例配液。喂奶后2小时或喂奶前半小时服用。

静脉补液适用于无食欲、脱水量在体重10%以上的犊牛。方剂：氯化钠2.9克，氯化钾1.1克，乳酸钠3.7克，葡萄糖19.8克，以上药剂加水1000毫升混合均匀。剂量为每千克体重25毫升，静注。

（2）对症治疗　一般性消化不良，可用乳酸片10片、磺胺脒10片、酵母片5片，一次灌服；下痢脱水的，可用5%葡萄糖生理盐水500毫升、四环素75万国际单位、30%安乃近10毫升、地塞米松磷酸钠10毫克，一次静脉注射。

中毒性消化不良的，可用5%葡萄糖生理盐水500毫升、5%碳酸氢钠100毫升、维生素C 10毫升、10%安钠咖4毫升，一次静脉注射；伴有呼吸道症状的，可用双黄连20毫升、5%葡萄糖生理盐水500毫升、氨苄青霉素0.5克、地塞米松磷酸钠10毫克，一次静脉注射。

伴有下痢带血的，可肌内注射甲砜霉素10毫升、维生素$K_3$4毫升；或用磺胺脒4克、碳酸氢钠4克、次硝酸铋0.5克，加水500毫升，灌服或将大蒜100克捣碎成蒜泥加温开水500克灌服，每日2次，连服3天。1%黄连素10毫升加入10%葡萄糖500毫升内静脉滴注；或10%葡萄糖注射液500毫升、5%糖盐水500毫升、复方盐水500毫升、10%安钠咖10～20毫升、5%碳酸氢钠200毫升、庆大霉素60万～100万单位、10%维生素C20毫升，混合加温至体温，一次静脉滴注。

4. 中药疗法

（1）对消化不良、脾虚泄泻者可用青皮散加减：青皮、川厚朴、枳壳、白术、当归、川芎、陈皮各15克，山药20克，扁豆、云茯苓、泽泻、车前子各15克，甘草10克，大枣为引，水煎，候温灌服。

（2）对体温升高、便血等急性腹泻者可选用以下方药治疗。

方药一：郁金散加减。郁金、黄连、黄柏、栀子、白芍各50克，白头翁80克，秦皮50克，地榆60克，诃子50克，乌梅50克，甘草20克，炒槐花为引，水煎，候温灌服。

方药二：白头翁汤加味。白头翁20克，黄连、黄柏、秦皮各15克，焦地榆10克，焦荆芥10克，焦蒲黄10克，苦参6克，大黄10克，金银花10克，连翘10克，水煎，候温灌服。

第八节 牛生殖系统疾病防治

一、卵巢机能减退

1. 卵巢机能减退

是指卵巢受各种因素的影响机能发生紊乱，临床呈现排卵障碍，如不排卵或排卵延迟，母牛不发情或发情不完全。

主要由四个因素引起：①饲养管理不当，日粮搭配不平衡，饲料单纯，品质低劣，母牛营养不良、消瘦或精料饲喂量过多，母牛过肥；②激素分泌异常和酶活性降低；③应激因素的作用，各种不良环境条件都可能成为应激因素，如热应激、冷应激、饲料应激等都能引起排卵障碍；④机体状况，如年老牛、瘦弱母牛等。患有消化道和呼吸道疾病、营养代谢病等可引起卵巢机能不全。排卵障碍也有遗传性。

2. 症状

（1）卵巢机能不全　病牛发情周期正常，发情明显或微弱，卵巢中有成熟卵泡但不排卵，卵泡发生退化或闭锁，发情征兆随之消失或延迟排卵，因卵子老化或变性不能受孕。直肠检查，卵巢无特殊变化。仅见前者在发情当天卵泡变软、壁薄，继而变厚，有波动感，卵泡存在时间较长。

（2）卵巢静止　母牛长期无发情表现，卵巢大小、质地正常。直肠检查，卵巢上无卵泡和黄体，体积变小。

（3）卵巢萎缩　母牛长期不发情，直肠检查，卵巢缩小，组织萎缩、质地硬，无卵泡和黄体，子宫收缩得又细又硬。

3. 治疗

肌内注射促卵泡素（FSH）100 ～ 200国际单位；肌内注射人绒毛膜促性腺激素（HCG）2000 ～ 3000国际单位，必要时隔1 ～ 2天重复注射一次；肌内注射孕马血清（PMSG）1000 ～ 2000国际单位。

4. 预防

主要是提高奶牛机体抗病能力，保证日粮中精粗饲料搭配合理，蛋白质、能量、微量元素和维生素要满足奶牛营养；合理安排奶牛饲喂、运动、挤奶时间。

二、卵巢囊肿

1. 发生

饲料中缺乏维生素A或含有多量的雌激素。饲喂精料过多而又缺乏运动，故舍饲的高产奶牛多发，且多见于泌乳盛期。垂体或其他激素腺体机能失调或雌激素用量过多，均可造成囊肿。由于子宫内膜炎、胎衣不下及其他卵巢疾病而引起卵巢炎，可致使排卵受阻，也与本病的发生有关。此外，本病的发生也与气候骤变、遗传有关。奶牛的卵巢囊肿多发生于第四～六胎产奶量最高期间，肉牛则发病率较低。

2. 症状

牛卵巢囊肿常发生于产后60天以内，以产后15 ～ 40天多见，也有的在产后120天发生的。卵泡囊肿的主要特征是无规律地频繁发情和持续发情，甚至出现慕雄狂；黄体化囊肿则长期不表现发情。患卵泡囊肿的母牛，发情表现反常，如发情周期变短，发情期延长，以至发展到严重阶段，持续表现强烈的发情行为，而成为慕雄狂，性欲亢进并长期持续或不定期地频繁发情，喜爬跨或被爬跨。荐坐韧带松弛下陷，致使尾椎隆起（图6-73）。外阴充血、肿胀，触诊呈面团感（图6-74）。阴道经常流出大量透明黏稠分泌物，但无牵缕状（正常发情母畜的分泌物呈牵缕状）。少数病畜阴门外翻，极易引起感染而并发阴道炎。

图6-73　尾椎隆起（引自潘耀谦　奶牛疾病诊治彩色图谱）

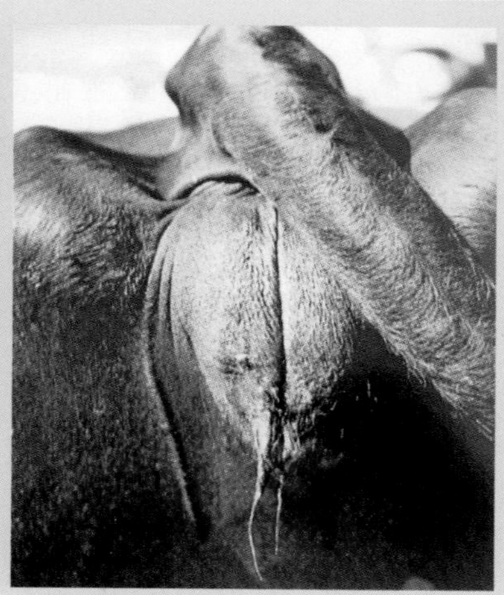

图6-74　外阴肿胀（引自潘耀谦　奶牛疾病诊治彩色图谱）

直肠检查时，发现单侧或双侧卵巢体积增大（图6-75），有数个或一个囊壁紧张而有波动的囊泡，表面光滑，无排卵突起或痕迹；直径通常在2～5厘米，大小不等；囊泡壁薄厚不均，触压无痛感，有弹性，坚韧，不易破裂。子宫肥厚，松弛下垂，收缩迟缓。为与正常卵泡区别，可间隔2～3天再进行直肠检查一次，正常卵泡届时均已消失。

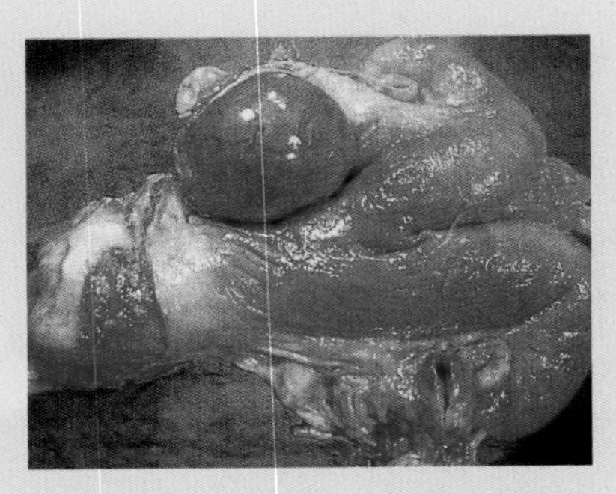

图6-75 卵巢囊肿（引自潘耀谦奶牛疾病诊治彩色图谱）

3. 诊断

通过了解母畜繁殖史，配合临床检查，如果发现有慕雄狂的病史、发情周期短或不规则发情时，即可怀疑患有此病。直肠检查，发现卵巢体积增大，有数个或一个突起表面的囊壁紧张而有波动、表面光滑、触压有弹性、坚韧、不易破裂的囊泡时即可确诊。

4. 治疗

（1）绒毛膜促性腺激素（HCG）是具有类似促黄体素生物学效能的促性腺激素，对本病有较好的疗效。静脉注射量为2500 ～ 5000国际单位/次，肌内注射10000 ～ 20000国际单位/次。一般在用药后1 ～ 3天，外表症状逐渐消失，9天后进行直肠检查，可见卵巢上的囊肿卵泡破裂或被吸收，且无黄体生长。只要有效，即应观察一个时期，不可急于用药，以防产生持久黄体。如不见效，可再注射。

经绒毛膜促性腺激素治疗3天无效，可选用下列药物：黄体酮，50 ～ 100毫克，肌内注射，每日一次，连用5 ～ 7天，总量为250 ～ 700毫克。肾上腺皮质激素、地塞米松各10 ～ 20毫克，肌内注射或静脉注射，隔日一次，连用3次。

促性腺激素释放激素（GnRH）：0.25 ～ 1.5毫克/次，肌内注射，效果显著。

（2）碘化钾疗法　碘化钾3 ～ 9克的粉末或1%水溶液，内服或拌入饲料中饲喂，每日一次，7天为1个疗程，间隔5天，连用2 ～ 3个疗程。

（3）中药疗法　以行气活血、破血祛瘀为主。可用肉桂20克、桂枝25克、莪术30克、三棱30克、藿香30克、香附子40克、益智25克、甘草15克、二皮（陈皮、青皮）各30克，研末内服。

5. 预防

供给全价并富含维生素A及维生素E的饲料，防止精料过多；适当运动，合理使役，防止过劳和运动不足；对正常发情的母畜，要适时配种或人工授精；对其他生殖器官疾病，应及早合理治疗。

三、持久黄体

持久黄体也称永久黄体或黄体滞留。是指母牛在分娩后或性周期排卵后，妊娠黄体或发情周期黄体及其机能长期存在而不消失。

1. 发生

饲料单纯，品质低劣，母牛营养不足；日粮搭配不平衡，特别是矿物质、维生素A、维生素E不足或缺乏。子宫慢性炎症、胎衣不下、子宫复旧不全等，子宫内存有异物（如木乃伊胎儿、子宫蓄脓、子宫积水、子宫肿瘤及胎儿浸溶等），都会使黄体吸收受阻，而成为持久黄体。结核病、布氏杆菌病等也可能促使本病的发生。高产奶牛在分娩后，由于大量饲喂精料，致使乳产量高而持续，由于营养消耗严重，血中促乳素水平提高，不仅表现出发情停滞，而且也易导致本病的发生。

2. 诊断

持久黄体的症状特征是母牛性周期停滞，长期不发情。直肠检查时，一侧或两侧卵巢体积增大，卵巢内有持久黄体存在，并突出于卵巢表面；由于黄体所处阶段不同，有的呈捏粉感，有的质度较硬，其大小不一，数目不定，有一个或两个以上；间隔5～7天进行一次直肠检查，经2～3次检查，如黄体的大小、位置、形态及质地均无变化，且子宫内不见妊娠，即可确诊为持久黄体。

3. 治疗

持久黄体不伴有子宫疾患时，治疗后黄体消退，性周期恢复，预后良好；如伴有子宫疾患并发胎儿干尸，以及患全身疾病，奶牛体弱，预后可疑。

① 药物治疗　前列腺素$F_{2\alpha}$30毫克，一次肌内注射。甲基前列腺素$F_{2\alpha}$5～6毫克，一次肌内注射。间隔11天再注射一次。氯

前列烯醇500微克，一次肌内注射。孕马血清第一次量20～30毫克，一次皮下注射或肌内注射，7天后再注射一次，注射量为30毫升。

② 伴发子宫炎时，应肌内注射雌二醇4～10毫克，促使子宫颈开张，再用庆大霉素80万国际单位或土霉素2克或金霉素1～1.5克，溶于500毫升蒸馏水中，一次注入子宫内，每日或隔日一次，直至阴道分泌物清亮为止。

4. 预防

加强产后母牛的饲养，尽快消除能量负平衡的过程。产后母牛，一般都处于能量负平衡，泌乳早期的能量负平衡可能降低黄体功能，使黄体酮水平降低；严重的能量负平衡将引起奶牛出现持久黄体，因此对产后母牛要加强饲养，饲料品质要好，并供应充足的优质青干草，促进食欲，提高机体采食量；严禁为了追奶产量而过度增加精料。加强对产后母牛健康检查，发现疾病应及时治疗。产后母牛易患营养代谢病（如酮病、缺钙症等）而影响繁殖，生产中应建立监控制度，定期对血、尿、乳进行酮体检查，对牛的食欲、泌乳要逐日观察，异常者应及时处理。对母牛繁殖应进行监控，对产后母牛性周期停止、乏情期延长者，要仔细检查。对异常者采取针对性措施，予以处理，防止病情加重。

四、子宫内膜炎

1. 发生

子宫内膜炎是子宫黏膜的炎症，是常见的一种母畜生殖器官疾病，也是导致母畜不孕不育的重要原因之一。

病原微生物的感染是主要原因，常见的有大肠杆菌、葡萄球菌、链球菌、变形杆菌、化脓性棒状杆菌等，某些传染病（如布氏杆菌病、牛传染性鼻气管炎、病毒性腹泻等）会直接或继发子宫内膜炎。细菌或真菌污染子宫主要发生于分娩和产后围产期，这段时间生殖道敏感，母牛自身防御力低下，特别是在子宫或产道受到损伤时容易受到感染，如难产、胎衣不下、子宫脱出及产道损伤。配种、人工授精及阴道检查时消毒不严都能引起子宫内膜发炎。雌激素、孕酮降低抑制感染细菌的机能下降，产后一周和受精后3～6天感染引起子宫内膜炎；奶牛过肥、运动不足、过度催乳。

2. 症状（图6-76、图6-77）

（1）急性化脓性子宫内膜炎　主要发生在产后10天以内。病牛表现拱背努责，体温升高，精神沉郁，食欲、产奶量明显下降，反刍减少或停止。有的子宫收缩无力，不能排出恶露；有的排出污秽恶臭难闻的恶露。

（2）隐性子宫内膜炎　病牛临床上不表现任何异常，发情正常，但屡配不孕，发情时的黏液中稍有混浊或混有很小的脓片，由于子宫的轻度感染，是造成受精卵和胚胎死亡，致使屡配不孕的原因。

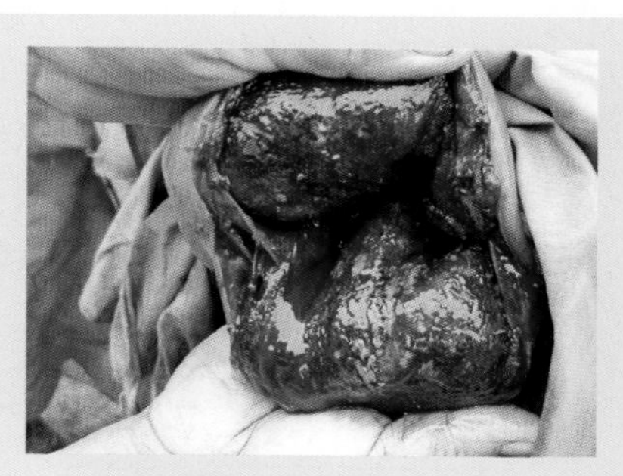

图6-76　子宫内膜炎（一）
（马爱霞 摄）

（3）慢性卡他性子宫内膜炎　性周期正常，但难以妊娠，即使妊娠也易流产；阴门流出稀薄的黏液；阴道检查，阴道壁上有黏液或絮状物附着，阴道黏膜潮红，子宫颈口部分开张；直肠检查，子宫角增粗，子宫壁厚薄不均，卵巢正常。

图6-77　子宫内膜炎（二）
（马爱霞 摄）

（4）慢性卡他性脓性子宫内膜炎　病牛临床表现为排出白色混浊的黏液或稀薄的黏液夹杂黏稠脓性分泌物，排出物可污染尾根和后躯；病牛不发情，体温略高、食欲减退、精神沉郁、逐渐消瘦等全身症状轻微；阴道检查，宫颈外口充血、肿胀；直肠检查，子宫角变粗，若有渗出液积留时，压之有波动感，往往并发卵巢囊肿。

（5）慢性脓性子宫内膜炎　病牛不发情。经常从阴门中排出污白色脓液，排出的分泌物常粘在尾根部和后躯，形成干痂；直肠检查可发现子宫壁增厚，宫缩反应微弱或消失，卵巢上有囊肿。

3. 治疗

（1）子宫灌注抗生素　①广谱抗生素，土霉素3克。②林格液：碘25克，碘化钾500毫克，加水500毫升配成5%溶液。取20毫升，加入500毫升水灌注。③鱼石脂8～10克，加入1升水，每次灌入100毫升，1～3次。

（2）子宫冲洗　选用0.1%～0.3%高锰酸钾溶液，0.1%～0.2%雷佛奴尔溶液，0.1%复方碘溶液，1%～2%等量碳酸氢钠溶液，1%明矾溶液，每日或隔日冲洗子宫，至冲洗液变清为止。为促进子宫收缩，减少和阻止渗出物吸收，可用5%～10%氯化钠溶液500～2000毫升，每日或隔日冲洗子宫一次。随渗出物的逐渐减少和子宫收缩力的提高，氯化钠溶液的浓度应渐降至1%，其用量亦随之渐减。

（3）应用子宫收缩剂　为增强子宫收缩力，促进渗出物的排出，可给予己烯雌酚、垂体后叶素、氨甲酰胆碱、麦角制剂等。

4. 预防

在临产前和产后，对产房、产畜的阴门及其周围都应进行消毒，以保持清洁卫生。配种、人工授精及阴道检查时，除应注意器械、术者手臂和外生殖器的消毒外，操作要轻，不能硬顶、硬插。对正常分娩或难产时的助产以及胎衣不下的治疗，要及时、正确，以防损伤和感染。加强饲养管理，做好传染病的防制工作。

五、流产

1. 发生

（1）饲养性流产　饲料数量严重不足和矿物质、维生素（维生素A等）及微量元素（维生素E）含量不足均可引起流产；饲料品质不良或饲喂方法不当，如喂给发霉、腐败变质的饲料，或饲喂大量饼渣、含有亚硝酸盐、农药以及有毒植物的饲料，均可使孕畜中毒而流产；饲喂方式的改变，如孕畜由舍饲突然转为放牧，饥饿后喂以大量可口饲料，可引起消化功能紊乱或疝痛而发生流产。

（2）损伤性及管理性流产　这是造成散发性流产的一个最重要的因素，主要由于管理及使役不当，使子宫和胎儿受到直接或间接的机械性损伤，或孕畜遭受各种逆境的剧烈危害，引起子宫反射性收缩而流产。如对腹壁的碰撞、抵压和蹴踢，母畜在泥泞、结冰、光滑或高低不平的地方跌倒摔伤以及出入圈门时过度拥挤均可造成流产；剧烈迅速的运动、跳越障碍及沟渠、上下陡坡等，都会使胎儿受到振动而流产。此外，粗暴地鞭打头部和腹部，或打冷鞭、惊群，可使母畜精神紧张，肾上腺素分泌增多，反射性地引起子宫收缩所致。

（3）医疗错误性流产　全身麻醉，大量放血，手术，服入过量泻剂、驱虫剂、利尿剂，注射某些可以引起子宫收缩的药物（如氨甲酰胆碱、毛果芸香碱、槟榔碱或麦角制剂），误给大量堕胎药（如雌激素制剂、前列腺素等）和孕畜忌用的其他药物，注射疫苗，以及对某些穴位长期针灸刺激，粗鲁的直肠检查、阴道检查等均有可能引起流产。

（4）习惯性流产　多因内分泌失调所致，如孕酮在妊娠早期胚胎的着床和发育中起着重要作用，当分泌不足或产生不协调时，均可引起胚胎死亡和流产。

（5）疾病性流产　常继发于子宫内膜炎、阴道炎、胃肠炎、疝痛病、热性病及胎儿发育异常等过程中；很多病原微生物和寄生虫都能引起牛、羊流产，且危害比较严重。它们不是侵害胎盘及胎儿而引起自发性流产，就是以流产作为一种症状，而发生症状性流产。

2. 诊断要点

由于流产的发生时期、原因及母畜反应能力不同，流产的病理过程及所引起的胎儿变化和临床症状也很不一样。可归纳为以下6种。

（1）隐性流产　发生在妊娠初期，胚胎尚未形成胎儿，死亡组织液化，被母体吸收。或在母畜再发情时随尿排出，未被发现。一般在胚胎形成1～1.5个月后，经直肠检查确定已妊娠，但过一段时间后母牛又重新发情，同时直肠检查原妊娠现象消失，即可诊断为隐性流产。

（2）早产　即排出不足月的活胎儿。流产前2～3天，母牛乳房突然胀大，乳头内可挤出清亮液体，阴门稍微肿胀，并向外排出清亮或淡红色黏液，流产胎儿体小、软弱，如果胎儿有吸吮反射，能吃奶者并精心护理，仍有成活的可能。流产前的症状与正常生产相似，如胎动频繁、腹痛不安、时时开张后肢，阴门外翻，拱背努责，有时从阴门流出血水。

（3）小产　即排出死亡而未经变化的胎儿。这是流产中最常见的一种。胎儿死后，它对母体好似异物一样，可引起子宫收缩反应，于数天之内将死胎及胎衣排出。妊娠初期的流产，因为胎儿及胎膜很小，排出时不易发现，有时可能被误认为是隐性流产。妊娠前半期的流产，事前常无预兆。妊娠末期流产的预兆和早产相同。

（4）胎儿浸溶　妊娠中断后，死亡胎儿的软组织被分解，变为液体流出，而骨骼留在子宫内（图6-78）。多见于牛。病牛表现精神沉郁，食欲减退，体温升高，常见腹泻或肚胀，阴道内流出棕褐色恶臭液体，病牛逐渐消瘦，经常努责。阴道检查，发现子宫颈开张，在子宫颈内或阴道内有时可发现骨片。直检子宫如一圆球，可摸到参差不平的胎骨，并有骨片互相摩擦的感觉。

（5）胎儿腐败分解　胎儿在子宫内死亡后，腐败菌通过开张的子宫颈口侵入，引起胎儿腐败分解，产生气体。此时母畜表现严重的全身症状，如精神沉郁，食欲减退，体温升高，腹围增大，呻吟不安，频频努责，阴门中流出污红色恶臭液体，如不及时治疗，多因败血性腹膜炎而死亡。

（6）胎儿干尸化　妊娠中断后，胎儿死亡，但未排出（与黄体不萎缩有关），其组织中水分及胎水被吸收，胎儿变为棕黑色像干尸一样（由于子宫颈不开放，细菌未能侵入子宫，胎儿未发生腐败和分解，图6-79）。母牛全身症状不明显，但如确定母牛已经妊娠，在孕期由于某种原因，母牛妊娠现象渐渐消退，肚腹渐渐变小，直检发现宫颈细硬，子宫呈球状，子宫内有坚硬感，无波动，压之无胎动，摸不到子叶，卵巢上有黄体，母牛不发情，即可确定为本病。有的干尸化胎儿在母牛再次发情时而被排出或卡在产道，在直检或产道检查时被发现。

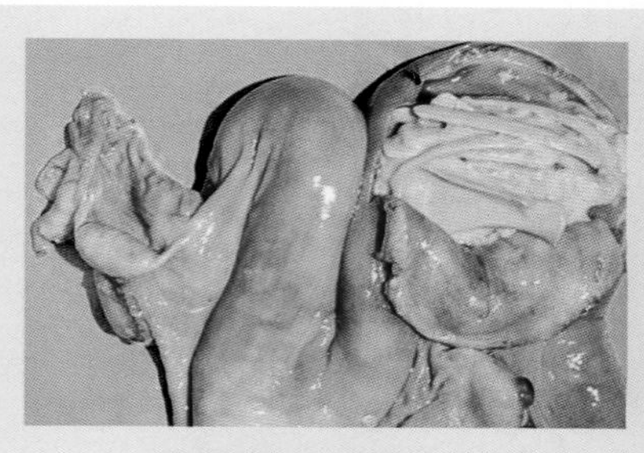

图6-78 胎儿浸溶
（引自网络）

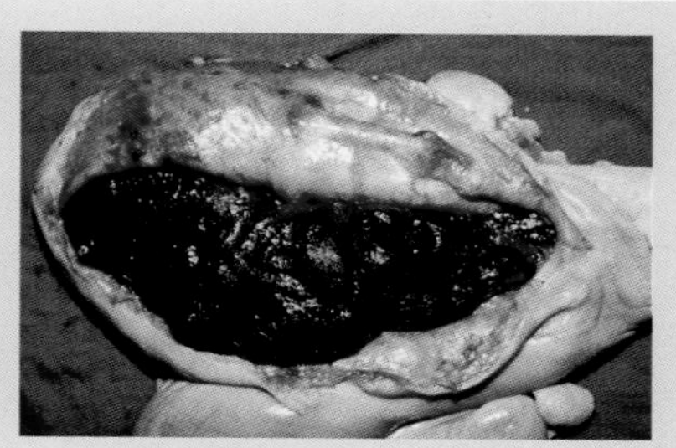

图6-79 胎儿木乃伊化
（引自网络）

3. *治疗*

（1）先兆流产　临床上见到孕畜腹痛不安，时时排尿、努责，并有呼吸、脉搏加快等现象时，可能要引起流产，但阴道检查，子宫颈口紧闭，子宫颈塞尚未流出；直检胎儿还活着。治则以安胎为主，使用抑制子宫收缩药或用中药保胎。

肌内注射黄体酮50～100毫克，每日1次，连用4次（为预防习惯性流产，可在流产前1个月，定期注射本品），牛也可用0.5%硫酸阿托品2～6毫升，皮下注射。给以镇静剂，如静脉注射安溴注射液100～150毫升，或肌内注射盐酸氯丙嗪300毫克或2%静松灵1～2毫升。

如果先兆流产经上述处理，病情仍未稳定下来，阴道排出物继续增多，孕畜起卧不安加剧；阴道检查，子宫颈口已开张，胎囊已进入阴道或已破水，流产已难避免，则应尽快促进胎儿排出，以免胎儿死亡腐败引起子宫内膜炎，影响以后受孕。

直检发现胎儿已死，则即行引产，可肌内注射氯前列烯醇1毫克。

（2）胎儿浸溶　先皮下注射或肌内注射乙烯雌酚0.02～0.03克，以促进子宫颈口开张，然后逐块取净胎骨（操作过程中术者须防自己受到感染），完后用10%氯化钠溶液冲洗子宫，排出冲洗液后，子宫内放入抗生素（如红霉素、四环素等加入高渗盐水或凉开水内应用）；肌内注射0.25%比赛可灵10毫升等子宫收缩药品，以促进子宫内容物的排出，并根据全身情况的好坏，进行强心补液、抗炎疗法。

（3）胎儿腐败分解　先向子宫内灌入0.1%雷佛奴尔或高锰酸钾溶液，再灌入石蜡油作滑润剂，然后拉出胎儿（如胎儿气肿严重，可在胎儿皮肤上作几道深长切口，以缩小体积，然后取出；如子宫颈口开张不全时，可连续肌内注射乙烯雌酚或雌二醇10～30毫克；静脉滴注地塞米松20毫克后平均35小时宫口开张，或于子宫颈口涂以颠茄酊或颠茄流浸膏，也可用2%盐酸普鲁卡因80～100毫升，分四点注射于子宫颈周围，后用手指逐步扩大子宫颈口，并向子宫内灌入温开水，等待数小时）。如拉出胎儿有困难，可施行截胎术。拉出胎儿后，子宫腔冲洗、放药及全身处理同上。

（4）胎儿干尸化　如子宫颈口已开张，可向子宫内灌入润滑剂（如石蜡油、温肥皂水）后拉出胎儿，有困难时可进行截胎后拉出胎儿；如子宫颈口尚未开张，可肌内注射乙烯雌酚或雌二醇10～30毫克，每日1次，经2～3天后，可自动排出胎儿。如无效，可在注射乙烯雌酚2小时后再肌内注射催产素50万国际单位，或用5%盐水2500毫升，灌入子宫，每日1次，连用3次，有良效。

4. 预防

（1）加强饲养管理，增强奶牛体质　①日粮供应要合理，特别要注意饲料中矿物质、维生素和微量元素的供给，以防营养缺乏症的发生。饲料品质要好，严禁饲喂发霉、变质饲料。

②加强责任心，提高管理技术水平。兽医、配种员要严格遵守操作规程，防止技术事故的发生。③对临床病牛要作出正确诊断，并及时采取有效治疗方法，尽早促进其康复，防止因治疗失误或拖延病程而引起继发感染。

（2）加强防疫，定期进行疫病普查，保证牛群健康、无疫病。

（3）加强对流产牛及胎儿的检查。流产后，对流产母牛应单独隔离，全身检查，胎衣及产道分泌物应严格处理，确系无疫病时，再回群混养。

（4）对流产胎儿及胎膜，应注意有无出血、坏死、水肿和畸形等，详细观察、记录。为了解确切病因与病性，可采取流产母牛的血液（血清）、阴道分泌物及胎儿的真胃、肝、脾、肾、肺等器官，进行微生物学和血清学检查，从而真正了解其流产的原因，并采取有效方法予以防制。

六、胎衣不下

胎衣不下又称为胎膜停滞，是指母畜分娩后不能在正常时间内将胎膜完全排出。一般正常排出胎衣的时间大约在分娩后，牛为12小时、山羊为2.5小时、绵羊为4小时。

1. 发生

（1）产后子宫收缩无力：日粮中钙、镁、磷比例不当，运动不足，消瘦或肥胖，致使母畜虚弱和子宫弛缓；胎水过多，双胎及胎儿过大，使子宫过度扩张而继发产后子宫收缩微弱；难产后的子宫肌过度疲劳，以及雌激素不足等，都可导致产后子宫收缩无力。

（2）胎儿胎盘与母体胎盘愈着：由于子宫或胎膜的炎症，都可引起胎儿胎盘与母体胎盘粘连而难以分离，造成胎衣滞留。其中最常见的是感染某些微生物，如布氏杆菌、胎儿弧菌等；维生素A缺乏，能降低胎盘上皮的抵抗力而易感染。

（3）与胎盘结构有关：牛的胎盘是结缔组织绒毛膜型胎盘，胎儿胎盘与母体胎盘结合紧密，故易发生。

（4）环境应激反应：分娩时，受到外界环境的干扰而引起应激反应，可抑制子宫肌的正常收缩。

2. 诊断

胎衣不下有全部不下和部分不下两种。

（1）全部胎衣不下　停滞的胎衣悬垂于阴门之外，呈红色→灰红色→灰褐色的绳索状，且常被粪土、草渣污染。如悬垂于阴门外的是尿膜羊膜部分，则呈灰白色膜状，其上无血管。但当子宫高度弛缓及脐带断裂过短时，也可见到胎衣全部滞留于子宫或阴道内。牛全部胎衣不下时，悬垂于阴门外的胎膜表面有大小不等的稍突起的朱红色的胎儿胎盘，随胎衣腐败分解（1～2天）发出特殊的腐败臭味，并有红褐色的恶臭黏液和胎衣碎块从子宫排出，且牛卧下时排出量显著增多，子宫颈口不完全闭锁。部分胎衣不下时，其腐败分解较迟（4～5天），牛耐受性较强，故常无严重的全身症状，初期仅见拱背、举尾及努责；当腐败产物被吸收后，可见体温升高、脉搏增数、反刍及食欲减退或停止、前胃弛缓、腹泻、泌乳减少或停止等。

（2）部分胎衣不下　残存在母体胎盘上的胎儿胎盘仍存留于子宫内。胎衣不下能伴发子宫炎和子宫颈延迟封闭，且其腐败分解产物可被机体吸收而引起全身性反应。

3. 治疗

（1）药物疗法

① 可选用以下促进子宫收缩的药物：垂体后叶注射液或催产素注射液，牛50万～100万国际单位皮下注射或肌内注射。也可用马来酸麦角新碱注射液，牛5～15毫克肌内注射。己烯雌酚注射液，牛10～30毫克肌内注射，每日或隔日一次。10%氯化钠溶液，牛300～500毫升静脉注射，或3000～5000毫升子宫内灌注。也可用水乌钙、抗生素、新促反刍液三步疗法，具有良好的疗效。胃蛋白酶20克、稀盐酸15毫升、水300毫升，混合后子宫灌注，以促进胎衣的自溶分离。

② 为预防胎衣腐败及子宫感染时，可向子宫内注入抗生素（土霉素、氯霉素、四环素等均可）1～3克，隔日一次，连用1～3次。

（2）中药疗法　以活血散瘀、解热镇痛为主，可用“加味生化汤”：当归100克、川芎40克、桃仁40克、红花25克、炮姜40克、炙甘草25克、党参50克、黄芪50克、苍术30克、益母草100克，共研末，开水冲调，加黄酒300毫升，童便一碗灌服。或用车前子250～300克，用白酒或者75%的酒精浸湿点燃，边燃边搅拌，待酒精燃尽后，冷却研碎，再加温水适量，一次灌服。

4. 预防

加强饲养管理，增加母畜的运动，注意日粮中钙、磷和维生素A及维生素D的补充，做好布氏杆菌病、沙门菌病和结核病等的防治工作，分娩时保持环境的卫生和安静，以防止和减少胎衣不下的发生。产后灌服所收集的羊水，按摩乳房；让仔畜吸吮乳汁，均有助于子宫收缩而促进胎衣排出。

七、难产助产

难产是由于各种原因，使正常分娩过程受阻，母畜不能顺利排出胎儿的产科疾病。难产如果处理不当，不仅会危及母体及胎儿的性命，而且往往能引起母畜生殖道疾病，影响以后的繁殖力。因此，积极防止和正确处理难产，是兽医产科工作者的一项极为重要的任务。

1. 难产的原因

（1）产力异常　产力是分娩的动力，由母畜腹肌的收缩和子宫阵缩形成。由于母体营养不良、疾病、疲劳、分娩时外界因素的干扰，以及不适时地给予子宫收缩剂等，均可使母畜阵缩及努责微弱。

（2）产道异常　如骨盆畸形、骨折，子宫颈、阴道及阴门的瘢痕、粘连和肿瘤，以及发育不良，都可造成产道的狭窄和变形。

（3）胎儿异常　见于胎儿过大、胎儿活力不足、胎儿畸形、胎儿姿势（即胎儿各部分之间的关系）不正、胎向（即胎儿身体纵轴与母体纵轴之间的关系）不正和胎位（即胎儿背部与母体背部或腹部之间的关系）不正等。

2. 难产检查

（1）询问病史　需要了解清楚妊娠的时间及胎次，分娩开始的时间及分娩时产畜的表现，胎膜是否破裂，羊水是否排出，做过何种处理及处理后的效果如何等。同时，还应了解过去发生过的疾病，如阴道损伤、阴门损伤、骨盆骨折及腹部的外伤等均对胎儿的排出有阻碍作用。

（2）全身检查　包括产畜的精神状况、体温、呼吸、脉搏、努责程度及能否站立等。

（3）产畜外阴部的检查　应检查阴门、尾根两旁及荐坐韧带后缘是否松弛，能否从乳头中挤出初乳等，以推断妊娠是否足月，骨盆及阴门是否扩张。

（4）产道及胎儿的检查　先以消毒手臂伸入产道，检查阴道黏膜的松软润滑程度、子宫颈的扩张程度和骨盆的大小等，进而判定胎儿的生死、胎位、胎向及胎势，以便决定助产的方法。

（5）胎儿生死的判定　可间接（胎膜未破时）或直接（胎膜已破时）触诊胎儿的前置部分进行判断。正生时，手指伸入胎儿口内或压迫眼球和牵拉前肢，以感知其有无活动，也可触诊胸壁以感觉有无心跳；倒生时，手指伸入胎儿肛门以感知有无收缩，或用手触摸脐动脉以感觉其是否有搏动。但要注意，虚弱胎儿反应微弱，应耐心细致地从多方面进行检查。

（6）胎位、胎向及胎势的判定　胎头向着产道为正生，胎儿臀尾向着产道为倒生。难产时的胎位，有正生下位、倒生下位、正生侧位、倒生侧位；胎向有腹部前置横向、背部前置横向、腹部前置竖向、背部前置竖向；胎势有正生时的头颈侧弯、头颈下弯、腕关节屈曲及肩关节屈曲，倒生时的髋关节屈曲和跗关节屈曲等。

3. 助产前的准备

（1）场地的选择和消毒　助产时应在宽敞、明亮、温暖的室内进行，亦可在背风、清洁的室外进行。助产场地要用消毒液喷洒消毒，为避免术者手臂与地面接触，减少感染，应在产畜后躯下面铺垫清洁的垫草，并在其上加盖宽大的消毒油布或塑料布。

（2）产畜的保定　最好使产畜取前低后高的站立姿势。当产畜不能站立时，可取前低后高的侧卧姿势（牛左侧卧），并予以适当保定。若产畜努责剧烈而不利于助产时，可行硬膜外腔麻醉。

（3）术部及术者手臂的消毒　用1%煤酚皂溶液或0.1%苯扎溴铵溶液清洗外阴部及后躯，再以酒精棉球擦拭外阴部。术者手臂，按常规消毒，戴长臂薄膜手套，涂石蜡油润滑。

4. 常用助产术

救治难产时，可供选用的方法很多，但大致可分为用于胎儿的手术（如牵引术、矫正术、截胎术）和用于母体的手术（如剖宫产术）两大类。

（1）牵引术又称拉出术　牵引术是指用外力将胎儿拉出母体产道的一种方法。是救治难产最常用的一种助产术。适用于胎位、胎向、胎势正常，产道松弛开张，就是因母畜产力不足而无法自行排出胎儿时，或胎儿相应过大而排出困难时；胎儿倒生时，为防止脐带受压而引起胎儿死亡时，用牵引术加速胎儿排出。

① 方法　正生时，在胎儿两前肢球节之上拴上绳子，由助手拉腿，术者拇指伸入口腔握住下颌，羊和马还可将中将、食指弯起来夹住下颌骨体后用力拉头，拉腿时先拉一腿，再拉另一腿，轮流进行，或拉成斜的之后，再同时拉两腿，这样即可缩小胎儿肩宽而容易通过骨盆腔。当胎头通过阴门时，拉的方向应略向下，并由一人用双手保护母畜阴唇上部和两侧壁，以免撑破，另一人用手将阴唇从胎头前面向后推挤，帮助通过。

倒生时，也可在两后肢球节之上栓上绳子，轮流拉两后腿，以便两髋结节稍斜着通过骨盆。如果胎儿臀部通过母体骨盆入口受到侧壁的阻碍（入口的横径较窄）时，可利用母体骨盆入口的垂直径比胎儿臀部的最宽部分（两髋结节之间）大的特点，扭转胎儿的后腿，使其臀部成为侧位，以使胎儿通过。

② 注意事项　牵引术必须在母畜生殖道（尤其子宫颈口）

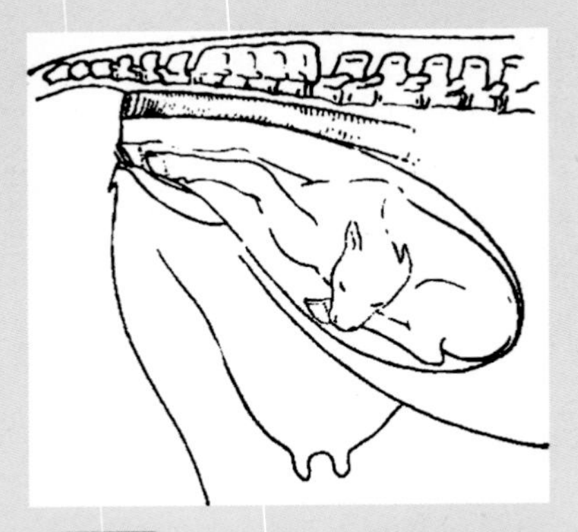
图6-80 胎头侧弯（引自王春璈 奶牛疾病防控治疗学）

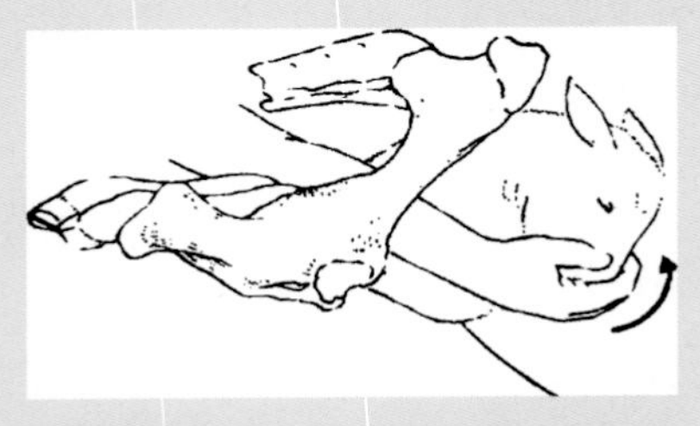
图6-81 胎头侧弯矫正（一）（引自王春璈 奶牛疾病防控治疗学）

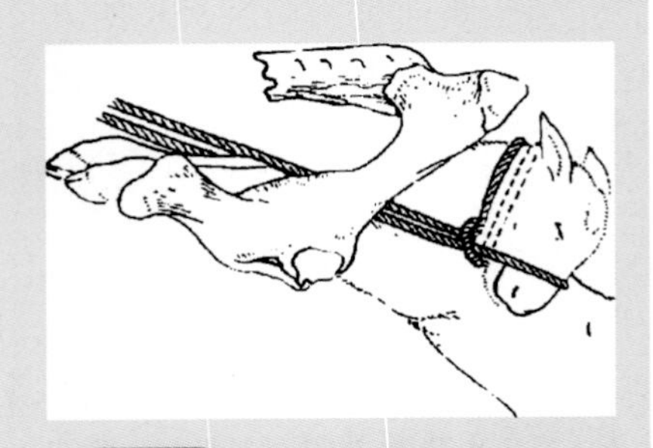
图6-82 胎头侧弯矫正（二）（引自王春璈 奶牛疾病防控治疗学）

完全开张，胎位、胎向、胎势正常或已矫正为正常难产的情况下实施；拉出时，应配合母畜的努责，并沿骨盆轴的方向缓慢牵引，严禁粗暴、强行地直拉，以免引起胎儿、产道的损伤；施行牵引术时，必须向产道内灌注大量润滑剂。

（2）矫正术 矫正术是指通过推、拉、翻转、矫正或拉直胎儿四肢的方法，将异常的胎位、胎向、胎势矫正正常的手术。适用于胎势、胎位、胎向异常。

① 胎头不正的矫正 胎头不正主要有胎头侧弯（图6-80）、胎头下弯等。胎头轻度侧弯时，可用手握住嘴部（图6-81）或眼眶稍抬胎头即可拉正胎儿头部；胎头重度侧弯时，尽量推送胎儿至腹腔内，腾出空间将绳套套在胎儿下颌并拉紧（图6-82），术者用拇指和中指掐住两眼眶或握住嘴部向对侧压迫胎头，助手拉绳即可将头拉正。或也可用产科绳打一活结，套住胎儿下颌拉紧，术者手握住唇部向对侧压迫胎头，助手拉绳，即可矫正胎

头。如胎儿已死亡，可用产科钩钩住眼眶或耳道矫正；胎儿头颈下弯，是指胎儿的头部弯于两前肢之间（图6-83～图6-85）。

② 胎儿四肢不正　主要有正生时的前肢腕关节弯曲（图6-86）、肩关节弯曲；倒生时的跗关节弯曲、髋关节弯曲。

腕关节弯曲，矫正时将胎儿推回子宫，再用手握住弯曲肢的掌部，一边尽力往里推，一边往上抬，趁势将手下滑将蹄心握于手心，同时边尽力向上抬边向外拉，即可拉直（图6-87）。肩关节弯曲（图6-88）时，将胎儿推回子宫的同时，用手握住腕部边向上抬边向外拉，使其成为腕部前置（腕关节弯曲），再

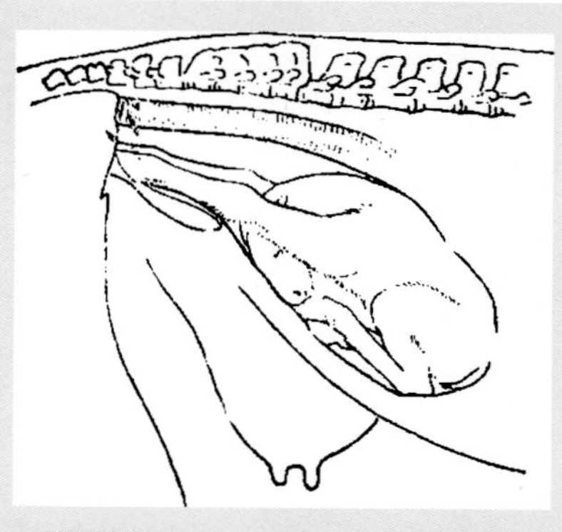

图6-83　胎头下弯（引自王春璈　奶牛疾病防控治疗学）

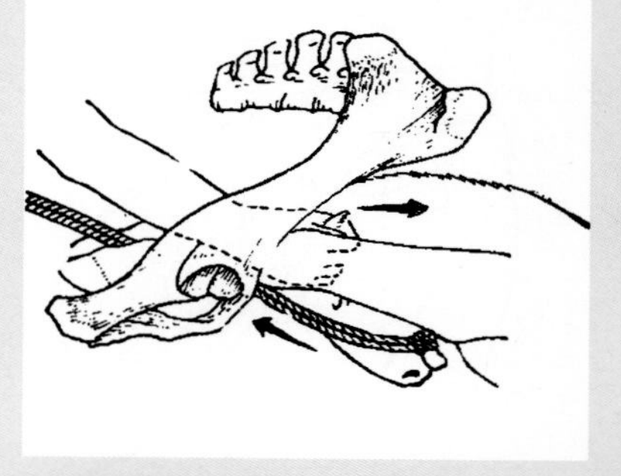

图6-84　胎头下弯矫正（一）(引自王春璈　奶牛疾病防控治疗学)

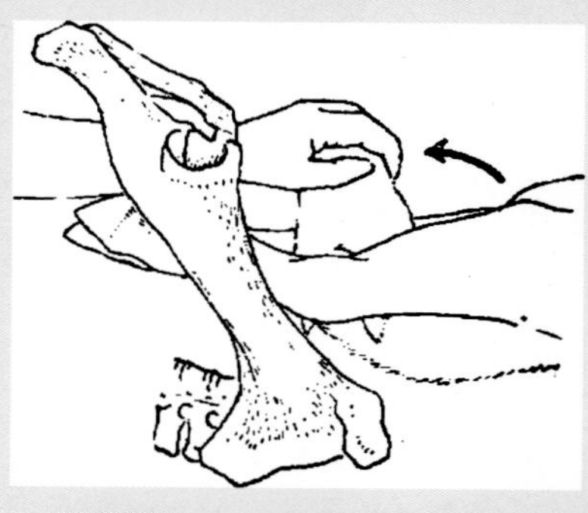

图6-85　胎头下弯矫正（二）(引自王春璈　奶牛疾病防控治疗学)

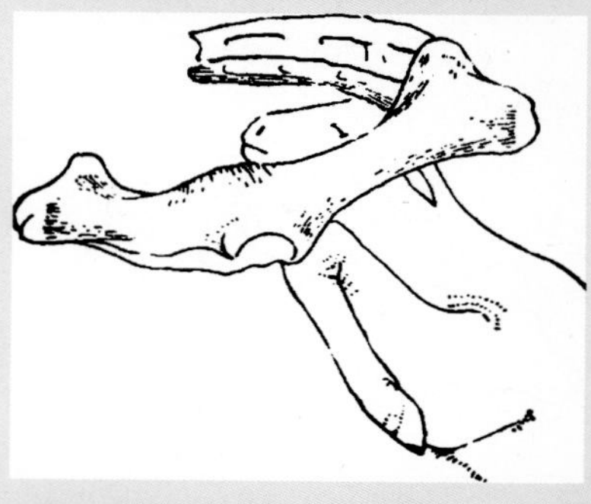

图6-86　腕关节弯曲（引自王春璈　奶牛疾病防控治疗学）

按上法处理（图6-89）。跗关节弯曲、髋关节弯曲的矫正基本同前肢腕关节弯曲、肩关节弯曲的矫正。

③ 胎儿位置异常的矫正

胎儿正常的位置为上位，即胎儿的背部朝向母体的背部，胎儿伏卧于子宫内。异常的胎位主要有侧位和下位。

矫正时先将胎儿从骨盆腔中推回到腹腔内。如果是侧位，术者在产道内翻转，向后向下牵引胎儿，即可矫正轻度的侧位异常；如果胎儿是正生下位，在两前肢腕关节处拴上绳子由两助手交叉牵引，在牵引前先依胎儿所处下位的程度决定向哪侧翻转，再将一侧前腿先向上拉，然后水平向左或向右拉；另一条腿则先拉到前一条腿的下方，然后斜向右或向左拉，术者的手臂在胎儿的鬐甲或在其身体之下，以骨盆为支撑点，将胎儿抬高到接近耻骨前缘的高度，向左或向右斜着推胎儿，这样随着牵引即可矫正成上位或轻度侧位。倒生时的翻转方法与此基本相同。如果矫正

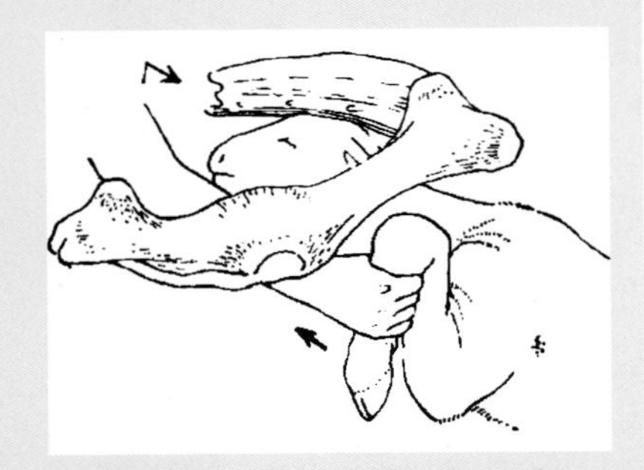

图6-87 腕关节弯曲矫正（引自王春璈 奶牛疾病防控治疗学）

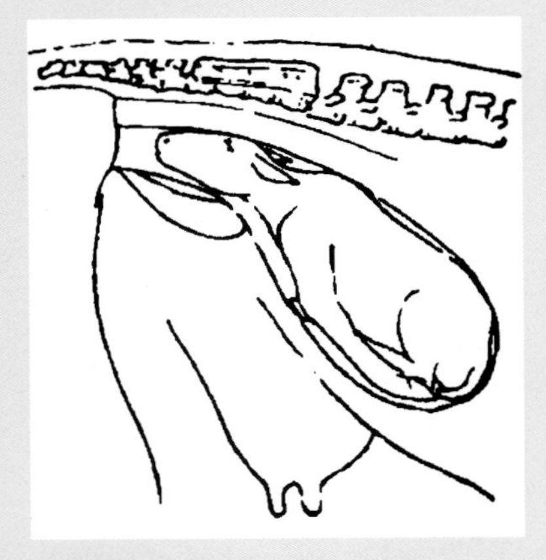

图6-88 肩关节弯曲（引自王春璈 奶牛疾病防控治疗学）

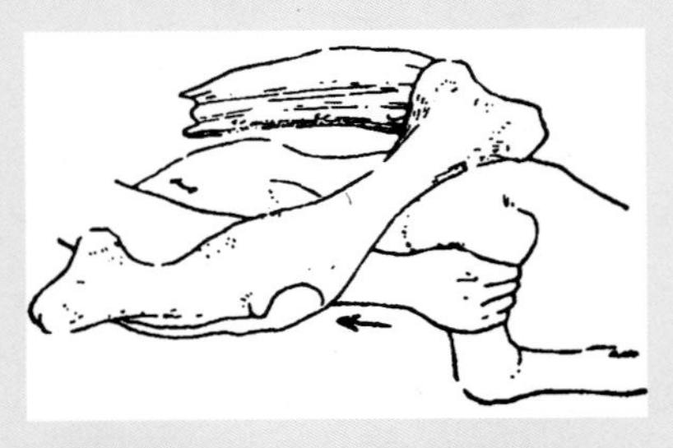

图6-89 肩关节弯曲矫正（引自王春璈 奶牛疾病防控治疗学）

确实有困难，无效时应及早施行剖宫产术。

④ 胎向异常的矫正　胎向不正是指胎儿的纵轴与母畜的纵轴不平行（正常的胎向是纵向，即胎儿纵轴与母体纵轴相平行），可分腹部前置横向和竖向及背部前置横向和竖向。前者是胎儿腹部面向产道出口，呈横卧或犬坐姿势，分娩时，两前肢或两后肢伸入产道，或四肢同时挤入产道。

助产时，先用绳子拴住头部与两前肢，同时将后肢及后躯推回子宫，或拉后肢推回前躯，使其变为正常胎向后拉出；后者是胎儿背部朝向产道出口，呈横卧或犬坐姿势；分娩时，无任何肢体露出，产道检查时在骨盆前缘可摸到胎儿的背脊或顶颈部，助产时，可将绳子拴于头颈与前肢往外拉，同时向里推送后躯，或拉后躯，向里推送前躯。无法矫正时，可施行剖宫产术或截胎术。

⑤ 注意事项　矫正术必须在子宫内进行，在子宫松弛的情况下操作较容易。为了抑制母畜的努责，便于矫正，可肌内注射静松灵，使子宫松弛，以免它紧裹胎儿而阻碍操作；矫正时也同样向子宫内灌注大量润滑剂，使胎儿体表润滑，以便进行推、拉或转动，同时还能减少对产道的刺激。

（3）截胎术　截胎术是术者借助于隐刃刀、线锯、铲或绞断器等器械，为缩小胎儿体积而支解或除去胎儿身体某部分，便于取出胎儿的手术。适用于胎儿已死亡且过大（包括畸形怪胎）而无法拉出的情况和胎儿的胎势、胎向、胎位严重异常而无法矫正拉出的情况。

（4）剖宫产术　剖宫产术是指通过切开母体腹壁及子宫取出胎儿的手术。

八、乳腺炎

乳腺炎是由各种致病因素引起的乳房的炎症，是奶牛最常见的疾病之一，是危害养牛业发展的主要疾病之一。

1. 发生

（1）病原微生物感染是引起本病的主要原因。病原微生物的种类繁多，其中主要是细菌（如链球菌、葡萄球菌、大肠杆菌、化脓棒状杆菌、结核杆菌等）。当圈舍卫生不洁，乳房、乳头被粪尿污染，这些病原体通过乳头管或创伤侵入乳池而引起感染。

（2）管理不当，使乳房受到摩擦、打击、挤压、冲撞、刺划等机械因素，尤以幼畜吮乳时用力顶撞或挤乳方法不当，致使乳腺受损所致。

（3）饲养不当，泌乳期饲喂精料过多而乳腺分泌功能过强，或应用激素治疗生殖器官疾病而引起的激素平衡失调，则成为本病的诱因。

（4）某些传染病（布氏杆菌病、结核病等）、子宫炎、胎衣不下、胃肠炎等也常并发乳腺炎。

2. 症状

（1）临床型乳腺炎

① 最急性　发病突然，发展迅速，患区乳房明显肿大，坚硬如石，皮肤发紫（图6-90），疼痛明显，发病局部凉，从乳房能挤出发黄的水甚至气体。全身症状显著，食欲废绝，体温升高至41.5～42℃，稽留热型，心跳增速达每分钟110～130次，呼吸增数，粪便黑干，肌肉软弱无力，不愿走动，喜卧，迅速消瘦。

② 急性　病情较最急性缓和。发病后乳房肿大，红、肿、热、痛，牛奶异样，乳房淋巴结肿大（图6-91），体温正常或稍

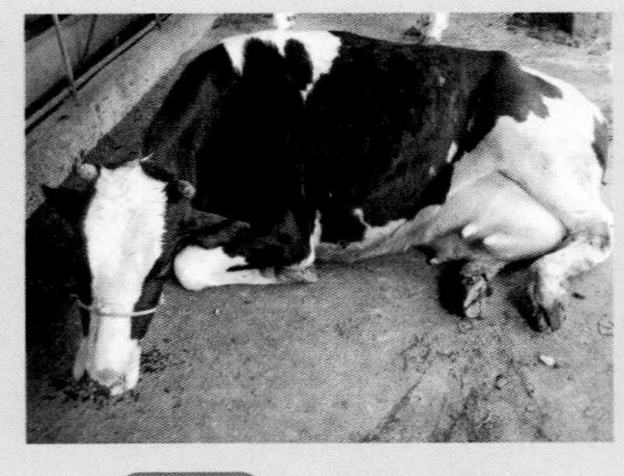

图6-90　最急性乳腺炎
（秦贞福 摄）

图6-91　急性乳腺炎
（秦贞福 摄）

升高，奶量下降为正常的1/3 ～ 1/2，有的仅有几把奶，乳汁呈灰白色，内混有大小不等的奶块、絮状物。

③ 亚急性　发病缓和，患区红、肿、热、痛不明显，食欲、体温、脉率等全身反应均为正常，乳汁稀薄呈灰白色，最初的几把奶中常含絮状物或凝乳块，体细胞数增加，pH值偏高，氯化钠含量增加。

④ 慢性　病程长，反复发作，临床症状可持续一段时间。奶产量下降，药物反应差，疗效低。头几把奶有块状物后又消失；重者奶异常，放置后能分出乳清或内含脓汁。乳房纤维化、萎缩、有肿块。不定期向外排病原。

（2）隐性乳腺炎　乳腺和乳汁无明显变化，可从牛奶中培养出细菌，氯化钠含量、体细胞数升高。异常表现如产奶上升期产奶量下降或达不到高峰，日产奶量达不到上胎（5胎前），乳汁稀，乳脂率、乳蛋白指标降低，乳房中有硬块。

3. 诊断

（1）临床型乳腺炎　个体牛乳房生理检查，感染乳区发红、肿胀、发热、疼痛等，乳腺肿胀疼痛（行走困难），奶量很少、水样等。全身症状：食欲减退，精神不振，体温升高，中毒、躺卧，个别死亡。挤奶前检查：几把奶挤在黑色容器中，看颜色、絮状、块状、水样、凝块、片状等。乳汁的病原检查：无菌采集乳汁检查。

（2）隐性乳腺炎　体细胞数是判断的最基本依据，冷缸体细胞数应＜20万/毫升。我国规定牛奶中体细胞数>50万/毫升为隐性乳腺炎。也可以用加州乳腺炎试验、过氧化氢试验、苛性钠凝乳试验、0.2%溴麝香酚蓝试验等进行检测。

4. 治疗

（1）通过乳头管口向乳房内灌注药物　灌注药物以抗生素为主，其次是喹诺酮类和磺胺类药。一般对亚急性病例，乳房内给药即可，但要坚持3天；急性病例，乳房内和全身给药，至少3天；最急性病例，必须全身和乳房内同时给药，并结合静脉输液，以及选择其他消炎药物和对症疗法。

治疗乳腺炎常用的抗生素有青霉素、链霉素、新生霉素、头孢菌素、红霉素、土霉素等。对链球菌感染的乳腺炎首选青霉素和链霉素；对金黄色葡萄球菌感染的可采用青霉素、红霉素，亦可采用头孢菌素、新生霉素；对大肠杆菌感染的可采用大剂量双氢链霉素，也可采用庆大霉素、新霉素、氯霉素，但要坚持至炎症完全治愈，否则可能复发。

通过乳头管口向乳房内灌注给药可直接作用于患病乳区，只需较低浓度的抗生素即可使在乳腺组织内的牛奶中达较高浓度。但是，通过乳头管注入药物时可能造成二次感染，给药时可能刺激乳腺组织，可能破坏巨噬细胞对致病菌的吞噬作用。操作时需注意严格消毒，杜绝将细菌、真菌等引入乳区；灌注前应将乳房内的乳汁、残留物挤净；乳房灌注之后，为了使药物在乳房内停留的时间尽可能长些，可在傍晚挤奶之后进行灌注；注药后，要轻轻捏一下乳头，防止漏出药液。

（2）乳房基底封闭　青霉素200万国际单位，加入到0.5%盐酸普鲁卡因200毫升中，用长针头分别注入四个乳区基底部的结缔组织内，1～2次/天。注射方法：前两个乳区，分别从左前方和右前方基底部紧贴腹壁处朝向对侧的膝关节进针；后两乳区，在正后方距中缝2厘米紧贴腹壁处朝向对侧腕关节进针。

（3）坏疽性乳腺炎的治疗　首先对患牛做全身常规检查，确诊后，若体温偏高必须先肌内注射安乃近及硫酸链霉素控制体温，同时静脉注射碳酸氢钠500毫升、复方氯化钠500毫升、25%葡萄糖500～1000毫升、青霉素钠1600万国际单位、维生素C 50毫升、强心安30毫升。乳房局部处理法：先用40～45℃ 0.1%高锰酸钾液将乳房患处洗净，若发现乳房局部有捻发音或气肿，用消毒好的针头穿刺排脓或放气，然后用消毒巾擦洗干净，将去腐生肌散用香油调制成糨糊状，涂抹患处即可。

（4）全身治疗　有严重全身症状的病例全身用药，解热镇痛，抗菌消炎。

（5）乳腺炎患区破坏法　10%福尔马林100毫升，加灭菌生理盐水500毫升，稀释后灌入乳区内，直到不能注入为止。此外，根据实际情况还可选用5%硫酸铜溶液20毫升或3%硝酸银溶液50～100毫升或洗必泰50毫升。

（6）中药治疗　治以清热解毒、疏肝行气、消肿散瘀为主。可选用仙方活命饮和消黄散。

① 仙方活命饮　金银花60克，连翘30克，当归尾、甘草、赤芍、乳香、没药、天花粉、贝母各15克，防风、白芷、陈皮各20克，研细末，黄酒100毫升为引，同调灌服。适用于急性乳腺炎。

② 消黄散　连翘30克，金银花、水牛角、羊角、大黄、天花粉、郁金、生地黄各20克，蝉蜕、僵虫各10克，蒲公英30克，穿山甲珠、山豆根、紫花地丁、射干、黄连、薄荷、黄芩、黄柏各15克，栀子20克，桔梗15克，甘草15克，研末开水冲调，凉后加鸡蛋清4个、蜂蜜150克、童便为引，灌服。

5. 预防

（1）加强管理，减少乳腺感染。清洁牛床、牛舍，避免潮湿污秽环境。保证牛体清洁。创造优良环境，减少应激因素：应做好防暑降温工作，牛舍保持安静，使牛生活在最佳环境之中。减少乳头外伤。

（2）加强挤乳卫生，执行挤奶操作规程。建立稳定、训练有素的挤奶员队伍，挤奶员要固定，要定期进行健康检查。规范挤奶厅制度，做好挤奶员工培训工作，做到先培训再上岗，操作熟练再独立工作。隔离患病牛，单独挤奶，牛奶不要喂犊牛。注意挤奶卫生：每头牛一条毛巾，一桶水（最好用流动的水），擦干乳房后挤奶。

（3）正确操作挤奶机械。做好挤奶机的清洗和消毒工作，按说明书要求调整机械压力和脉动次数，及时更换乳杯内衬和已损导管。手工挤出头几把奶于专用容器内，既可以使乳头适应机械挤奶，又可以通过乳汁变化检查乳房有无病变，也不会污染场地。挤奶后要对乳头药浴，不要让牛立即卧下，减少乳头与地面或牛床的接触。

（4）正确干奶，干奶期进行预防和治疗。干奶期注入抗菌药物，即在结束泌乳期的最后一次挤完奶之后通过乳头管口向乳房内灌注长效抗菌制剂，使产犊前曾感染和损伤的乳腺组织得到修复、再生。减少干奶期新感染的发生，降低产犊前和产犊后临床型乳腺炎的发病率。比在泌乳期治疗临床型乳腺炎时经济、有效。干奶期经处治过的牛，产犊后，乳中无药物残留，不污染鲜奶，产乳量提高。

（5）定期做好隐性乳腺炎检测（CMT）。

（6）淘汰病牛：对病情严重而疗效不明显的病牛，低产而又呈慢性乳腺炎的病牛，及时淘汰是消灭乳腺炎传染源的措施之一。

（7）注射乳腺炎疫苗。奶牛乳腺炎疫苗主要有灭活苗、活苗和亚单位苗。国外研究最多的主要是金葡菌亚单位疫苗、大肠杆菌疫苗，而链球菌疫苗的研究则较少。

第九节　牛运动系统疾病防治

一、创伤

1. 发生

创伤是机体受到尖锐物体或钝性物体的强烈作用而造成的以皮肤、黏膜破裂为特征的一种开放性损伤。临床上分新鲜创和化脓性感染创。尖锐或锋利的物体作用于有机体，如铁钉、铁丝刺伤，铁锹、竹片的切割，犬咬伤、牛角顶伤等。钝性物体高强度的作用，如汽车、拖拉机的撞伤，摔伤、挤伤、粗糙墙壁或地面的擦伤、踩伤等。

2. 症状

（1）新鲜创　包括手术创和8 ～ 24小时的污染创。特征为出血、疼痛、创缘裂开和机能障碍。

① 出血　出血量的多少取决于受伤部位被损伤血管的种类、大小和血管损伤状况及机体血液的凝固性。如损伤部位血管丰富、损伤了动脉或较大的静脉、血液凝固性不良则出血量较大；血管被挫灭则出血较少。

② 疼痛　是受伤部位感觉神经受伤或炎症产物刺激所致。疼痛的程度取决于受伤部位神经分布的多少、损伤刺激强度、炎性反应强弱、家畜种类和个体的神经状态。

③ 创缘裂开　创缘裂开的大小和形状，取决于致伤物的性状、创伤部位、方向、深度、组织张力的大小。如受伤部位活动性大、肌腱横断、体侧的纵向创伤、较深的切创等，创缘裂开均较大。

④ 机能障碍　由于组织结构破坏和疼痛所致。如在四肢的创伤常可引起跛行。

⑤ 全身反应　重剧的创伤可引起患畜疼痛性休克。大量快速的出血会引起失血性休克。创伤发生后，有的可出现体温升高，1 ～ 3天后降为正常。

（2）感染创　指创内有大量微生物侵入，呈现化脓性炎症的创伤。其特点是创内大量组织细胞坏死分解，形成脓汁，继之新生肉芽组织逐渐增生并填充创腔，最后新生组织瘢痕化或覆盖上皮，使创伤最终愈合。

3. 影响创伤愈合的因素

（1）创缘、创壁不能紧密接触　创内有异物、凝血块及坏死组织，存在创囊，粗暴处理创伤、选用刺激性过强消毒药等使创腔内积存液体。

（2）局部血液循环障碍　如缝合、包扎过紧，局部组织炎症过重等都会使局部血液循环不良，影响创伤净化和肉芽、上皮的生长。

（3）创伤部位不安静　初次黏合及肉芽形成的初期，创面结合不牢固，若创伤部位活动过强或频繁、粗暴的外科处置均会使创面再次分离，影响其愈合。

（4）营养缺乏　严重的创伤使患畜丢失大量的蛋白质。蛋白质是组织修复和产生抗体所必需的物质，也是维持血液渗透压的主要物质。另外，机体缺乏维生素A时，上皮生长缓慢；缺乏B族维生素时影响神经组织的再生；缺乏维生素C时毛细血管通透性增强，肉芽组织易水肿、出血、生长缓慢；缺乏维生素D时骨愈合缓慢；缺乏维生素K时血液凝固缓慢。

（5）其他因素　病畜年老、体弱、贫血、脱水、电解质代谢紊乱及患有其他疾病等因素，都可使创伤愈合缓慢。

4. 诊断

（1）新鲜创　时间不超过24小时，主要症状是伤处出血、疼痛明显、创口裂开、组织未见明显坏死。

（2）感染创　时间超过了24小时或被损伤组织有明显的坏死。初期伤处疼痛，局部温热，创缘、创面肿胀，创口流脓汁或形成脓性结痂，有时可形成脓肿或继发蜂窝织炎。因肉芽已形成，故应注意判断肉芽的健康状况，以便采取正确的治疗措施。

5. 治疗

（1）新鲜创　治疗原则是止血、清创、缝合、防止感染、促进创伤愈合。

① 止血　可采取压迫、钳夹、结扎等常用的外科止血方法，亦可用药物止血，如肌内注射安络血或静脉注射维生素K或氯化钙等。

② 清洁创围　首先用灭菌纱布盖住创面，清除创口周围被毛和异物，用温肥皂水清洗创围，再用清水冲洗，用5%碘酊消毒，再用75%酒精脱碘。

③ 清理创腔　用器械清除创腔内的异物、失活组织及凝血块，必要时可扩大创口，修整创缘，充分暴露创底，再用药物

清洗创腔，用灭菌纱布吸去冲洗液。冲洗新鲜创一般选用生理盐水、0.1%高锰酸钾或0.1%苯扎溴铵溶液。

④ 创伤用药　向创面上撒布易溶解、刺激性小、抗菌谱广的抗菌药。

⑤ 缝合包扎　采用外科手术的方法对创口缝合，必要时进行分层缝合，促进组织愈合。包扎或用缝合绷带对伤口进行保护。

⑥ 全身用药　全身应用抗菌药的同时，根据需要采取对症治疗措施。对于又窄又深的创伤，应及时给病畜注射抗破伤风血清。

（2）化脓创　应控制感染的发展，彻底摘除坏死组织和异物，通畅排脓促进组织修复。

① 清洁创围　方法同新鲜创。如有脓痂时，涂布3%双氧水，使其松软后除去。

② 清洁创面　用0.1%高锰酸钾溶液、3%双氧水、0.1%雷佛奴尔溶液、0.1%苯扎溴铵溶液、0.02%呋喃西林溶液等反复冲洗创腔，直至将脓汁冲净为止。

③ 清创手术　当创口小、创腔深或有创囊，致使脓汁蓄积时，应扩大创口，消除创囊，必要时做辅助切口，以保证排脓通畅。同时，彻底清除坏死组织和异物。

④ 创伤用药　根据创伤不同情况适当选用下列方法。

a. 急性炎症期：为促进炎性肿胀消退，可应用10%～20%硫酸镁溶液湿敷。

b. 化脓期：为控制感染，创面撒布青霉素、雷佛奴尔、呋喃西林等，也可用脱腐生肌散。当肉芽组织布满创面，应用魏氏流膏（松馏油5克、碘3克、蓖麻油100毫升）或用各种抗生素软膏。

c. 病理性肉芽：首先要除去病因，较小的赘生肉芽可用硝酸银棒、硫酸铜、高锰酸钾粉等药物研磨，使之形成结痂，较大的赘生肉芽可手术切除后再行研磨。

⑤ 开放治疗　化脓创一般取开放治疗。当创腔大而深时，

用浸有0.1%雷佛奴尔溶液的纱布条引流。肢体下部的化脓创或在冬季，应包扎创伤。

⑥ 全身疗法　化脓期应全身应用抗菌药，以控制感染的发展。组织修复期，应加强饲养管理，给予富含蛋白质和维生素的饲料，防止啃咬或摩擦患部。对于远离关节、大血管、筋腱等部位的化脓创，为减少处理次数，可在清理完创面后，直接用高锰酸钾粉研磨，使之形成结痂，即可防止感染，待其自愈，但易留有较大瘢痕。

（3）肉芽创　对于健康的肉芽组织，应进行保护，并促进肉芽及上皮的生长。

① 清洁创围、创面，除去脓汁，2～4天用1次。

② 对创腔较大的肉芽创可进行接近缝合。

③ 促进肉芽生长及上皮形成。可用松碘油膏或1%磺胺乳剂等填塞、引流或灌注。当肉芽成熟时，促进上皮生长可用氧化锌软膏（氧化锌10克、凡士林90克）或氧化锌水杨酸软膏。上皮形成后，定期涂抹龙胆紫以防止肉芽过度增生，促使创面结痂。

二、关节病

1. 骨关节炎

（1）发生　骨关节炎又称慢性骨关节炎，是骨关节的一种慢性变形性疾病。在关节软骨、骨骺、膜及关节韧带处发生慢性关节变形，最终可引起关节骨性粘连与僵直。本病常单发于某个节，偶有对称性发病。多见于肩、膝、跗及系关节。关节损伤，如关节的扭伤、挫伤、关节骨折及骨裂等；肢势不正、关节结构不良、削蹄不当等。可继发于风湿病、布鲁杆菌病和化脓性关节炎。

（2）症状　骨关节炎的主要临床症状是跛行和关节变形。原发于急性关节炎时有关节急性炎症病史，转为慢性炎症过程则呈现骨关节炎的特有症状。关节骨化性骨膜炎时，形成骨或外生骨疣，关节周围结缔组织增生，关节变形以及关节粘连，因此，表现跛行，跛行的特点是随运动而加重，休息后减轻。这些症状较为明显。发生于反复微小的损伤时，只在病的晚期逐渐呈现临床症状，病初不明显。慢性骨关节炎晚期常发生患肢肌肉萎缩及蹄变形。

（3）诊断　病初诊断有一定困难，当已发展为慢性变形性骨关节炎时，容易诊断。必要时进行X射线检查，判明有无外生骨赘和关节粘连。

（4）预后　骨关节炎发生于活动性较小的关节时，最终关节粘连，跛行减轻或消失，预后尚可；胫跗关节骨关节炎常伴发顽固性难以消除的跛行，预后不良。

（5）治疗　合理治疗早期的急性炎症，可以在病初控制炎症，有利于防止本病的发生。当已发生慢性渐进性骨关节炎症状时，让病畜充分休息，患部涂刺激性药物，或用离子透入疗法。为了消除跛行，促进患部关节粘连，可用关节穿刺烧烙法治疗。顽固性跛行可进行截神经手术。

2. 黏液囊炎

（1）发生　黏液囊炎的出现主要是由于摩擦而使组织分离形成裂隙（图6-92、图6-93），常见于前肢腕关节。常见于舍饲在水泥地面的圈舍及水泥或砖地运动场的奶牛。关节部组织与

图6-92　黏液囊炎（一）
（秦贞福 摄）

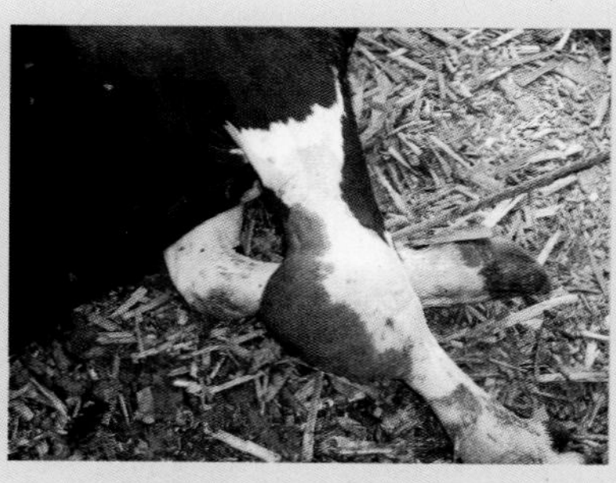

图6-93　黏液囊炎（二）
（秦贞福 摄）

坚硬地面接触，反复受到挫伤是发病的主要因素。此外，周围组织炎症的蔓延以及腺疫、副伤寒、布氏杆菌病等疾病经过时，也可发生。

（2）症状

① 黏液囊炎的共同症状　急性经过时，黏液囊紧张膨胀，容积增大，热痛，波动，有机能障碍。皮下黏液囊炎的肿胀轻微，界限不清，常无波动，机能障碍显著。慢性炎症时，患部呈无热无痛的局限性肿胀，机能障碍不明显。若为浆液性炎症时，黏液囊显著增大，波动明显，皮肤可移动；若为浆液纤维素性炎时，肿胀大小不等，在肿胀突出处有波动，有的部位坚实微有弹性；若纤维组织增多时，则囊腔变小，囊壁明显肥厚，触诊硬固坚实，皮肤肥厚，甚至形成胼胝或骨化。

② 腕前皮下黏液囊炎　亦称膝瘤或冠膝。患部呈渐进性无痛肿胀，肿胀可达排球大，有的极坚硬，有的柔软有波动，一般无跛行，但肿胀过大或成胼胝时出现跛行。

（3）治疗　治疗原则是除去病因，抑制渗出，促进吸收，消除积液。急性或慢性病例，可采取下述滑膜炎的疗法。若肿胀过大，渗出不易消除时，可穿刺抽出后，注入10%碘酊或5%硫酸铜溶液或5%硝酸银溶液等进行腐蚀。若囊壁肥厚硬结时，可行手术摘除。化脓性黏液囊炎时，应早期切开，彻底排脓后，再按化脓创处理。

（4）预防　加强饲养管理，防止局部压迫和摩擦。地面与厩床要平整，多铺褥草。畜舍、畜栏要宽敞。

3. 关节滑膜炎

（1）发生　机械性损伤、感染、肢势不正、关节发育不良等易引发关节滑膜炎，多发生于关节扭伤、挫伤后；长期卧于砖地、水泥地面的运动场上，突然于硬地上滑倒、摔跤、冲撞等；关节创伤、开发性关节内骨折、关节周围组织化脓性炎症的蔓延等。继发性关节滑膜炎常见于某些传染病的过程中，病原菌经血液循环侵入关节滑膜囊而引起。

（2）症状

① 急性关节滑膜炎　此型无明显全身症状，其特点是关节腔内蓄积有多量浆液或浆液纤维素性渗出物，关节囊紧张、膨胀、向外突出，触诊有热痛、波动感。穿刺关节囊，流出较混浊的带微黄色容易凝固的液体。站立时，患病关节屈曲，减负体重。两个肢体同时发病时则不断交替负重。运动时呈轻度或中度跛行，或呈混合跛行。

② 慢性关节滑膜炎　多由急性转变而来，也有的开始即取慢性经过。其特点是关节囊内蓄积较多浆液性渗出物，关节囊膨大。机能障碍和全身反应均轻微。有的关节囊内蓄积大量液体，触诊时有明显波动感，但无热痛。穿刺关节囊流出稀薄、无色或微带黄色、不易凝固的关节液。

③ 化脓性关节滑膜炎　局部症状、机能障碍和全身反应均明显。病牛体温升高，精神沉郁，饮食欲皆不佳，泌乳量锐减，运步时呈中度或重度跛行，甚至三肢跳跃。关节明显肿胀，有热痛，关节囊部紧张，触之有波动感。穿刺关节囊，流出脓性分泌物。感染波及关节周围软组织、软骨、骨组织时则病情加剧甚至引起脓毒败血症而导致死亡。

（3）诊断　根据发病原因、关节滑膜渗出物性质和局部炎症表现即可确诊，关节囊的穿刺是确定炎症性质的有效方法。

（4）治疗　急性关节滑膜炎初期采用冷却疗法，消除炎症，装压迫绷带，制止渗出。如患部用2%普鲁卡因液做环状注射，外涂布安得利斯（复方醋酸铅散），外加压迫绷带。当炎性渗出物较多时应促其吸收，可用温热疗法或装湿性绷带（如饱和盐水湿绷带）。若渗出多时可应用10%氯化钙静脉注射。加10%水杨酸钠、安乃近、安痛定缓解疼痛。慢性关节滑膜炎穿刺放出关节积液，注入1%普鲁卡因青霉素液，内加醋酸氢化可的松2～3毫升。化脓性关节滑膜炎先抽出蓄积的脓汁，用5%碳酸氢钠或0.1%苯扎溴铵等反复洗涤关节腔，直至药液透明为止，再向关节腔内注入1%普鲁卡因青霉素液（40万～80万国际单位）30 ～ 50毫升，每天一次。同时注意全身性抗菌消炎，常用磺胺类药物、抗生素静脉注射。

三、蹄病

1. 蹄叶炎（图6-94）

（1）发生　蹄叶炎为蹄真皮弥漫性无败性炎症过程。引起蹄叶炎的发病因素很多，其中营养因素是最主要的原因，产前精料喂量太多，产后精料量增加太快，这就增加了瘤胃酸中毒、乳房水肿、乳腺炎和酮病发生的可能性。围产期精料喂量过多，粗饲料采食量减少，日粮中含粗纤维饲料过少，将影响瘤胃消化功能，导致消化道疾病的发生。干奶期精料过多，母牛过肥，易使产后母牛发生肥胖综合征。

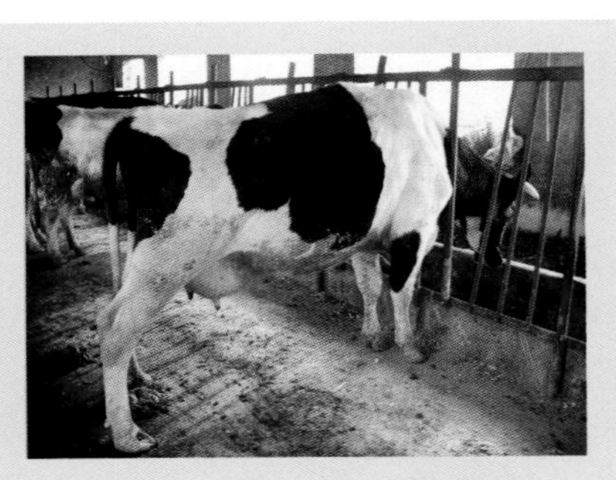

图6-94　蹄叶炎病牛两后肢负重不实（秦贞福 摄）

（2）症状

① 急性病例　体温升高至40 ～ 41℃，呼吸每分钟达40次以上，心动亢进，脉率每分钟达100次以上。食欲减少，出汗，肌肉震颤，蹄冠部肿胀，蹄壁叩诊时疼痛。四蹄发病时，四肢频频交替负重，为避免疼痛，肢势改变，拱背站立，或前肢向前伸，后肢伸于腹下，或四肢缩于一起。两前肢发病时，见两前肢交叉负重。两后肢发病时，头低下，两前肢后踏，两后肢稍向前伸。不愿走动，行走时步态强拘，腹部紧缩。喜在软地上行走，对硬地、不平地躲避，或步态困难，病牛喜卧，卧地后，四肢伸直呈侧卧姿势。蹄部角质变软，呈黄色蜡样。

② 慢性病例　全身症状轻微，患蹄出现特征性的异常形状：患指（趾）前缘弯曲，趾尖翘起；蹄轮向后下方延伸且彼

此分离；蹄踵高而蹄冠部倾斜度变小；角质蹄壁浑圆而蹄底角质凸出。蹄壁延长；系部和球节下沉。重型病例拱背，全身僵直，步态强拘，消瘦。X射线检查蹄骨变位、下沉，与蹄尖壁间隔加大；蹄壁角质面凹凸不平；蹄骨骨质疏松，骨端吸收消失。

（3）诊断　急性型应根据长期过量饲喂精料及典型症状（如突发跛行、异常姿势、拱背、步态强拘及全身僵硬）可以确诊。慢性型蹄叶炎往往被误认为蹄变形，而这只能通过X射线检查确定。其依据是系部和球节的下沉；指（趾）静脉的持久性扩张；生角质物质的消失及蹄小叶广泛性纤维化。

（4）治疗　在治疗时，应分清是原发性还是继发性。原发性多因饲喂精饲料过高所致，故应改变日粮结构，减少精料，增加优质干草喂量。如因乳腺炎、子宫炎、酮病等引起，应加强对这些疾病的治疗。患牛置于清洁、干燥软地上饲喂，以促使蹄内血液循环的恢复。

为缓解疼痛，可用1%普鲁卡因液20～30毫升行指（趾）神经封闭，也可用乙酰普吗嗪肌内注射。蹄部温浴，以促使渗出物吸收。静脉放血1000～2000毫升，静脉注射5%～7%碳酸氢钠液500～1000毫升、5%～10%葡萄糖溶液500～1000毫升。也可静脉注射10%水杨酸钠液100毫升、20%葡萄糖酸钙500毫升。还可应用抗组胺制剂、可的松类药物。慢性病例主要是保护蹄底角质，修整蹄形。将蹄壁角质和蹄尖角质多削。

（5）预防　合理的饲养管理是预防蹄叶炎的基础。①加强围产期前后奶牛的饲养，制订围产期精料供应计划。干奶期，控制精料饲喂量，防止母牛过肥。②饲料要稳定，避免日粮的突然改变，特别是在口粮中增加含蛋白质和碳水化合物饲料时，要逐渐引进。③加强饲料保管，严禁饲喂发霉、变质饲料。④保持瘤胃内环境相对稳定，运动场内设置食盐槽，令牛自由舔食食盐或碘化盐，促进唾液分泌，维持瘤胃pH值。在精料喂量大的情况下，防止瘤胃pH值的明显下降，可投服碳酸氢钠（以精料的1%为宜）、0.8%氧化镁（按干物质计）等缓冲物质。⑤定期用4%硫酸铜溶液喷洒浴蹄，每年应坚持定期进行全群奶牛修蹄。

2. 蹄变形

（1）发生　蹄变形是由于各种不良因素的作用，致使蹄角质异常生长，蹄外形发生改变而不同于正常奶牛的蹄形，又称变形蹄。引起蹄变形的因素很多，但主要是饲养管理不当造成的。其中有为了追求产奶量而日粮中精饲料喂量过高，粗饲料不足或缺乏；日粮中矿物质饲料钙、磷不足，或比例不当，致使钙、磷代谢紊乱以及不定期地进行修蹄等。

（2）症状　临床上将变形蹄分为长蹄、宽蹄和翻蜷蹄3种。长蹄即延蹄，指蹄的两侧支超过了正常蹄支的长度，蹄角质向前过度伸延，外观呈长形（图6-95）。宽蹄指蹄的两侧支长度和宽度都超过了正常蹄支范围，外观大而宽，故称为“大脚板”。此类蹄角质部较薄，蹄踵部较低，在伫立和运步中，蹄的前缘负重不实，向上稍翻，反回不易。翻蜷蹄多见于后蹄的外侧支。以正面看，翻蜷蹄支变得窄小，呈翻蜷状，蹄尖部细长而向上翻蜷（图6-96）；从蹄底面看，蹄磨灭不正，翻蜷侧的蹄支的蹄背部弯曲变成蹄底，靠蹄间沟处的角质增厚，蹄底负重不均，又因变形蹄影响，往往见后肢跗关节以下向外侧倾斜，肢势呈“X”状。严重者，两后肢向后方伸展，病牛拱背，运步呈拖拽

图6-95　蹄变形——长蹄
（马爱霞　摄）

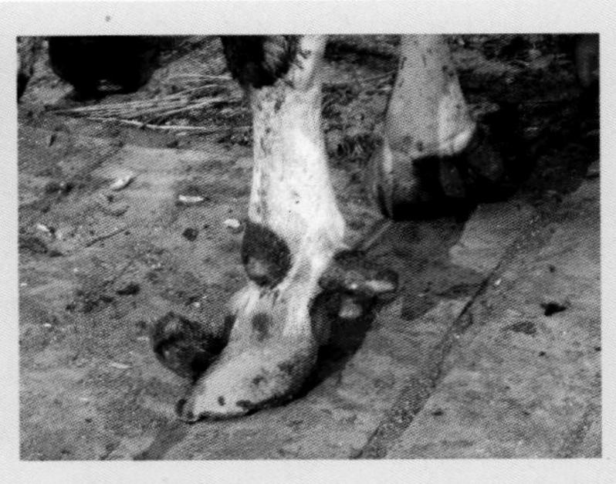

图6-96　蹄变形——翻蜷蹄
（马爱霞　摄）

式，俗称“翻蹄、亮掌、拉拉胯”。

（3）治疗 药物疗法尚未能收到满意效果，最为实用的方法是修蹄疗法。即根据蹄变形采取相应修正。

（4）预防 鉴于蹄变形的发生受多种因素影响，而一旦变形出现又无法使其形态恢复正常，因此预防是关键。

① 制订合理的日粮结构，满足奶牛营养需要 日粮的供应要根据奶牛生理状况合理配合。特别是泌乳高峰牛，尽量缩短能量、钙、磷的负平衡时间，日粮中注意维生素、矿物质给量。钙、磷比以1.4：1为合适，可适当补给维生素AD、鱼肝油。严防为追产奶量而片面追加精饲料，保证粗饲料，尤其是干草给量，每头牛每日能进食干草3～3.5千克，增加瘤胃缓冲能力，维持正常的瘤胃pH值。必要时日粮中可加入2%碳酸氢钠（按干物质计），与精料混合饲喂。

② 加强圈舍卫生，改善环境条件 为防止牛蹄被粪、尿、污物浸渍，保持蹄干净、干燥，每年夏季和秋季多雨季节，应疏通排水渠道，保持圈舍干燥清洁；运动场低洼处用细沙填平，粪便及时清扫，使牛蹄处在良好的环境之中。

③ 药浴牛蹄，保持牛蹄卫生 坚持每日清刷牛蹄，冬天用毛刷干刷，除去泥土、粪渍；夏天湿刷，用清水冲洗一次，坚持浴蹄，常用4%硫酸铜溶液喷洒蹄部，每4～5天喷洒一次，长时间坚持。

④ 保持蹄形正常，定期修蹄 每年应对全群牛只蹄形进行普查，建立定期修蹄制度。凡变形者，一律修正，每年修蹄1次或2次，为防止蹄部感染，修蹄不宜于雨季进行。

⑤ 加强选育，调整配种方案 在每年制订选配方案时，要选择肢蹄健壮、蹄形正常的公牛，避免公牛蹄形对后代的影响。

3. 指（趾）间皮肤赘生

（1）发生 指（趾）间皮肤赘生是牛指（趾）间皮肤和皮下组织硬的、肿瘤样增殖，增殖物的结构与正常皮肤相同，但各层组织都显著增生。黑白花奶牛4～6岁发病率最高。体重过大的牛和变形蹄的牛指（趾）间隙过度开张，可引起指（趾）间皮肤和韧带过度紧张和剧伸，粪尿、泥浆等污物长期刺激促使本病的发生。环境卫生不良、圈舍潮湿、运动场泥泞、粪便不及时清扫是本病发生的重要条件。日粮中营养不足，特别是微量元素锌、钼等缺乏或比例失调与本病发生有关。

（2）症状　本病常取慢性过程，慢性发炎组织可引起病态生长。初期指（趾）间隙背侧穹隆部皮肤发红、肿胀，有一小的舌状突起，此时无跛行。此突起随着病程发展不断增大和增厚，继而完全填满间隙，当其压迫蹄部使两指（趾）分开时可引起跛行。增生物由于受压迫坏死，或受外力损伤，表面破溃并感染，可见破溃面有渗出物流出，恶臭，或干痂覆盖。有时可形成疣样的乳头状增生物——疣状皮炎。因真皮暴露在受到两指（趾）的压力和其他物体的作用时疼痛异常。泌乳牛产奶量下降。

（3）治疗　发病初期用药物腐蚀法，0.1%高锰酸钾或2%来苏儿清洗指（趾）间皮肤，增生部可撒布硫酸铜粉、高锰酸钾粉、硫黄粉等，再包扎蹄部，48～72小时换药一次，直到增生物清除为止。手术切除是根治方法。患畜可横卧保定于翻转修蹄架上，全身注射镇静剂，手术肢配合局部传导麻醉。用绳套或徒手将两指（趾）分开，充分暴露增生物。用组织钳夹住增生物，沿增生的基部作梭形切口，切开皮肤及结缔组织至脂肪显露为止，切去增生物后，创缘用丝线作2～3针缝合，外涂松馏油，用绷带包扎即可。

4. 蹄糜烂

（1）发生　蹄底和球负面角质的糜烂称蹄糜烂。常因角质深层组织感染化脓，临床上出现跛行。为舍饲奶牛常见的蹄病之一。牛舍阴暗潮湿。雨水大，运动场泥泞，粪便未及时清扫，致使圈舍、运动场内污水积存，粪污物堆积，牛蹄长期于污泥、粪尿中浸渍，角质变软，细菌感染。蹄形不正，蹄底负重不均，如延蹄、蹄叶炎易诱发本病。疾病的诱发，与指间皮炎、球部的糜烂有关；牛患热性病时，可在底球之间角质结合处发生糜烂。管理不当，未定期进行修蹄，无完善的护蹄措施易发生蹄糜烂。

（2）症状　本病常呈慢性过程，通常不呈现异常。当局部感染化脓，并向深部组织蔓延时，出现跛行后才被注意。病牛站立时为免负或减负体重，患蹄球关节以下屈曲，频频倒步，并见患蹄打地、踢腹。前蹄患病，见患肢向前伸出。患蹄伫立时间缩短，运步时呈明显的后方短步。患蹄检查：蹄变形，蹄底磨灭不正，在球部或蹄底出现小的黑色小洞，有时许多小洞可融合为一个大洞或沟，蹄底常形成潜道，管道内充满黑色浓稠脓汁，呈污灰色或污黑色，具腐臭、难闻气味，腐烂后，炎症蔓延到蹄冠、球节时，关节肿胀，皮肤增厚，失去弹性，疼痛明显，步行呈“三脚跳”；当化脓后，关节处破溃，流出乳酪样脓汁，病牛全身症状加重，体温升高，食欲减退，奶产量下降，卧地，消瘦。

（3）诊断　四蹄皆可发病，以后蹄多见；全年皆有，但以7～9月份最多。蹄底部有黑色小洞，角质糜烂、溶解，从管道内流出黑色脓汁。

（4）治疗　先将患蹄修理平整，找出角质部糜烂的部位，由糜烂的角质部向内逐渐轻轻刮，直到见有黑色腐臭的脓汁流出为止。用4%硫酸铜溶液彻底洗净创口，创内涂10%碘酊，填入松馏油棉球，或放入高锰酸钾粉、硫酸铜粉，打蹄绷带。如体温升高，食欲减退，或伴有关节炎症时，可用磺胺、抗生素治疗。磺胺吡啶钠56克和青霉素250万国际单位一次注射；10%磺胺噻唑钠150～200毫升，一次静脉注射，每天一次，连续注射7天。5%碳酸氢钠500毫升，一次静脉注射，连续注射3～5天。金霉素或四环素，剂量为0.01克/千克体重，静脉注射，也有效果。关节发炎者，可应用巴布剂，酒精鱼石脂绷带包裹。

（5）预防　经常保持圈舍、运动场干燥及清洁卫生，粪便及时处理，运动场内的石块、异物及时清除，保护牛蹄卫生，减少蹄部外伤的发生。坚持4%硫酸铜溶液浴蹄，5 ～ 7天进行1或2次蹄部喷洒。对病牛应加强护理，单独饲喂，根据具体病状采取合理治疗，促使尽早痊愈。

5. 腐蹄病

（1）发生　腐蹄病是指（趾）间皮肤及其下组织发生炎症（图6-97），又称指（趾）间蜂窝织炎。特征是皮肤坏死和裂开。常发生指（趾）间皮肤、蹄冠、系部和球节的肿胀，有明显跛行，并有体温升高。坏死杆菌是最常见的致病微生物，所以本病又称指（趾）间坏死杆菌病。指（趾）间隙由于异物造成挫伤或刺伤，或粪尿和稀泥浸渍，使指（趾）间皮肤的抵抗力降低，坏死杆菌从指（趾）间侵入。指（趾）部皮炎、指（趾）间皮肤增生和黏膜病等可并发本病。

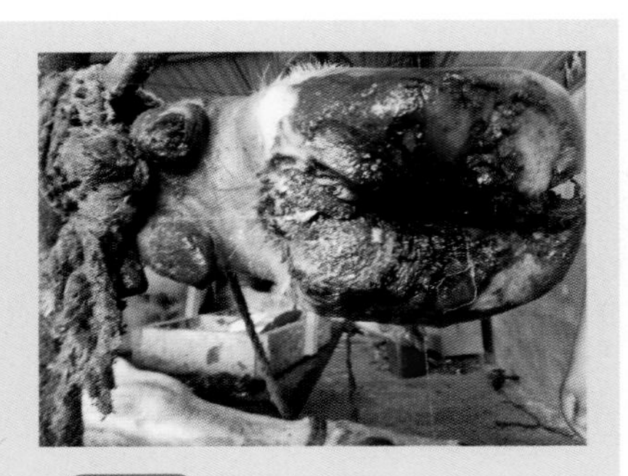

图6-97　腐蹄病（胡士林 摄）

（2）症状　病初患肢有轻度跛行，系部和球节屈曲，患肢以蹄尖负重，多发生在后肢。18 ～ 36小时之后，指（趾）间隙和冠部出现肿胀，皮肤上有小的裂口，有难闻的恶臭气味，表面有伪膜形成。在36 ～ 72小时后，病变可变得更显著，指（趾）间皮肤坏死、脱落，指（趾）部甚至球节出现明显肿胀、剧烈疼痛，指（趾）明显分开，病肢常试图提起。体温常常升高，食欲减退，泌乳量明显下降。再过一两天后，指（趾）间组织可完全腐烂、脱落。有的病牛蹄冠部高度肿胀，卧地不起，转归好的病例，以后出现机化或纤维化。在某些病例，坏死可持续发展到深部组织，出现各种并发症，甚至蹄匣脱落。

（3）诊断　根据症状和实验室检查可以确诊，但应与引起的并发症和蹄部化脓性疾病作鉴别诊断。

（4）治疗 及时发现并采取合理的治疗措施，预后良好。延误的病例或治疗不合理的病例，预后慎重。发展到深部组织的病例，预后不良。全身应用抗菌药。口服硫酸锌。对体温升高病例要注意对症治疗。局部用防腐液清洗，去除任何游离的指（趾）间坏死组织，伤口内放置抗菌药，绷带要环绕两指（趾）包扎，不要装在指（趾）间，否则妨碍引流和创伤开放，3～4天换药1次。对于局部病变较轻的病例，可采用局部开放治疗，每天用0.1%苯扎溴铵或4%硫酸铜溶液浇洗（或浸泡）病蹄3次，病牛置于干燥卫生的圈舍中护理。

（5）预防 用4%硫酸铜溶液或甲醛溶液进行蹄浴是防治本病的一种有效方法。按每千克体重4～6毫克的剂量，向饲料中添加硫酸锌，是防治本病的有效方法，可长期添加。清除牛舍地面异物，防止蹄部损伤；保证圈舍干燥，防止粪尿浸渍蹄部是预防本病发生的基本措施。

附录1　一、二、三类动物疫病病种名录

农业部公告第1125号（一、二、三类动物疫病病种名录，2008年12月11日）

为贯彻执行《中华人民共和国动物防疫法》，我部对原《一、二、三类动物疫病病种名录》进行了修订，现予发布，自发布之日起施行。1999年发布的农业部第96号公告同时废止。

特此公告

附件：一、二、三类动物疫病病种名录

二〇〇八年十二月十一日

附件：

一、二、三类动物疫病病种名录

一类动物疫病（17种）

口蹄疫、猪水泡病、猪瘟、非洲猪瘟、高致病性猪蓝耳病、非洲马瘟、牛瘟、牛传染性胸膜肺炎、牛海绵状脑病、痒病、蓝舌病、小反刍兽疫、绵羊痘和山羊痘、高致病性禽流感、新城疫、鲤春病毒血症、白斑综合征

二类动物疫病（77种）

多种动物共患病（9种）：狂犬病、布鲁菌病、炭疽、伪狂犬病、魏氏梭菌病、副结核病、弓形虫病、棘球蚴病、钩端螺旋体病

牛病（8种）：牛结核病、牛传染性鼻气管炎、牛恶性卡他热、牛白血病、牛出血性败血病、牛梨形虫病（牛焦虫病）、牛锥虫病、日本血吸虫病

绵羊和山羊病（2种）：山羊关节炎脑炎、梅迪-维斯纳病

猪病（12种）：猪繁殖与呼吸综合征（经典猪蓝耳病）、猪乙型脑炎、猪细小病毒病、猪丹毒、猪肺疫、猪链球菌病、猪传染性萎缩性鼻炎、猪支原体肺炎、旋毛虫病、猪囊尾蚴病、猪圆环病毒病、副猪嗜血杆菌病

马病（5种）：马传染性贫血、马流行性淋巴管炎、马鼻疽、马巴贝斯虫病、伊氏锥虫病

禽病（18种）：鸡传染性喉气管炎、鸡传染性支气管炎、传染性法氏囊病、马立克病、产蛋下降综合征、禽白血病、禽痘、鸭瘟、鸭病毒性肝炎、鸭浆膜炎、小鹅瘟、禽霍乱、鸡白痢、禽伤寒、鸡败血支原体感染、鸡球虫病、低致病性禽流感、禽网状内皮组织增殖症

兔病（4种）：兔病毒性出血病、兔黏液瘤病、野兔热、兔球虫病

蜜蜂病（2种）：美洲幼虫腐臭病、欧洲幼虫腐臭病

鱼类病（11种）：草鱼出血病、传染性脾肾坏死病、锦鲤疱疹病毒病、刺激隐核虫病、淡水鱼细菌性败血症、病毒性神经坏死病、流行性造血器官坏死病、斑点叉尾鮰病毒病、传染性造血器官坏死病、病毒性出血性败血症、流行性溃疡综合征

甲壳类病（6种）：桃拉综合征、黄头病、罗氏沼虾白尾病、对虾杆状病毒病、传染性皮下和造血器官坏死病、传染性肌肉坏死病

三类动物疫病（63种）

多种动物共患病（8种）：大肠杆菌病、李氏杆菌病、类鼻疽、放线菌病、肝片吸虫病、丝虫病、附红细胞体病、Q热

牛病（5种）：牛流行热、牛病毒性腹泻/黏膜病、牛生殖器弯曲杆菌病、毛滴虫病、牛皮蝇蛆病

绵羊和山羊病（6种）：肺腺瘤病、传染性脓疱、羊肠毒血症、干酪性淋巴结炎、绵羊疥癣、绵羊地方性流产

马病（5种）：马流行性感冒、马腺疫、马鼻腔肺炎、溃疡性淋巴管炎、马媾疫

猪病（4种）：猪传染性胃肠炎、猪流行性感冒、猪副伤寒、猪密螺旋体痢疾

禽病（4种）：鸡病毒性关节炎、禽传染性脑脊髓炎、传染性鼻炎、禽结核病

蚕、蜂病（7种）：蚕型多角体病、蚕白僵病、蜂螨病、瓦螨病、亮热厉螨病、蜜蜂孢子虫病、白垩病

犬猫等动物病（7种）：水貂阿留申病、水貂病毒性肠炎、犬瘟热、犬细小病毒病、犬传染性肝炎、猫泛白细胞减少症、利什曼病

鱼类病（7种）：鮰类肠败血症、迟缓爱德华菌病、小瓜虫病、黏孢子虫病、三代虫病、指环虫病、链球菌病

甲壳类病（2种）：河蟹颤抖病、斑节对虾杆状病毒病

贝类病（6种）：鲍脓疱病、鲍立克次体病、鲍病毒性死亡病、包纳米虫病、折光马尔太虫病、奥尔森派琴虫病

两栖与爬行类病（2种）：鳖腮腺炎病、蛙脑膜炎败血金黄杆菌病

附录2 食品动物禁用的兽药及其他化合物清单

（中华人民共和国农业部公告第193号）

为保证动物源性食品安全，维护人民身体健康，根据《兽药管理条例》的规定，我部制定了《食品动物禁用的兽药及其他化合物清单》（以下简称《禁用清单》），现公告如下。

一、《禁用清单》序号1至18所列品种的原料药及其单方、复方制剂产品停止生产，已在兽药国家标准、农业部专业标准及兽药地方标准中收载的品种，废止其质量标准，撤销其产品批准文号；已在我国注册登记的进口兽药，废止其进口兽药质量标准，注销其《进口兽药登记许可证》。

二、截止2002年5月15日，《禁用清单》序号1至18所列品种的原料药及其单方、复方制剂产品停止经营和使用。

三、《禁用清单》序号19至21所列品种的原料药及其单方、复方制剂产品不准以抗应激、提高饲料报酬、促进动物生长为目的在食品动物饲养过程中使用。

食品动物禁用的兽药及其他化合物清单

序号	兽药及其他化合物名称	禁止用途	禁用动物
1	β-兴奋剂类：克仑特罗Clenbuterol、沙丁胺醇Salbutamol、西马特罗Cimaterol及其盐、酯及制剂	所有用途	所有食品动物
2	性激素类：己烯雌酚Diethylstilbestrol及其盐、酯及制剂	所有用途	所有食品动物
3	具有雌激素样作用的物质：玉米赤霉醇Zeranol、去甲雄三烯醇酮Trenbolone、醋酸甲孕酮Mengestrol，Acetate及制剂	所有用途	所有食品动物
4	氯霉素Chloramphenicol及其盐、酯（包括：琥珀氯霉素Chloramphenicol Succinate）及制剂	所有用途	所有食品动物

续表

序号	兽药及其他化合物名称	禁止用途	禁用动物
5	氨苯砜Dapsone及制剂	所有用途	所有食品动物
6	硝基呋喃类：呋喃唑酮Furazolidone、呋喃它酮Furaltadone、呋喃苯烯酸钠Nifurstyrenate sodium及制剂	所有用途	所有食品动物
7	硝基化合物：硝基酚钠Sodium nitrophenolate、硝呋烯腙Nitrovin及制剂	所有用途	所有食品动物
8	催眠、镇静类：安眠酮Methaqualone及制剂	所有用途	所有食品动物
9	林丹（丙体六六六）Lindane	杀虫剂	所有食品动物
10	毒杀芬（氯化烯）Camahechlor	杀虫剂、清塘剂	所有食品动物
11	呋喃丹（克百威）Carbofuran	杀虫剂	所有食品动物
12	杀虫脒（克死螨）Chlordimeform	杀虫剂	所有食品动物
13	双甲脒Amitraz	杀虫剂	水生食品动物
14	酒石酸锑钾Antimonypotassiumtartrate	杀虫剂	所有食品动物
15	锥虫胂胺Tryparsamide	杀虫剂	所有食品动物
16	孔雀石绿Malachitegreen	抗菌、杀虫剂	所有食品动物
17	五氯酚酸钠Pentachlorophenolsodium	杀螺剂	所有食品动物
18	各种汞制剂 包括：氯化亚汞（甘汞）Calomel，硝酸亚汞Mercurous nitrate、醋酸汞Mercurous acetate、吡啶基醋酸汞Pyridyl mercurous acetate	杀虫剂	所有食品动物

续表

序号	兽药及其他化合物名称	禁止用途	禁用动物
19	性激素类：甲基睾丸酮Methyltestosterone、丙酸睾酮Testosterone Propionate、苯丙酸诺龙Nandrolone Phenylpropionate、苯甲酸雌二醇Estradiol Benzoate及其盐、酯及制剂	促生长	所有食品动物
20	催眠、镇静类：氯丙嗪Chlorpromazine、地西泮（安定）Diazepam及其盐、酯及制剂	促生长	所有食品动物
21	硝基咪唑类：甲硝唑Metronidazole、地美硝唑Dimetronidazole及其盐、酯及制剂	促生长	所有食品动物

注：食品动物是指各种供人食用或其产品供人食用的动物。

二〇〇二年四月九日

附录3 我国批准的可用于奶牛的药物的休药期与弃奶期

序号	药物制剂名称	最大残留量（MRLs）[①] /（微克/千克）	弃奶期/日	休药期/日	备注
1	硫酸庆大霉素注射液	200			
2	恩诺沙星注射液	100			
3	醋酸地塞米松片	0.3		0	
4	辛硫磷浇泼溶液	10		14	
5	氰戊菊酯溶液	100		28	
6	溴氰菊酯溶液	30		28	
7	磺胺甲氧哒嗪钠注射液	100		28	
8	复方磺胺甲氧哒嗪钠注射液	100		28	
9	地西泮注射液	不得检出		28	
10	硫酸头孢喹肟注射液	20	1		

续表

序号	药物制剂名称	最大残留量（MRLs）①/（微克/千克）	弃奶期/日	休药期/日	备注
11	乙酰氨基阿维菌素注射液		1		
12	氨苄西林混悬注射液	10	2		
13	注射用氨苄西林钠	10	2		
14	普鲁卡因青霉素注射液	4	2		
15	盐酸土霉素注射液	100	2		泌乳牛禁用
16	注射用盐酸土霉素	100	2		泌乳牛禁用
17	注射用盐酸四环素	100	2		泌乳牛禁用
18	复方磺胺嘧啶钠注射液	100	2		
19	水杨酸钠注射液		2		
20	注射用氯唑西林钠	30	2		
21	头孢氨苄乳剂	100	2		
22	氯唑西林钠、氨苄西林钠乳剂（泌乳期）	30/10	2		
23	双甲脒溶液	10	2		
24	注射用青霉素钠		3		
25	注射用青霉素钾		3		
26	注射用苯唑西林钠	30	3		
27	注射用普鲁卡因青霉素	4	3		
28	注射用苄星青霉素	4	3		
29	注射用硫酸链霉素	200	3		
30	注射用硫酸双氢链霉素	200	3		
31	注射用乳糖酸红霉素	40	3		
32	盐酸吡利霉素乳房注入剂（泌乳期）		3		

续表

序号	药物制剂名称	最大残留量（MRLs）[①]/(微克/千克)	弃奶期/日	休药期/日	备注
33	磺胺嘧啶钠注射液	100	3		
34	地塞米松磷酸钠注射液	0.3	3		
35	二嗪农溶液250	20	3		
36	二嗪农溶液600	20	3		
37	阿莫西林注射液	10	4		
38	苄星氯唑西林乳房注入剂（干乳期）		4		
39	氨苄西林、苄星氯唑西林乳房注入剂（干乳期）	10	4		
40	注射用氨苄西林钠	30	7		
41	硫酸双氢链霉素注射液	200	7		
42	硫酸卡那霉素注射液		7		
43	注射用硫酸卡那霉素		7		
44	土霉素注射液	100	7		泌乳牛禁用
45	长效土霉素注射液	100	7		泌乳牛禁用
46	长效盐酸土霉素注射液	100	7		泌乳牛禁用
47	盐酸林可霉素乳房注入剂	150	7		
48	复方磺胺对甲氧嘧啶片	100	7		
49	复方磺胺对甲氧嘧啶钠注射液	100	7		
50	吡喹酮片		7		
51	注射用三氮脒	150	7		
52	安钠加注射液		7		
53	盐酸氯胺酮注射液	不需要测定	7		

续表

序号	药物制剂名称	最大残留量（MRLs）①/（微克/千克）	弃奶期/日	休药期/日	备注
54	盐酸赛拉唑注射液		7		
55	氢溴酸东莨菪碱注射液		7		
56	安乃近片		7		
57	安乃近注射液		7		
58	苯丙酸诺龙注射液	不得检出	7		
59	苯甲酸雌二醇注射液	不得检出	7		
60	苯甲酸雌二醇子宫注入剂	不得检出	7		
61	维生素D_3注射液	不需要测定	7		
62	盐酸异丙嗪注射液		7		
63	伊维菌素注射液	10	28		
64	氯氰碘柳胺钠片		28		
65	氯氰碘柳胺注射液		28		
66	阿莫西林、克拉维酸钾注射液	10	60小时		
67	盐酸林可霉素-硫酸新霉素乳房注入剂（泌乳期）	150	60小时		
68	氨苄西林钠、氯唑西林钠乳房注入剂（泌乳期）	10	60小时		
69	乳酸环丙沙星注射液		84小时		
70	磺胺间甲氧嘧啶钠注射液	100		28	泌乳牛禁用
71	复方磺胺间甲氧嘧啶钠注射液	100		28	泌乳牛禁用
72	氯硝柳胺片			28	
73	硝氯酚片			28	
74	三氯苯达唑混悬液			28	
75	溴酚磷片			21	

续表

序号	药物制剂名称	最大残留量(MRLs)①/(微克/千克)	弃奶期/日	休药期/日	备注
76	氟尼辛葡甲胺注射液			28	
77	氢化可的松注射液	不需要测定		0	
78	醋酸氢化可的松注射液	不需要测定		0	
79	醋酸泼尼松片			0	
80	黄体酮注射液			30	泌乳牛禁用
81	甲基前列腺$F_{2\alpha}$注射液			1	
82	氯前列醇注射液	不需要测定		1	
83	氯前列醇钠注射液	不需要测定		1	
84	注射用氯前列醇钠	不需要测定		1	
85	维生素B_1片	不需要测定		0	
86	苄星氯唑西林注射液			28	泌乳牛禁用
87	蝇毒磷溶液			28	
88	精制马拉硫磷溶液			28	
89	注射用盐酸金霉素	100			泌乳牛禁用
90	替米考星注射液	绵羊奶50			泌乳牛禁用
91	氯唑西林钠、氨苄西林钠乳剂(干乳期)	30/10			泌乳牛禁用
92	盐酸环丙沙星注射液				
93	三氯苯达唑片				泌乳牛禁用
94	三氯苯达唑颗粒				泌乳牛禁用
95	注射用喹密胺				

续表

序号	药物制剂名称	最大残留量（MRLs）[①]/（微克/千克）	弃奶期/日	休药期/日	备注
96	注射用新胂凡纳明				
97	硫酸喹啉脲注射液				
98	尼可刹米注射液				
99	盐酸哌替啶注射液				
100	注射用硫喷妥钠	不需要测定			
101	氯化琥珀胆碱注射液				
102	氯甲酰胆碱注射液				
103	氯化氨甲酰胆碱注射液				
104	硝酸毛果芸香碱注射液				
105	甲硫酸新斯的明注射液				
106	硫酸阿托品注射液	不需要测定			
107	重酒石酸去甲肾上腺素注射液				
108	盐酸肾上腺素注射液	不需要测定			
109	盐酸麻黄碱片				
110	盐酸麻黄碱注射液				
111	盐酸普鲁卡因注射液	不需要测定			
112	盐酸利多卡因注射液				
113	对乙酰氨基酚注射液				
114	安痛定注射液				
115	复方氨基比林注射液				
116	复方水杨酸钠注射液				
117	醋酸可的松注射液				
118	氯化铵				
119	氨茶碱注射液				
120	洋地黄注射液				

续表

序号	药物制剂名称	最大残留量（MRLs）[①]/（微克/千克）	弃奶期/日	休药期/日	备注
121	毒毛花苷K注射液				
122	亚硫酸氢钠甲萘醌注射液	不需要测定			
123	维生素K_1注射液				
124	酚磺乙胺注射液				
125	安络血注射液				
126	凝血质注射液				
127	枸橼酸钠注射液				
128	维生素B_{12}注射液	不需要测定			
129	右旋糖酐40葡萄糖注射液				
130	右旋糖酐40氯化钠注射液				
131	右旋糖酐70葡萄糖注射液				
132	右旋糖酐70氯化钠注射液				
133	葡萄糖注射液				
134	葡萄糖氯化钠注射液				
135	氯化钠注射液				
136	复方氯化钠注射液				
137	氯化钾注射液				
138	碳酸氢钠片				
139	碳酸氢钠注射液				
140	乳酸钠注射液	不需要测定			
141	呋塞米片				
142	呋塞米注射液				
143	氢氯噻嗪片				
144	甘露醇注射液	不需要测定			
145	山梨醇注射液				

续表

序号	药物制剂名称	最大残留量（MRLs）[①] /(微克/千克)	弃奶期/日	休药期/日	备注
146	缩宫素注射液	不需要测定			
147	垂体后叶注射液				
148	马来酸麦角新碱注射液	不需要测定			
149	丙酸睾酮注射液				
150	复方黄体酮缓释圈				
151	黄体酮阴道缓释剂				
152	注射用绒促性素				
153	注射用血促性素				
154	注射用垂体促卵泡素	不需要测定			
155	注射用垂体促黄体素	不需要测定			
156	注射用促黄体素释放激素A_2	不需要测定			
157	注射用促黄体素释放激素A_3	不需要测定			
158	醋酸促性腺激素释放激素注射液	不需要测定			
159	氨基丁三醇前列腺素$F_{2\alpha}$注射液				
160	维生素AD油	不需要测定			
161	维生素D注射液	不需要测定			
162	维生素D_2胶性钙注射液	不需要测定			
163	烟酸片				
164	氯化钙注射液				
165	氯化钙葡萄糖注射液				
166	葡萄糖酸钙注射液	不需要测定			
167	硼葡萄糖酸钙注射液	不需要测定			
168	亚硒酸钠注射液				
169	复方布他磷注射液				
170	盐酸苯海拉明注射液				

序号	药物制剂名称	最大残留量（MRLs）[1] /(微克/千克)	弃奶期/日	休药期/日	备注
171	马来酸氯苯那敏注射液				
172	松节油搽剂				
173	复方黄体酮缓释圈				
174	二巯丙醇注射液				
175	二巯丙醇钠注射液				
176	碘解磷定注射液				
177	氯解磷定注射液				
178	亚甲蓝注射液				
179	亚硝酸钠注射液				
180	乙酰胺注射液				
181	盐酸小檗碱片				
182	稀葡萄糖酸氯己定溶液	不需要测定			
183	碘酊	不需要测定			
184	碘甘油	不需要测定			
185	碘伏	不需要测定			
186	碘仿	不需要测定			
187	聚维酮碘溶液				
188	苯扎溴铵溶液				
189	癸甲溴铵、碘溶液				
190	癸甲溴铵溶液				
191	度米芬				
192	醋酸氯己定	不需要测定			
193	醋酸氯己定子宫灌注液	不需要测定			
194	高锰酸钾				
195	过氧乙酸溶液				
196	氢氧化钠				

续表

序号	药物制剂名称	最大残留量（MRLs）①/（微克/千克）	弃奶期/日	休药期/日	备注
197	氧化锌软膏				
198	松馏油				
199	鱼石脂软膏				
200	倍硫磷				
201	人工矿泉盐				
202	胃蛋白酶				
203	稀盐酸	不需要测定			
204	干酵母片				
205	稀醋酸				
206	浓氯化钠注射液				
207	芳香氨醑				
208	乳酸	不需要测定			
209	鱼石脂				
210	二甲基硅油				
211	硫酸钠				
212	硫酸镁				
213	液体石蜡				
214	碱式硝酸铋	不需要测定			
215	碱式碳酸铋片	不需要测定			
216	药用炭				
217	氧化镁				

① 指药物在牛奶中的MRL。

摘自：中国兽医药品监察所，中国兽药典委员会办公室组织编写。奶牛用药知识手册.北京：中国农业出版社，2010。

参考文献

[1] 曲永利，陈勇．养牛学［M］．北京：化学工业出版社，2014.
[2] 全国畜牧总站．全混合日粮实用技术［M］．北京：中国农业科学技术出版社，2012.
[3] 杨富裕，王成章．食草动物饲养学［M］．北京：中国农业科学技术出版社，2016.
[4] 赵广永．反刍动物营养［M］．北京：中国农业大学出版社，2012.
[5] 杨久仙，刘建胜．动物营养与饲料加工［M］．第2版．北京：中国农业出版社，2012.
[6] 张沅，王雅春，张胜利主译．奶牛科学．第4版．北京：中国农业大学出版社，2007.
[7] 赵德明，沈建忠主译．奶牛疾病学［M］．第2版．北京：中国农业大学出版社，2009.
[8] A. H. Andrews等．牛病学——疾病与管理［M］．北京：中国农业大学出版社，2006.
[9] 王春璈．奶疾病防控治疗学．北京：中国农业科学技术出版社，2013.
[10] 肖定汉．奶牛病学［M］．北京：中国农业大学出版社，2012.
[11] 潘耀谦．奶牛疾病诊治彩色图谱［M］．北京：中国农业出版社，2007.
[12] 郭爱珍．十大牛病诊断及防控图谱［M］．北京：中国农业科学技术出版社，2014.
[13] 王建华．家畜内科学［M］．北京：中国农业出版社，2004.
[14] 陈北亨．兽医产科学［M］．第2版．北京：中国农业出版社，1980.
[15] 张善芝．怎样自配肉牛饲料．北京：金盾出版社，2012.
[16] 兰云贤．动物饲养标准．重庆：西南师范大学出版社，2008.
[17] 中国兽医药品监察所，中国兽药典委员会办公室组织编写．奶牛用药知识手册．北京：中国农业出版社，2010.

化学工业出版社同类优秀图书推荐

ISBN	书名	定价/元
31459	牛病中草药验方与针刺疗法	36
31070	牛病防治及安全用药	68
31117	优质牛奶安全生产技术（第2版）	45
31268	这样养肉牛才赚钱	39.8
31045	牛类症鉴别诊断及防治	36
28520	新编肉牛饲料配方600例（第二版）	30
27117	林地养肉牛疾病防治技术	25
27739	一本书读懂安全养肉牛	36
25712	肉牛快速育肥新技术	35
23505	养奶牛高手谈经验	35
23506	养肉牛高手谈经验	30
23114	牛场卫生、消毒和防疫手册	32
23197	林地生态养肉牛实用技术	29.8
23234	种草养牛实用技术	28
22587	零起点学办肉牛养殖场	39
22165	牛的行为与精细饲养管理技术指南	30
21315	肉牛饲料配方手册	25
21960	牛病临床诊疗技术与典型医案	98
20433	肉牛高效养殖关键技术及常见误区纠错	35
20073	牛羊常见病诊治彩色图谱	58
20555	生态肉牛规模化养殖技术	35
19632	投资养肉牛：你准备好了吗	30